邵剑文　程东升　主编

中国科学技术大学出版社

贵池植物图鉴

ATLAS OF PLANTS IN GUICHI

内 容 简 介

本书共收录贵池区野生和园林栽培植物900种(隶属180科,581属),分为苔藓植物、石松/蕨类植物、裸子植物、被子植物四个部分。所有物种均有简要的文字描述和特征明晰的精美图片,具有很强的可读性和科普性,旨在让更多人了解贵池植物资源的多样性,认识更多的草木,进而提高公众的生物多样性保护意识。

本书可为区域植物爱好者及热心生物多样性保护事业人士提供植物物种鉴定方面的帮助,亦可作为地方自然研学教育的重要参考书。

图书在版编目(CIP)数据

贵池植物图鉴/邵剑文,程东升主编. —合肥:中国科学技术大学出版社,2023.12
ISBN 978-7-312-05804-2

Ⅰ.贵…　Ⅱ.①邵…②和…　Ⅲ.植物—贵池区—图集　Ⅳ.Q948.554.4-64

中国国家版本馆CIP数据核字(2023)第210862号

贵池植物图鉴
GUICHI ZHIWU TUJIAN

出版	中国科学技术大学出版社
	安徽省合肥市金寨路96号,230026
	http://press.ustc.edu.cn
	https://zgkxjsdxcbs.tmall.com
印刷	安徽联众印刷有限公司
发行	中国科学技术大学出版社
开本	787 mm×1092 mm　1/16
印张	30.25
字数	774千
版次	2023年12月第1版
印次	2023年12月第1次印刷
定价	200.00元

贵池植物图鉴

组织委员会

主　任　陆升

委　员　陈立志　方开志　罗蔚茵　朱希武　胡丛林

编写委员会

主　编　邵剑文　程东升

副主编　徐延年　张思宇　师雪芹

编　委　章　伟　胡迎锋　吴　伟　操晶晶　刘　坤　陈明林

　　　　顾钰锋　李晓红　王明胜　刘东冬　钱叶军　陈立志

　　　　汪惠峰　赵　凯　夏齐平　王　晖　张雁云　汤　菊

参与调查人员

　　　　吴红梅　刘广红　杨笑风　钟友明　朱长虹　赵可征

　　　　汪明德　桂池军　包国胜　钱叶钢　杨新义　张相权

　　　　黄　骏　汪冬莲　廖丽霞　程小平　方　健　薛　云

　　　　刘旭林　朱　俊　马志明　陈彩虹　朱迎松　汪　勇

　　　　程伟星　朱嫦娟　王自胜　陶双庆　万　钧　江　玉

　　　　解正虎　吴义姜　汪旭光　桂池军　张泽顺　钱小龙

　　　　包善祥　徐红英　彭兄玮　强长钱　张青青　金勤勤

　　　　疏　敏

序一//

光阴荏苒,岁月如梭,转眼间我从事植物学研究已过40年,在长期的科研教学工作中,我特别关注我国中东部的植物多样性及植被生态。《贵池植物图鉴》编委会的同志嘱我作序,盛情难却,敢述所学,谨祈匡之。

习近平总书记指出:"植物是生态系统的初级生产者,深刻影响着地球的生态环境。人类对植物世界的探索从未停步,对植物的利用和保护促进了人类文明进步。"安徽南部山区以风景秀丽的黄山、佛教胜地九华山以及众多"中国画里乡村"的古村落而闻名于世界。境内三条明显呈西南-东北走向的山系(九华山、黄山、天目山)与分布其间的盆地和谷地,构成了复杂多样的生境,再加上湿润亚热带季风气候,雨量充沛,区域内保存了许多第三纪孑遗植物、形成了丰富的植物种类和植被类型。植物图鉴以鲜艳精美、特征清晰的图片结合简明的文字向读者介绍和普及植物知识,具有很好的科普性和实用性,能使读者在欣赏各类植物同时,增强和培养保护自然、热爱自然和亲近自然的意识。

贵池区位于九华山山脉西侧,优越的地理环境和气候孕育着丰富的植物资源。《贵池植物图鉴》由安徽师范大学植物系统与进化研究团队和贵池区林业局工作人员基于多年的野外调查成果汇编而成。全书共收录了贵池区野生或园林栽培高等植物900种,每种植物图文并茂,充分展现了贵池植物的生物多样性和生态之美,将对贵池乃至安徽植物的研究与科普、保护和利用发挥积极作用,可为该地区植物多样性的研究提供重要的资料,亦可作为热心生物多样性保护事业的人士、植物爱好者、生物学师生及地方自然研学教育的重要参考书。

希望为贵池植物的研究作出贡献的同仁,借《贵池植物图鉴》的出版,进一步促进贵池植物的有效保护和利用。

浙江省植物学会名誉理事长

2023 年 10 月

序二 //

生物多样性与生物资源是人类经济社会赖以生存和发展的物质基础,其重要性关系到一个国家和民族的食物供给、生态安全和国家安全。中共中央办公厅、国务院办公厅于2021年印发了《关于进一步加强生物多样性保护的意见》,要求各地区深入贯彻习近平生态文明思想,坚持生态优先、绿色发展,全面提升生物多样性保护水平,确保重要生态系统、生物物种和生物遗传资源得到全面保护,将生物多样性保护理念融入生态文明建设全过程。

贵池区是池州市政治、经济和文化中心。该区山清水秀、人文荟萃,素有"万卷水墨画,千载诗人地"的美誉,早在1996年就被国家列为省级历史文化名城。贵池区也是"两山一湖"旅游区的西北门户,是皖西、皖中旅游区的结合部,在华东旅游网中占据重要地位。贵池人在发展经济的同时,高度重视自然资源的保护。区域内现有国家级自然保护区(升金湖)1个、省级自然保护区(老山和十八索)2个,国家级和省级湿地公园(平天湖和杏花村)各1个。为深入贯彻落实党的十九、二十大精神及池州市委、市政府推进生态文明建设的各项举措,切实做好生物多样性保护工作,贵池区政府先后组织实施了老山自然保护区综合科考、十八索自然保护区综合科考等生物多样性本底资源调查工作,编制了《贵池区生物多样性保护规划(2021—2035年)》,出版了《贵池鸟类图志》(2019年),为贵池区的生物多样性保护提供了重要的科学依据。

　　《贵池植物图鉴》是继上述鸟类图志问世以来，当地政府和相关部门在植物调研方面所取得的又一重要成果。全书共收录了贵池区野生和园林栽培植物共计900种（隶属180科，581属）。所有物种均配有特征明晰的精美图片，并附有简要的文字描述，可谓集科学性与艺术性于一体，具有很强的可读性和科普性。绿水青山就是金山银山，希望在本书的帮助和引导下，读者们能欣赏植物之美，享受自然之馈赠，更期待我们的科技工作者能全面而深入地研究和利用好这些植物资源，更大限度地让植物造福于人民。

　　值此图书出版之际，我欣然为之作序，以示祝贺！

安徽省植物学会原理事长

张小平

2023年10月

前　言//

　　池州市贵池区位于长江下游南岸,地处皖南山地与沿江丘陵平原过渡地带,地势自东南向西北倾斜:南部中低山区,群山起伏;中部丘陵区,岗垄相间;北部为沿江洲圩区,水系发达,河湖密布。气候上属北亚热带季风区,雨量适中,光照充足,四季分明。贵池区优越的地理环境和气候及多样的生境孕育着丰富的动植物资源。

　　为了进一步摸清贵池区植物资源家底,2020年贵池区林业局启动了《贵池植物图鉴》编研项目。两年多来,编写组克服新冠疫情的影响,深入贵池区开展了二十余次的野外考察,拍摄植物照片2万余张,出版描述发表1新种——皖南羽叶报春(*Primula wannanensis*);发现安徽省分布新记录国家二级保护植物1种——马蹄香(*Saruma henryi*);记录贵池区有国家级重点保护野生植物24种和省级重点保护野生植物27种(名录见附录)。

　　《贵池植物图鉴》是在上述野外调查的基础上精选2000余张照片整理而成的,全书共收录贵池区野生或园林栽培高等植物900种(含种下变异),其中包括常见苔藓植物23科25属30种,石松/蕨类植物16科28属38种,裸子植物4科14属17种,被子植物137科514属815种。物种的系统排列和学名拟定苔类和角苔类主要参考Söderström等的著作(2016),藓类、蕨类、裸子和被子植物主要参考《中国生物物种名录》(2022年),少数类群参考了最新研究文献。为增强可读性和科普性,本书以收录贵池区较常见的乡土植物为主,也包括常见的园林栽培植物,每种植物均配有能够反映其主要形态分类特征或生境的彩色照片,并撰有简明扼要的关键识别特征描述,同时列出主要用途和分布。该书旨在让更多人了解贵池植物资源的多样性,认识更多的草木,进而提高公众的生物多样性保护意识。此外,本书收集的这些植物绝大多数也是安徽省及华东地区常见物种,可为区域植物爱好者及热心生物多样性保护事业人士提供植物物种鉴定方面的帮助,亦可作为地方自然研学教育的重要参考书。

《贵池植物图鉴》出版工作是在贵池区林业局的大力支持和指导下完成的,特别是项目动议期间,陆升局长对项目充分肯定,参与审定编写方案并筹集专项资金;方开志副局长对调查和编写工作做出具体安排,指定保护站派专人作为联络人,负责协调图鉴调研和出版工作。植物调查期间,得到了贵池植物爱好者及摄影爱好者的大力支持,汪湜、王景秀、纪姜春、吴旭东、丁永清、方再能、钱立鑫、王贵松、王自胜、操基友、汪晓奇、孔电良、高满芳、郑汉军、杜亚利、左海琴、阚家良、孙满英、吴双启、肖万华、黄海明、汪翠芳等同志积极参与了植物图片拍摄,并向编委会提供了部分精美的植物图片。信阳师范学院朱鑫鑫副教授在后期物种鉴定和图片的选择工作中提供了很多有益的建议。在此,谨向所有关心、指导、支持和帮助该书编写的领导、老师、同仁表示诚挚的谢意!

由于该书涉及的内容较多,特别是有的物种调查起来较为困难,加之时间仓促和编写委员会成员的水平有限,力有不逮,错误和遗漏在所难免,恳请读者朋友谅解并予以批评指正!

编　者

2023 年 10 月

目 录//

苔藓植物

石松/蕨类植物

裸子植物

被子植物

苔藓植物

东亚小金发藓
Pogonatum inflexum

芽胞护蒴苔 *Calypogeia muelleriana*　　　护蒴苔属　护蒴苔科

植物体绿色或白绿色,匍匐丛生,常与其他苔藓混生。茎单一或不规则分枝,长1~2厘米,带叶宽1~1.5毫米。侧叶蔽前式覆瓦状排列,卵形或近卵形,先端较窄,圆钝或具两个小的裂齿。腹叶椭圆形,宽为茎粗的2~3倍,先端二裂至1/3左右,裂瓣全缘或再次浅裂。叶片细胞薄壁,多边形。

生于低海拔岩面薄土,也见于土表。产于我国东北、西南、华东和华南。贵池区见于棠溪镇路边湿润岩面。

双齿异萼苔 *Heteroscyphus coalitus*　　　异萼苔属　齿萼苔科

植物体淡绿色或黄绿色,中等大小,匍匐生长,稀疏丛生或夹杂于其他苔藓中。茎单一或具少数分枝,长1~5厘米,带叶宽2~3毫米。侧叶稍相接覆瓦状蔽后式排列,向茎两侧平展,长方形,先端截形,两侧各具1个明显齿。腹叶明显,略宽于茎,两侧基部与侧叶相连,先端具4~6个齿。叶片细胞薄壁,多边形,近等径,叶基部细胞略长。

生于湿润岩壁或腐木上。产于我国长江以南地区。贵池区见于山区路边岩壁。

皱叶耳叶苔 *Frullania ericoides*

耳叶苔属　　**耳叶苔科**

植物体紧贴基质生长,深绿色或红棕色。茎匍匐,1~2回不规则羽状分枝。侧叶紧密覆瓦状排列,潮湿时强烈不规则背卷;背瓣卵形,顶端圆钝;腹瓣紧贴茎着生,常为裂片状;副体线状披针形。腹叶近圆形,不规则背卷或平展,顶端2裂,有时裂瓣具齿。叶细胞圆形或卵形,壁弯曲,节状加厚,三角体大。

多见于岩面和树干。产于我国华北、西北、西南、华东、华南等地。贵池区见于山区河边树干。

鳞叶疣鳞苔 *Cololejeunea longifolia*

疣鳞苔属　　**细鳞苔科**

植物体黄绿色,细小,贴着基质着生。茎不规则稀疏分枝,长达2厘米,带叶宽1~1.5毫米。侧叶远生,常倾立,长卵形或狭披针形,顶端渐尖,稀钝圆,边缘全缘或具细圆齿。腹瓣小,狭卵形,长为背瓣的1/5~1/4,顶端具2齿。腹叶缺失。雌器苞顶生,具1个新生枝。蒴萼倒卵形,顶端常平截。芽胞盘状,多数,由18~24个细胞组成。

多见于低海拔地区林下叶面,偶见于树干和树枝。产于我国长江以南地区。贵池区见于大王洞附近阔叶箬竹和紫楠叶片上。

拟疣鳞苔 *Cololejeunea raduliloba* 疣鳞苔属 **细鳞苔科**

植物体绿色,较小,紧贴基质着生。茎不规则分枝,长约1.5厘米,带叶宽0.5～1.5毫米。侧叶蔽前式覆瓦状排列,背瓣卵形,先端圆形,叶边全缘。腹瓣舌状,长为背瓣的1/5～1/4,与茎平行伸展,近轴侧常具1粗齿。腹叶缺失。雌器苞顶生,具1个新生枝。蒴萼倒卵形。

多见于低海拔地区林下叶面上,有时也见于树干和枯枝上。产我国热带亚热带地区。贵池区见于大王洞附近阔叶箬竹和紫楠叶片上。

芽胞扁萼苔 *Radula constricta* 扁萼苔属 **扁萼苔科**

植物体中等大,黄绿色或绿色,不规则羽状分枝,长1～1.5厘米,带叶宽1～2毫米。叶卵形,覆瓦状排列,向两侧伸出;背瓣先端圆钝,平展;腹瓣方形,约为背瓣的1/2,背脊稍呈弧形或直。叶细胞等径多边形,或长大于宽,薄壁,三角体小。芽胞盘状,多数,生于叶先端边缘。

多见于林下树干、树枝或岩面薄土上。我国大部分地区有分布。贵池区见于林缘路边湿润岩面。

花叶溪苔 *Pellia endiviifolia*　　溪苔属　溪苔科

　　植物体叶状，淡绿色或深绿色，不规则叉形分枝，老时叶状体先端常有花状分瓣。叶状体长约3厘米，宽6～8毫米，中央厚而深色，边缘较薄，平展或呈波曲状，腹面有多数褐色假根。雌雄异株。雄株较小，精子器陷入叶状体背面组织内。雌株总苞呈囊状高出。

　　多见于阴湿的土表或岩面。我国东北、西北、西南和东南均有分布。贵池区低海拔流水岩面和湿润土坡常见。

石地钱 *Reboulia hemisphaerica*　　石地钱属　疣冠苔科

　　植物体叶状，深绿色，革质状，无光泽，长2～4厘米，宽3～7毫米。叶状体多回二歧分枝，先端心形，背部气孔单一型，凸出，气室六角形，无营养丝；腹面紫红色，沿中轴着生多数假根，鳞片呈覆瓦状排列，中肋两侧各有一列，紫红色。雌雄同株。雄托无柄，贴生于叶状体背面中部，圆盘状。雌托生于叶状体顶端，托柄长1～2厘米，托盘半球形，4瓣裂。

　　多见于干燥的石壁、土坡或岩缝土上。我国广布。贵池区山区路边岩面有分布。

蛇苔 *Conocephalum conicum*

蛇苔属 **蛇苔科**

植物体叶状,绿色或深绿色,革质,有光泽,常大片着生。叶状体多回二歧分叉,长5~10厘米,宽约1厘米,背面有肉眼可见的六角形气室,每室中央有一个气孔。腹面有假根,两侧各有一列深紫色鳞片。雌雄异株。雌托钝头圆锥形,托柄长3~5厘米,着生于叶状体背面先端。雄托圆盘状,紫色,无柄,贴生于叶状体背面。

常见于路边或溪边湿润土表或岩面薄土上。我国广布。贵池区见于九华天池湿润土表。

小蛇苔 *Conocephalum japonicum*

蛇苔属 **蛇苔科**

植物体叶状,浅绿色,无光泽,小至中等大小。叶状体扁平带状,长1~3厘米,宽2~7毫米,秋季叶状体先端边缘常密生绿色或暗绿色的芽胞。叶状体背面常具气孔和多边形气室分格。腹面有假根,两侧各有一列透明至紫色鳞片。雌雄异株。雌托钝头圆锥形,托柄长2~3厘米。雄托圆盘状,紫色,无柄。

多生于林边湿润土坡或草丛下。我国东北、西北、西南和东南均有分布。贵池区偶见土生于山区道路边。

毛地钱 *Dumortiera hirsuta*　　毛地钱属　**毛地钱科**

　　植物体叶状,大型,暗绿色,无光泽。叶状体扁平带状,多回叉状分枝,先端内凹心脏形,边缘略波曲,表面常具纤毛。叶状体无气室和气孔分化,中肋分界不明显。腹面假根多数,细长。雌托半球形,表面具多数纤毛,6～10瓣浅裂,孢子体着生在其下方,托柄长5～10毫米。雄托圆盘形,周围密生长刺状毛,托柄极短。

　　多生于阴暗潮湿的土坡和石壁上。我国南部常见。贵池区见于林下路边湿润土坡。

楔瓣地钱东亚亚种 *Marchantia emarginata* subsp. *tosana*　　地钱属　**地钱科**

　　植物体叶状,黄绿色或暗绿色。叶状体2～3回叉状分枝,叶边全缘,常紫红色,稀波曲。叶状体横切具气室层,背面表皮具凸出气孔。无性胞芽杯生于叶状体背面。腹鳞片4列,紫色,附器常紫色,卵状披针形。雌雄异株。雌托生于叶状体先端,深裂成5～8瓣,裂瓣楔形,先端1～2个缺刻。雄托生于叶状体先端,托柄长1～1.5厘米,托盘圆形,4～10个裂瓣,有缺刻。

　　生于潮湿的岩面或土表。产于我国长江以南地区。贵池区见于路边林下湿润岩面或林中河边土表。

粗裂地钱风兜亚种 *Marchantia paleacea* subsp. *diptera*　　地钱属　**地钱科**

植物体叶状,绿色或黄绿色,老时带紫红色。叶状体多回叉状分枝,边全缘。叶状体横切具气室层,背面表皮具气孔。无性胞芽杯生于叶状体背面前端,边缘具裂片状齿。腹面鳞片紫色,半月形,具油胞;附器单个,心形到圆形,紫色。雌雄异株。雄托位于叶状体先端,托盘掌状浅裂。雌托位于叶状体先端,托柄长1~2厘米,托盘具对称的2个大裂瓣,呈翅状。

生于湿润石壁。产于我国南部。贵池区见于山区河边岩石表面。

地钱土生亚种 *Marchantia polymorpha* subsp. *ruderalis*　　地钱属　**地钱科**

植物体叶状,绿色、黄绿色或暗绿色。叶状体宽带状,多回二歧分叉,边缘呈波曲状,有裂瓣。叶状体横切具气室层,背面表皮具气孔。无性胞芽杯生于叶状体背面前端,边缘具裂片状齿。腹面鳞片紫色或透明,4~6列,附器单个,心形到卵圆形,边缘具小齿。雌雄异株。雄托位于叶状体先端,托盘掌状浅裂具6~10个裂瓣。雌托位于叶状体先端,托盘深裂成9~11个指状裂瓣。

可药用,清热解毒。多见于山坡路边湿润岩面、土表,也常见于庭院、苗圃。我国南北均有分布。贵池区常见于路边土坡、庭院墙边等地。

东亚小金发藓 *Pogonatum inflexum*

小金发藓属　金发藓科

植物体中等大小，灰绿色，老时呈褐绿色，常大片群生。茎多单一，长1～3厘米，下部叶疏生，上部叶簇生。叶长5～7毫米，由卵形鞘状基部向上呈披针形；叶边略内曲，上部具粗齿；中肋带红色，背面上半部密被锐齿；栉片多数，密生叶片腹面。雌雄异株。孢蒴直立或近于直立，圆柱形。蒴盖具喙，蒴帽兜形。雄苞顶生，呈盘状。雄株与雌株常出现在同一环境，但常形成不同的群丛。

该种药用可镇定安神，也可用于园林上造景。产于我国南方。贵池区常见于林边岩面薄土上或路边土表。

台湾拟金发藓 *Polytrichastrum formosum*

拟金发藓属　金发藓科

植物体大型，褐绿色。茎多单一，直立，一般高5～15厘米，上部叶片密集，干时叶挺直，湿时伸展。叶片长6～10毫米，狭披针形，具宽鞘部；叶边具尖齿；中肋宽阔，达叶尖呈芒状，背面上部常具刺；栉片多数，密生叶片腹面，高4～6个细胞，顶细胞无明显分化，卵形薄壁。孢蒴未见。

该种植物体大型，可用于园林造景。多生于路边向阳岩面薄土上，大片丛生。产于我国大部分地区。贵池区见于路边岩面。

葫芦藓 *Funaria hygrometrica*
葫芦藓属　　**葫芦藓科**

　　植物体小,绿色或黄绿色,丛集或大面积散生。茎高0.5~1厘米,单一或自基部分枝。叶在茎先端多簇生,长4~5毫米;叶片呈阔卵圆形或倒卵圆形,两侧边缘往往内卷;中肋至顶或突出。叶细胞薄壁,呈不规则长方形或多边形。雌雄同株异苞。蒴柄细长,长1~3厘米。孢蒴梨形,不对称,多垂倾。蒴盖圆盘状,顶端微凸。蒴帽兜形,先端具细长喙状尖头。

　　多见于房前屋后富含氮肥的土壤上,也见于田边地角。我国南北均产。贵池区居民小区和绿化带春季常见。

多枝缩叶藓 *Ptychomitrium gardneri*
缩叶藓属　　**缩叶藓科**

　　植物体粗壮,上部绿色或褐绿色,下部黑褐色,常小片丛生。茎多数分枝,高1~2厘米。叶干燥时略扭曲,基部阔,向上呈披针形;中肋单一,强劲,达叶尖或在叶端前消失;叶缘中下部背卷,上部具不规则多细胞齿。叶上部细胞近方形,壁略增厚;基部近边缘细胞长方形,薄壁透明。蒴柄细长,直立,长1~2厘米;孢蒴长椭圆形,直立;蒴盖具长喙;蒴帽钟形,包盖至孢蒴中下部,基部有裂瓣。

　　多见于向阳干燥岩面。我国见于华北、西南、华中和华东地区。贵池区见于林下和路边的岩石上。

长蒴藓 *Trematodon longicollis*

长蒴藓属 | **小烛藓科**

植物体矮小,黄绿色,疏松丛生。茎直立,单一或稀疏分枝,高2~7毫米。叶湿时直立开展,干时微卷曲,长卵圆形,向上渐窄为狭长线形叶尖。叶缘上部外卷,叶基部边全缘。叶基部细胞薄壁,长方形,上部细胞较小,长方形或短长方形。蒴柄黄色或黄褐色,直立,长1~2厘米。孢蒴长圆柱形,上部有时弯曲;蒴台部细长,微弯曲,为壶部长的2~4倍,基部具骸突。

多见于路旁向阳土壁、林地以及水沟边土壁上。我国黄河以南地区常见。贵池区见于向阳荒地、路边土坡。

节茎曲柄藓 *Campylopus umbellatus*

曲柄藓属 | **白发藓科**

植物体大而粗壮,密集丛生,上部黄绿色至暗绿色,下部黑褐色。茎单一,直立或倾立,高3~5厘米,基部密被假根。叶密生,直立,从狭的基部向上呈卵圆状披针形,常内卷;中肋占叶基宽度的1/4~1/2,背面上部有2~4个细胞高的栉片。叶基部细胞不规则长方形,中上部细胞菱形至纺锤形,壁厚,角细胞薄壁红褐色,界线明显。

多见于林缘干燥或有流水的岩面上。我国长江以南地区常见。贵池区见于路边岩面。

桧叶白发藓 *Leucobryum juniperoideum* 白发藓属 | 白发藓科

植物体浅绿色或灰白色,密集垫状丛生。茎直立或分枝,高2～3厘米。叶卵状披针形,干时略皱缩,湿时常向一侧弯曲,长5～8毫米,基部卵圆形,内凹,上部渐狭,呈披针形或内卷呈筒状,边全缘;中肋宽,扁平,平滑,无色细胞多层,绿色细胞多边形,一层,生于无色细胞中间。

本种色泽灰绿,密集垫状丛生,形态优雅,是苔藓园林绿化的常用种,也用于玻璃瓶微型景观造景。产于我国长江以南地区。贵池区见于林缘土坡,大片生长。

疣叶白发藓 *Leucobryum scabrum* 白发藓属 | 白发藓科

植物体粗壮,上部灰绿带白色,基部褐色,簇生或垫状丛生。茎倾立,长2～5厘米,单一或分枝。叶密集,直立上举,基部阔卵形,上部披针形,背部上半部分具多数大刺疣;中肋宽阔,横切面无色细胞2～6层,中间夹着1层菱形绿色细胞;基部叶细胞5～6列,上部叶细胞仅有1～2列。

多生于林缘土坡或岩面。我国多见于长江以南。贵池区见于山区林缘砂土坡。

大凤尾藓 *Fissidens nobilis*　　　　　　　　　凤尾藓属　凤尾藓科

　　植物体较大型,绿色,老时带褐色。茎不分枝,高2~6厘米,带叶宽5~10毫米。叶紧密排列,中部以上叶远比基部叶大,披针形;背翅基部楔形,下延;鞘部约为叶长的一半,近对称;叶边上部具不规则的齿,下部近于全缘;中肋粗壮,及顶。前翅及背翅叶细胞四方形至六边形,略厚壁,具乳头状凸起;鞘部细胞近平滑。

　　多见于林下土壁或岩面薄土上。我国南方地区均有分布。贵池区见于林下湿润岩壁上。

虎尾藓 *Hedwigia ciliata*　　　　　　　　　虎尾藓属　虎尾藓科

　　植物体粗壮、硬挺,灰绿色、深绿色、棕黄色至黑褐色。枝茎直立或倾立,不规则分枝,长3~5厘米。干时覆瓦状紧贴,叶尖背仰,湿时倾立。叶片卵状披针形,略内凹,尖部多透明,其上具齿;叶边全缘;中肋缺失。叶上部细胞近方形至卵圆形,具1~2个粗疣或叉状疣;基部细胞方形,具多疣,向下渐平滑。

　　多见于干燥岩面。我国广泛分布。贵池区多见于路边岩面。

真藓 *Bryum argenteum* 真藓属 **真藓科**

　　植物体银白色至淡绿色,略具光泽,疏松丛生。茎短或较长。叶干燥或湿润均覆瓦状排列于茎上,宽卵圆形或近圆形,兜状,具长的细尖或短尖,边缘全缘;中肋单一,在叶尖下部消失或达尖部。叶细胞多长六角形或长方形,上部无色透明。蒴柄长1～2厘米,孢蒴俯垂或下垂,卵圆形,成熟后呈红褐色。

　　多见于城镇居民区砖缝,具土墙壁,也见于流水石壁。我国各地均有。贵池区水泥墙壁或石墙,房屋周边均可见。

黄边孔雀藓 *Hypopterygium flavolimbatum* 孔雀藓属 **孔雀藓科**

　　植物体中等大小,常成片生长,主茎匍匐,有棕色假根;支茎1～2回或稀3回羽状分枝,常呈孔雀开屏形。侧叶卵圆形,两侧不对称;有狭长细胞构成的分化边缘,全缘或先端具微齿;中肋单一,在叶片2/3处消失。腹叶紧贴,近圆形,两侧对称;中肋突出成芒刺状。叶细胞菱形或卵状六边形。蒴柄直立细长,约2厘米。孢蒴长卵形,平展。

　　多见于林下岩面薄土上。产于我国东北、西南、华中、华东、华南等地。贵池区山区林下有分布。

短肋羽藓 *Thuidium kanedae*　　　　羽藓属　**羽藓科**

　　植物体较粗大,疏松交织成片生长,黄绿色至淡绿色,老时黄褐色或褐色。茎长达10厘米,规则二回羽状分枝;鳞毛密生茎和主枝上。茎叶倾立伸展,下部三角状卵圆形,具多数深纵褶;叶边近平展或背卷;中肋粗壮,达叶尖端终止,背面具刺疣。枝叶凹,卵圆形,先端短锐尖,叶边具齿;中肋达叶长度的2/3。叶中部细胞卵状菱形,每个细胞具2~4个星状疣。孢蒴未见。

　　该种可用于大气重金属污染监测,其提取物中查尔酮类化合物有抗菌作用。产于我国大多数地区。贵池区林下岩面常见。

鼠尾藓 *Myuroclada maximowiczii*　　　　鼠尾藓属　**青藓科**

　　植物体鲜绿色或淡绿色。主茎匍匐,枝直立或倾立,生多数紧密覆瓦状排列的叶。生叶的枝呈圆条形,先端稍尖锐,呈鼠尾状。枝叶近圆形,强烈内凹,基部心形,先端圆钝,常具小凸尖;边缘近于全缘。中肋单一,达叶中部以上。

　　本种枝条形态独特,可在苔藓园林造景中使用。我国大部分地区有分布。贵池区见于林下树干基部。

柱蒴绢藓 *Entodon challengeri* 绢藓属 **绢藓科**

　　植物体暗绿色,有时呈黄绿色,具光泽。茎匍匐,长2～3厘米,近羽状分枝。带叶的茎和枝扁平。茎叶长椭圆状卵形,强烈内凹;角细胞多数,透明,方形,在叶基延伸至中肋处;中肋2条,短或缺失。枝叶与茎叶相似,但较狭小。叶中部细胞线形,向先端渐变短。蒴柄长1～2厘米,红褐色。孢蒴椭圆形,蒴盖圆锥状,具喙。蒴帽兜形。

　　多见于树干上,有时见于岩面。我国大部分地区有分布。贵池区见于行道树或栽培景观树大树干上。

线齿藓 *Cyptodontopsis leveillei* 线齿藓属 **隐蒴藓科**

　　植物体大型,黄绿色到暗绿色,茎匍匐,长达10厘米以上,不规则分枝。茎叶卵状椭圆形,直立展开,内凹,尖端渐尖且圆钝,边缘略背卷,上部有钝齿;中肋单一,粗壮,长达叶尖,上部具齿突。叶尖和边缘细胞具单疣,叶中部细胞平滑或具前角突。分枝较长,枝叶与茎叶相近,较小。

　　该种多见于溪谷岸边或河道内树干和树枝上。该种在我国记录仅见于贵州和云南。贵池区见于棠溪镇开阔河道中树枝上,是该种在华东地区的首次发现。

银粉背蕨
Aleuritopteris argentea

长柄石杉 *Huperzia javanica*　　　　　　　石杉属　**石松科**

　　土生植物。株高3～10厘米。茎直立,等二叉分枝。不育叶疏生,平伸,阔椭圆形至倒披针形,基部明显变窄,长10～25毫米,宽2～6毫米,叶柄长1～5毫米。孢子叶稀疏,平伸或稍反卷,椭圆形至披针形,长7～15毫米,宽1.5～3.5毫米。

　　分布于我国华东、华中、西南、华南等省份。国家二级保护植物。贵池区山区林下路边偶见分布。

江南卷柏 *Selaginella moellendorffii*　　　　　卷柏属　**卷柏科**

　　土生或石生多年生草本。植株高15～40厘米。主茎直立,下部茎生叶一型,互生,上部茎生叶二型,侧叶斜展,顶端短尖头,边缘有细齿和狭白边。孢子叶卵状三角形,有龙骨状突起。孢子囊穗单生于枝顶,四棱柱形。大小孢子囊圆肾形,孢子二型。

　　全株药用。产秦岭以南各省至西南东部。贵池区丘陵山区林下,路旁阴湿地及山涧溪边可见。

毛枝攀援卷柏 *Selaginella pseudopaleifera* 　　　　卷柏属 | **卷柏科**

土生草本。基部横卧,上部直立或略呈攀援状,高50～100厘米,具一横走的地下根状茎。主茎自基部羽状分枝或呈不等二叉分枝。叶交互排列,二形,纸质,表面光滑,全缘。分枝上的腋叶对称,中叶不对称,主茎上的明显大于侧枝上的。大孢子叶分布于孢子叶穗上部的下侧。大孢子白色。小孢子浅黄色。

分布于广西、云南等省。贵池区丘陵山区林下偶见。

翠云草 *Selaginella uncinata* 　　　　卷柏属 | **卷柏科**

土生草本。主茎先直立后攀援状。根托生于主茎下部或沿主茎断续着生,少分叉。主茎近基部羽状分枝,圆柱状,具沟槽。叶蓝绿色,交互排列;二型,草质,光滑,具虹彩,全缘。孢子叶穗紧密,单生于小枝末端,孢子叶一形,卵状三角形。

全草药用。分布于浙江、福建、台湾、两广、云贵、湖南、四川等地。贵池区丘陵山区林下、路旁或溪沟边较常见。

节节草 *Equisetum ramosissimum* 木贼草 木贼属 木贼科

中小型蕨类。根茎直立、横走或斜升,黑棕色,节和根疏生黄棕色长毛或无毛,地上枝多年生,灰绿色。侧枝较硬,圆柱状,有脊5~8,脊平滑或有1行小瘤或有浅色小横纹;鞘齿5~8,披针形,革质,边缘膜质,上部棕色,宿存。孢子囊穗短棒状或椭圆形,长0.5~2.5厘米,中部径4~7毫米,顶端有小尖突,无柄。

地上茎入药。广泛分布于全国。贵池区路旁、沙地、荒坡、溪边较常见。

阴地蕨 *Botrychium ternatum* 阴地蕨属 瓶尔小草科

植株瘦弱。根状茎短而直立,有一簇粗健肉质的根。叶二型,总叶柄短,仅1~4.5厘米;营养叶阔三角形,长8~10厘米,宽10~12厘米,三回羽状分裂;侧生羽片3~4对;一回小羽片3~4对;末回小羽片为长卵形至卵形,基部下方一片较大。孢子囊穗圆锥状,长4~8厘米,二至三回羽状。孢子囊圆球形。

全草入药。分布于华东、华中及贵州、四川等省区。贵池区林缘、路旁阴湿处偶见。

紫萁 *Osmunda japonica*

中型草本。根状茎粗而短,直立或斜升。叶簇生,二型,直立。叶片三角状宽卵形,顶部一回羽状,其下二回羽状;羽片3～5对,对生,长圆形,基部一对稍大,奇数羽状;小羽片5～9对,对生或近对生,无柄,分离,具细锯齿;叶脉两面明显,叶纸质。孢子叶羽片强度收缩成狭线性,沿下面中脉两侧密生孢子囊群。

嫩叶可食,根状茎药用。为我国暖温带及亚热带最常见的一种蕨类。贵池区丘陵山区林缘、荒地灌丛常见。

芒萁 *Dicranopteris pedata*

植株高0.4～0.9米。根茎长而横走,密被暗锈色长毛;叶柄长24～56厘米,棕禾秆色,基部以上无毛;叶轴一至二回二叉分枝。一回羽轴长约9厘米,二回羽轴长3～5厘米,各回分叉处托叶状羽片平展,宽披针形,末回羽片披针形或宽披针形,篦齿状深裂几达羽轴;裂片平展,35～50对,线状披针形。孢子囊群圆形,1列,着生基部上侧或上下两侧小脉弯弓处,具5～8个孢子囊。

全草药用。华中、华东、华南等省区有分布。贵池区荒坡或林下常见。

海金沙 *Lygodium japonicum*　　　　　　海金沙属　**海金沙科**

攀援植株。植株高攀 1～4 米；叶轴具窄边，羽片多数，对生于叶轴短距两侧；不育羽片长圆形，掌状分裂，二回羽状，叶干后褐色，纸质；能育羽片卵状三角形，孢子囊穗线形，长 2～4 毫米，过小羽片中央不育部分，排列稀疏，暗褐色，无毛。

全株药用。产于华东、华南、西南东部、湖南等省区。贵池区溪边、路旁、灌丛及林下较常见。

细叶满江红 *Azolla filiculoides*　　　　　　满江红属　**槐叶蘋科**

小型漂浮蕨类。植株通常呈卵形或三角状；根状茎细长横走，侧枝腋外生出。叶芝麻状，互生，无柄，覆瓦状排列成两行。孢子果双生于分枝处，大孢子果体长卵形，内藏一个大孢子囊，具 3 个浮瓢；小孢子果球圆形或桃形内含多数的小孢子囊，小孢子囊具数块无色海绵状的泡胶块，泡胶块上有无分隔的锚状毛。

可作水田绿肥或饲料。原产于美洲，我国各地水体中常有分布。贵池区水田、池塘、静水沟渠中常见。

槐叶蘋 *Salvinia natans*   槐叶蘋属 **槐叶蘋科**

　　小型漂浮蕨类。茎细长,横走。3叶轮生,上面2叶漂浮水面,长圆形或椭圆形,全缘;叶柄长1毫米或近无柄,叶脉斜出;叶草质,上面深绿色,下面密被棕色茸毛;下面1叶悬垂水中,细裂成线状,如须根,被毛,有根的作用。孢子果4～8个簇生于沉水叶的基部,表面疏生成束的短毛,小孢子果表面淡黄色,大孢子果表面淡棕色。

　　可作饲料,全草入药。广布于长江流域和华北、东北以及远到新疆等地区。贵池区水田中,沟塘和静水溪河内常见。

蘋 *Marsilea quadrifolia*   田字苹、四叶苹   蘋属 **蘋科**

　　多年生水生草本,植株高5～20厘米。根茎细长横走,分枝顶端被淡棕色毛。叶柄长5～20厘米;叶片具4片倒三角形小叶,呈十字形,全缘,草质,叶脉自小叶基部向上辐射状分叉,成窄长网眼。孢子果双生或单生于短柄上,着生于叶柄基部,长椭圆形,褐色,木质,坚硬;每个孢子果有多数孢子囊,1个大孢子囊内1个大孢子,1个小孢子囊有多数小孢子。

　　可作饲料,全草入药。产于长江以南各省区,北达华北和辽宁。贵池区水田或沟塘中常见。

铁线蕨 *Adiantum capillus-veneris* 　　铁线蕨属 **凤尾蕨科**

多年生蕨类。根状茎横走,常为散生或成片生长。叶薄草质;叶柄栗黑色,仅基部有鳞片;叶片卵状三角形,中部以下二回羽状,小羽片斜扇形或斜方形,外缘浅裂至深裂,裂片狭,不育裂片顶端钝圆并有细锯齿;叶脉扇状分叉;孢子囊群每羽片3～10枚,横生于能育的末回小羽片的上缘;囊群盖圆肾形至矩圆形,全缘,宿存。

全草药用。贵池区流水溪旁石灰岩上或石灰岩洞底和滴水岩壁上较常见,为钙质土的指示植物。

银粉背蕨 *Aleuritopteris argentea* 　　粉背蕨属 **凤尾蕨科**

植株高15～30厘米。根状茎直立或斜升,生有红棕色边的亮黑色披针形鳞片。叶簇生,厚纸质,上面暗绿色,下面有乳黄色粉粒;叶柄栗棕色,有光泽,基部疏生鳞片;叶片五角形,基部三回羽裂,中部上部羽裂回数减少;叶脉纤细,下面不凸起,羽状分叉。孢子囊群生于小脉顶端,成熟时汇合成条形;囊群盖沿叶边连续着生,厚膜质,全缘。

全草入药。广布全国各地,为钙质土的指示植物。贵池区石灰岩壁上偶见。

粗梗水蕨 *Ceratopteris chingii*

水蕨属 | **凤尾蕨科**

通常漂浮，植株高20～30厘米。叶柄、叶轴与下部羽片的基部均显著膨胀成圆柱形，叶柄基部尖削，布满细长的根。叶二型；不育叶为深裂的单叶，绿色，光滑，柄长约8厘米，叶片卵状三角形，裂片宽带状；能育叶幼嫩时绿色，成熟时棕色，光滑，柄长5～8厘米；叶片长15～30厘米，阔三角形，2～4回羽状；末回裂片边缘薄而透明，强裂反卷达于主脉。孢子囊沿主脉两侧的小脉着生，幼时为反卷的叶缘所覆盖，成熟时张开，露出孢子囊。

可供药用，嫩叶可作蔬菜。分布于湖北、华东等省。国家二级保护植物。贵池区十八索保护区水域湿地偶见。

野雉尾金粉蕨 *Onychium japonicum*

金粉蕨属 | **凤尾蕨科**

植株高约60厘米。根茎长而横走，疏被鳞片，鳞片棕或红棕色；叶散生，柄基部褐棕色，叶片和叶柄近等长，卵状三角形或卵状披针形，四回羽状细裂，末回能育小羽片或裂片，线状披针形，末回不育裂片短而窄；叶干后坚纸质，灰绿或绿色，羽轴坚挺；孢子囊盖线形或短长圆形，膜质，灰白色，全缘。

全草药用。广泛分布于华东、华中、东南及西南等省。贵池区林下沟边，山坡路旁或灌丛阴湿处偶见。

刺齿半边旗 *Pteris dispar*　　　　凤尾蕨属　**凤尾蕨科**

　　植株高30~80厘米。根状茎斜向上，先端及叶柄基部被黑褐色鳞片，鳞片先端纤毛状并稍卷曲。叶簇生，10~15枚，近二型；柄长与叶轴均为栗色，有光泽；叶片卵状长圆形，二回深裂或二回半边深羽裂；顶生羽片披针形，长12~18厘米，篦齿状深羽状几达叶轴，裂片12~15对，对生；侧生羽片5~8对，与顶生羽片同形；叶干后草质，绿色或暗绿色，无毛。

　　药用或观赏。分布于我国中部、东部、南部等省份。贵池区山区路边偶见。

井栏边草 *Pteris multifida*　　　　凤尾蕨属　**凤尾蕨科**

　　植株高20~45厘米。叶密而簇生，二型；不育叶柄长15~25厘米，叶片卵状长圆形，一回羽状，羽片通常3对，叶缘有不整齐的尖锯齿并有软骨质的边；能育叶有较长的柄，羽片4~6对，狭线形，仅不育部分具锯齿，余均全缘。叶干后草质，暗绿色，遍体无毛；叶轴禾秆色，稍有光泽。

　　全草药用。广布于长江以南各省区，向北到山东、河南、河北、甘肃等省。贵池区阴湿丘陵山区、墙缝、石灰岩上常见。

蜈蚣凤尾蕨 *Pteris vittata*　蜈蚣草

凤尾蕨属　**凤尾蕨科**

植株高0.3~1.5米。根茎短而直立,密被疏散黄褐色鳞片。叶簇生,一型;叶柄深禾秆色,幼时密被鳞片;叶片倒披针状长圆形,一回羽状;顶生羽片与侧生羽片同形,向下羽片逐渐缩短,基部羽片仅为耳形。主脉下面隆起并为浅禾秆色,侧脉纤细,单一或分叉。叶干后薄革质,暗绿色,无光泽,无毛;叶轴禾秆色,疏被鳞片。在成熟的植株上除下部缩短的羽片不育外,几乎全部羽片均能育。

全草药用。广布于我国热带和亚热带。贵池区山区林下灌丛、路边、石缝中较常见。

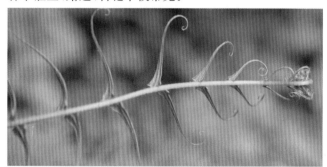

细毛碗蕨 *Dennstaedtia hirsuta*

碗蕨属　**碗蕨科**

植株高10~24厘米。根状茎横走或斜升,密被灰棕色长毛。叶近生或几簇生;叶柄长9~14厘米,幼时密被灰色节状长毛,禾秆色;叶片长10~20厘米,宽4.5~7.5厘米,长圆状披针形,二回羽状;羽片10~14对,羽状分裂或深裂;一回小羽片6~8对,顶端有2~3尖锯齿;叶脉羽状分叉;叶草质,两面密被灰棕色多细长毛。孢子囊群圆形,生于小裂片腋中;囊群盖浅碗形,绿色,有毛。

分布于东北、华东、河北、陕西、贵州、四川、湖南等省区。贵池区丘陵山区路边潮湿岩石缝偶见。

蕨 *Pteridium aquilinum* var. *latiusculum* 蕨属 碗蕨科

中型植物,植株高达1米。根茎长而横走,密被锈黄色柔毛。叶疏生,近革质;叶柄褐棕或棕禾杆色,粗壮;叶片宽三角形或长圆状三角形,三回羽状,小羽片10对,互生,斜展;叶干后纸质或近革质,上面光滑。孢子囊群线形,生于小脉顶端的联结脉上,沿叶缘分布。

根状茎富含淀粉,嫩叶可食用,全草入药。产于全国各地。贵池区丘陵山区林缘或阳坡常见。

铁角蕨 *Asplenium trichomanes* 铁角蕨属 铁角蕨科

植株高10~30厘米。根茎短而直立,密被线状披针形鳞片。叶多数,簇生;叶柄栗褐色;叶片长线形,一回羽状,羽片对生,中部羽片椭圆形或卵形,下部羽片向下渐疏生并缩小;叶干后草绿、棕绿或棕色,纸质。孢子囊群宽线形,通常生于上侧小脉,每羽片4~8枚,位于主脉和叶缘间;囊群盖宽线形,开向主脉,宿存。

可入药。分布于长江以南各省区,北可达河北、山西、新疆。贵池区丘陵山区林下的岩石上、路旁偶见。

北京铁角蕨 *Asplenium pekinense*

铁角蕨属 **铁角蕨科**

植株高8～20厘米。根状茎短而直立,先端密被黑褐色鳞片。叶簇生;叶柄长2～4厘米,粗淡绿色;叶片披针形,二回羽状或三回羽裂;羽片9～11对;叶脉伸入齿牙的先端,但不达边缘。叶坚草质,干后灰绿色或暗绿色。孢子囊群近椭圆形,长1～2毫米,斜向上;囊群盖灰白色,膜质,全缘,宿存。

分布于华北、华东、华中、华南等省区。贵池区丘陵山区村宅溪沟石缝中偶见。

狭翅铁角蕨 *Asplenium wrightii*

铁角蕨属 **铁角蕨科**

植株高55～65厘米。根茎短而直立,密被褐棕色全缘披针形鳞片。叶簇生;叶柄长20～32厘米,淡绿色,基部有时栗褐色;叶片椭圆形,一回羽状,羽片16～24对,基部的对生或近对生,向上的互生,披针形或镰状披针形,有粗锯齿或重锯齿;叶脉羽状,两面明显;叶干后草绿或暗绿色,纸质。孢子囊群阔线形,斜向上,生于上侧小脉;囊群盖阔线形,纸质,栗棕色,全缘,宿存。

分布于华东、华南及西南等省区。贵池区丘陵山区林下路边偶见。

荚囊蕨 *Cleistoblechnum eburneum* 荚囊蕨属 **乌毛蕨科**

植株高18～60厘米。根状茎直立,粗短,密被鳞片;鳞片披针形,长约6毫米,棕色或中部为深褐色,有光泽,厚膜质。叶簇生,二形;能育叶与不育叶同形而较狭;叶坚革质,干后暗绿色或带棕色,无毛,上面有时呈皱褶状;叶轴禾秆色,光滑,上面有浅纵沟。孢子囊群线形,着生于主脉与叶缘之间,沿主脉两侧各1行,几与羽片等长,但不达羽片基部及先端;囊群盖纸质,拱形,与孢子囊群同形并紧孢子囊群,开向主脉,宿存。

药用或观赏。分布于我国中东部及西南等省份。贵池区山区沟边、峡谷或北向的陡壁岩石缝隙中偶见。

狗脊 *Woodwardia japonica* 狗脊属 **乌毛蕨科**

植株高0.8～1.2米。根茎粗壮,横卧,暗褐色,与叶柄基部密被全缘深棕色披针形或线状披针形鳞片。叶近生;叶柄暗棕色,坚硬,叶片长卵形,二回羽裂,顶生羽片卵状披针形或长三角状披针形;叶干后棕或棕绿色,近革质。孢子囊群线形,着生主脉两侧窄长网眼,不连续,单行排列;囊群盖同形,开向主脉或羽轴,宿存。

供药用,根状茎富含淀粉,可酿酒,亦可作土农药。广布于长江流域以南各省区。贵池区疏林下或荒坡常见。

疏羽凸轴蕨 *Metathelypteris laxa*

凸轴蕨属 **金星蕨科**

植株高30~60厘米。根茎长，横走或斜生。叶远生，连同叶柄疏被短毛及鳞片；叶柄长10~35厘米，浅禾秆色，基部以上近光滑；叶片长15~35厘米，中部宽10~18厘米，长圆形，先端渐尖并羽裂，二回羽状深裂；羽片8~18对，近对生，线状披针形，无柄，羽状深裂达羽轴两侧窄翅；裂片全缘或具粗圆齿状缺刻；叶草质，干后绿色。孢子囊群圆形，每裂片4~6对，生于侧脉或分叉脉上侧1脉顶端，较近叶缘。

广布于长江流域各省。贵池区山谷密林下偶见。

延羽卵果蕨 *Phegopteris decursive-pinnata*

卵果蕨属 **金星蕨科**

植株高40~60厘米。根状茎短而直立，顶部被深棕色、边有缘毛的狭披针形鳞片。叶簇生；叶柄淡禾秆色；叶片披针形，先端渐尖并羽裂，向基部渐变狭，二回羽裂，或一回羽状而边缘具粗齿；叶草质。孢子囊群近圆形，背生于侧脉的近顶端，每裂片2~3对；孢子囊体顶部近环带处有时有一、二短刚毛或具柄的头状毛。

广布于我国亚热带地区。贵池区丘陵山区林缘阴湿地、路旁、沟边较常见。

斜方复叶耳蕨 *Arachniodes amabilis*　　　复叶耳蕨属　**鳞毛蕨科**

植株高40~80厘米。根状茎横卧,连同叶柄基部密被棕色鳞片。叶远生;叶片卵状长圆形或卵状三角形,三回羽状至四回羽裂;叶脉羽状,侧脉除基部上侧为羽状外,余为2~3叉;叶纸质,两面无毛。孢子囊圆形,着生于小脉顶端,靠近叶边缘;囊群盖圆肾形,边缘有睫毛。

广布于我国长江以南等省份。贵池区山区林下或溪边石缝中偶见。

贯众 *Cyrtomium fortunei*　　　贯众属　**鳞毛蕨科**

植株高25~70厘米。根茎粗短,直立或斜升,连同叶柄基部密被宽卵形棕色大鳞片。叶簇生;叶柄禾秆色;叶片长圆状披针形,奇数一回羽状,侧生羽片披针形,或多少呈镰刀形,基部楔形,顶生羽片窄卵形,下部有时具1~2浅裂片;羽状脉,侧脉连结呈网状;叶纸质,两面光滑。孢子囊群圆形;盾状囊群盖圆形,大而全缘。

根状茎药用。产于华北、华东、华中、华南至西南等省区。贵池区林下沟边、路旁石缝中或墙边潮湿处较常见。

戟叶耳蕨 *Polystichum tripteron*

耳蕨属 **鳞毛蕨科**

植株高30~65厘米。根茎短而直立,顶端连同叶柄基部密被鳞片。叶族生;叶柄长12~30厘米,基部以上禾秆色,连同叶轴及羽轴疏生披针形小鳞片;叶片戟状披针形,具3枚椭圆状披针形羽片;小羽片25~30对,互生,近平展,镰刀状披针形,具三角形耳状凸起,具粗锯齿或浅羽裂,锯齿及裂片顶端具芒状小刺尖,叶脉羽状;叶草质,干后绿色,沿叶脉疏生小鳞片。孢子囊群圆形,着生小脉顶端,囊群盖圆盾形,边缘略呈啮蚀状,早落。

分布于东北、华中、华东、西南、西北、华南等省区。贵池区山区林下石隙偶见。

对马耳蕨 *Polystichum tsus-simense*

耳蕨属 **鳞毛蕨科**

植株高30~60厘米。根状茎短粗,直立,连同叶柄基部有黑褐色和综色鳞片。叶簇生;叶柄禾秆色,下部密生黑棕色鳞片,向上部渐成为线形鳞片;叶片宽披针形或狭卵形,先端长渐尖或成尾状,基部圆楔形或截形,二回羽状,羽片20~25对,互生,镰刀状披针形,薄革质。孢子囊群位于小羽片主脉两侧,每个小羽片3~9个;囊群盖圆形,盾状,全缘。

根状茎药用。产吉林以南我国大部省区。贵池区山区林下沟边、石缝或灌丛中偶见。

日本水龙骨 *Goniophlebium niponicum* 棱脉蕨属 水龙骨科

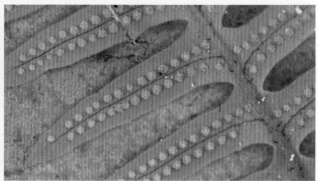

附生蕨类。根茎长,横走,肉质,灰绿色,疏被鳞片,基部盾状着生,有浅锯齿。叶疏生;叶片卵状披针形或长椭圆状披针形,长达40厘米,宽达12厘米,羽状深裂,基部心形,羽裂渐尖头,裂片15～25对,全缘,基部1～3对裂片反折;叶脉网状;叶干后灰绿色。孢子囊群圆形,在裂片中脉两侧各成1行,着生内藏小脉顶端,较近裂片中脉。

分布于华东、华中、华南及西南等省区。贵池区山区林缘路旁阴湿岩石上偶见。

抱石莲 *Lemmaphyllum drymoglossoides* 伏石蕨属 水龙骨科

小型附生植物,植株高约5厘米。根状茎细长横走。叶远生,相距1.5～5厘米,二型;不育叶长圆形至卵形,长1～2厘米或稍长,圆头或钝圆头,基部楔形,几无柄,全缘;能育叶舌状或倒披针形,长3～6厘米,宽不及1厘米,基部狭缩,几无柄或具短柄,有时与不育叶同形,肉质,干后革质,上面光滑,下面疏被鳞片。孢子囊群圆形,沿主脉两侧各成一行,位于主脉与叶边之间。

全草药用。广布于长江流域及福建、广东、广西、贵州、陕西和甘肃等省。贵池区山区林下荫湿树干和岩石上较常见。

江南星蕨 *Lepisorus fortunei* 瓦韦属 **水龙骨科**

附生蕨类。植株高30～100厘米。根状茎长而横走。叶远生，厚纸质，叶柄长5～20厘米，禾秆色，上面有浅沟，基部疏被鳞片，向上近光滑；叶片线状披针形至披针形，顶端长渐尖，基部渐狭，下延于叶柄并形成狭翅，全缘，有软骨质的边；中脉两面明显隆起，侧脉不明显。孢子囊群大，圆形，沿中脉两侧排列成较整齐的一行或有时为不规则的两行，靠近中脉。

全草药用。产于长江流域及以南省区。贵池区山区林下溪边岩石上或树干上较常见。

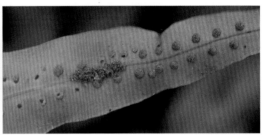

瓦韦 *Lepisorus thunbergianus* 瓦韦属 **水龙骨科**

植株高8～20厘米。根茎粗壮，横走，密被披针形鳞片，鳞片褐棕色，大部分不透明，叶缘1～2行网眼透明，具锯齿。叶近生，叶柄禾秆色，叶片线状披针形或窄披针形，中部宽，基部渐窄并下延，干后黄绿、淡黄绿、淡绿或褐色，纸质。孢子囊群圆形或椭圆形，相距较近，成熟后扩展几密接，幼时被圆形褐棕色隔丝覆盖。

全草药用。分布于华东、华中、北京、山西、甘肃、西南等省区。贵池区山坡林下树干或岩石上较常见。

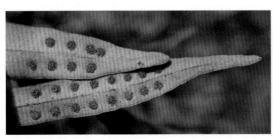

表面星蕨 *Lepisorus superficialis*　　　　瓦韦属　水龙骨科

攀缘植物。根状茎略扁平,疏生淡棕褐色鳞片。叶远生,相距约3厘米;叶柄长2~14厘米,两侧有狭翅,基部疏生鳞片;叶片披针形至狭长披针形,叶缘全缘或略呈波状;主脉两面明显,侧脉不明显;叶厚纸质,两面光滑。孢子囊群圆形,小而密,散生于叶片下面中脉与叶片之间,呈不整齐的多行。孢子豆形,周壁具不规则褶皱。

产于华东、华中、华南及西南各省区。贵池区山地密林树干上、石隙中偶见。

庐山石韦 *Pyrrosia sheareri*　　　　石韦属　水龙骨科

植株高20~65厘米。根茎粗壮,横卧,密被线状棕色鳞片。叶近生,一型;叶柄长8~26厘米,基部密被鳞片;叶片椭圆状披针形,向上渐窄,渐尖头,先端钝圆,基部近圆截形或心形,全缘;叶干后软革质,上面淡灰绿或淡紫色,几无毛,下面棕色,被厚层星状毛;主脉粗,两面均隆起,侧脉明显。孢子囊群小,圆形,布满于叶片下面;成熟时孢子囊开裂呈砖红色。

全草药用。广布于长江以南省区。贵池区山区林下溪边树干上或岩石上常见。

裸子植物

刺柏
Juniperus formosaua

银杏 *Ginkgo biloba*

银杏属　**银杏科**

落叶乔木,高达40米,树皮灰褐色,纵裂。叶扇形,上缘有浅或深的波状缺刻,簇生于短枝顶。雌雄异株,雄球花淡黄色,雌球花淡绿色。种子近球形,黄色,被白粉。花期3月下旬至4月中旬,种子9~10月成熟。

银杏为速生珍贵的用材树种,亦可作庭园树及行道树,种子可食用,种子和叶片可药用。我国特有植物,零散分布于浙江、安徽、三峡库区及重庆金佛山等地。贵池区常见栽培,亦可在村庄周围见银杏古树。

银杏,一级保护古树,位于梅街镇源溪村小学前,树龄约700年,胸围520厘米,树高约30米。

柳杉 *Cryptomeria japonica* var. *sinensis*　　　　柳杉属　**柏科**

常绿高大乔木,树皮红棕色,裂成长条片脱落。小枝常下垂,绿色,叶钻形略向内弯曲。雄球花单生叶腋,集生于小枝上部,成短穗状花序状;雌球花顶生于短枝上。球果圆球形或扁球形,径1.8~2厘米,种鳞约20个。每种鳞约2枚种子,褐色,边缘有窄翅。花期4月,球果10月成熟。

树皮入药,用材树种。我国特有树种,原产于浙江、福建和江西等省。贵池区常见作为绿化树种栽培。

杉木 *Cunninghamia lanceolata*　　　　杉木属　**柏科**

常绿高大乔木。塔形或圆锥形,树皮灰褐色,裂成长条片,内皮淡红色。叶披针形,常呈镰状,革质、竖硬。雄球花圆锥状,通常多个簇生枝顶;雌球花单生或数个集生,绿色。球果卵圆形,熟时苞鳞革质,棕黄色,先端有坚硬的刺状尖头。种子扁平,具种鳞,两侧边缘有窄翅。花期4月,球果10月下旬成熟。

供用材。原产于我国秦岭及大别山以南地区。贵池区常见造林树种。

柏木 *Cupressus funebris*

常绿高大乔木。树皮淡褐灰色,裂成窄长条片;大枝开展,小枝细长,绿色,下垂,生鳞叶小枝扁平,排成一平面。鳞叶二型,先端锐尖,两侧的叶对折,背部有棱脊。雄球花椭圆形或卵圆形,雄蕊通常6对;雌球花近球形。球果圆球形,熟时暗褐色;种子宽倒卵状菱形或近圆形,扁,熟时淡褐色,有光泽,边缘具窄翅。花期3~5月,球果次年5~6月成熟。

可供用材、观赏,枝叶含芳香油。分布广泛,东起浙江、福建,西至湖南、四川西部,北至陕西南部,南达贵州、两广北部。贵池区可见庭院、市政绿化栽培。

圆柏 *Juniperus chinensis*

常绿乔木。树皮深灰色,纵裂成条片状。叶二型,刺叶生于幼树之上,老龄树则全为鳞叶,壮龄树兼有刺叶与鳞叶。球果近圆球形,径6~8毫米,翌年成熟,暗褐色,种鳞不开裂,有1~4粒种子。

供用材用和作庭院栽培树种,枝叶入药。东亚分布,广泛栽培。贵池区公园、路旁、庭院、村庄常见栽植。

塔柏 *Juniperus chinensis* 'Pyramidalis' 　　　　刺柏属　柏科

本种与圆柏较相似，主要区别：树冠塔状圆柱形；枝不平展，多贴主干斜生，小枝密集，二型叶，以钻形叶为多。

作绿化观赏树种。贵池区公园、道路、村宅旁可见栽培。

刺柏 *Juniperus formosana* 　　　　刺柏属　柏科

常绿乔木。树皮灰褐色，纵裂成长条薄片脱落。小枝下垂，叶全为刺形叶，先端渐尖、具锐尖头。球果近球形或宽卵圆形，熟时种鳞顶端微裂，淡红或淡红褐色。种子半月形，具3~4棱脊。

供材用和作绿化观赏树种。分布于淮河以南各省。贵池区公园、村宅旁可见栽培。

水杉 *Metasequoia glyptostroboides*　　　　水杉属　**柏科**

落叶乔木。树皮灰褐色,树干基部常膨大。叶线形,对生,在侧枝上排成羽状。雄球花在枝条顶部的花序轴上交互对生及顶生;雌球花单生侧生小枝顶端,珠鳞22～28枚,交互对生,各具5～9胚珠。球果下垂,种鳞木质,种子周围有窄翅。花期2月,果熟期11月。

供材用和作庭院栽培树种。水杉特产于四川、湖南及湖北,现我国各地广泛栽培,贵池区公园、路旁、村镇周边常见。

侧柏 *Platycladus orientalis*　　　　侧柏属　**柏科**

常绿乔木。高达20米,树皮淡灰褐色。小枝直展,扁平,排成一平面,鳞叶二型,交互对生,背面有腺点。雌雄同株,雄球花具6对雄蕊,花药2～4;雌球花具4对珠鳞。球果当年成熟,种鳞木质,张开;种子椭圆形,灰褐色。花期3～4月,球果10月成熟。

可供材用,亦可作为园林绿化树种,种子、叶、枝叶药用。原产于我国浙江、福建和江西,国内广泛栽培。贵池区常见栽培。

池杉 *Taxodium distichum var. imbricatum*　　　落羽杉属　**柏科**

落叶乔木。树皮褐色,纵裂,成长条片脱落;树干基部常膨大,有屈膝状的呼吸根(低湿地生长尤为显著)。当年生小枝绿色,二年生小枝呈褐红色。叶钻形,微内曲,在枝上螺旋状伸展。球果圆球形或矩圆状球形,有短梗,向下斜垂,熟时褐黄色;种鳞木质,盾形。种子不规则三角形,红褐色。花期3~4月,球果10月成熟。

优良的湿地造林或庭园观赏树种。原产北美东南部。贵池区公园、湿地常见种植。

三尖杉 *Cephalotaxus fortunei*　　　三尖杉属　**红豆杉科**

高大乔木。树皮褐色或红褐色,裂成片状脱落,树冠广圆形。枝条较细长,稍下垂;叶排成两列,披针状线形,上部渐窄,先端有渐尖的长尖头,基部楔形或宽楔形。雄球花8~10聚生成头状,径约1厘米,总花梗粗,基部及总花梗上部有18~24苞片,每一雄球花有6~16雄蕊,花药3;雌球花的胚珠3~8发育成种子。种子椭圆状卵形或近圆形,假种皮成熟时紫或红紫色,顶端有小尖头。花期4月,种子8~10月成熟。

可供用材、药用,种仁油供工业用。我国特有树种,分布于华东及西南各省区。省级保护植物。贵池区丘陵山区天然林中偶见。

粗榧 *Cephalotaxus sinensis* 三尖杉属 **红豆杉科**

常绿小乔木。树皮灰褐色。叶线形,排成两列,质地硬,长2~5厘米,下面两条白色气孔带较绿色边带宽2~4倍。雄球花6~7聚生成头状;雌球花有长梗,着生于小枝基部的苞腋内。种子核果状,卵圆形或近球形,长1.8~2.5厘米,2~5个生于长梗的上端。花期4月,种子翌年9~10成熟。

木材供材用,根入药,也作庭院绿化树种。我国长江流域以南地区有分布。省级保护植物。贵池区丘陵山区偶见。

红豆杉 *Taxus wallichiana* var. *chinensis* 红豆杉属 **红豆杉科**

常绿乔木。树皮灰褐色或暗褐色,条片状开裂。大枝开展,小枝互生。叶条形,微弯或较直,螺旋状着生,基部扭转排成二列,长1~3(多为1.5~2.2)厘米,宽2~4(多为3)毫米,上面深绿色,有光泽,下面淡黄绿色,有两条气孔带,中脉带上有密生均匀而微小的圆形角质乳头状突起点,常与气孔带同色。雌雄异株,球花单生叶腋。种子扁卵圆形,生于红色肉质的杯状假种皮中。花期4月,种子10月成熟。

可供材用。为我国特有树种,分布于西南部山地。贵池区山区村边或公园偶见栽培。

榧 *Torreya grandis*　香榧　　　　　　　　　　　　　　　　　　榧属　**红豆杉科**

　　乔木。树皮灰褐色,不规则纵裂。叶线形,长1.1～2.5厘米,上面有两条稍明显的纵槽,气孔带与中脉带近等宽,绿色边带与气孔带等宽或稍宽。雄球花单生于叶腋;雌球花有无梗,成对生于叶腋。种子卵球形或长椭圆形,熟时假种皮淡紫褐色,有白粉,胚乳微皱。花期4月,种子翌年10月成熟。

　　材质优良,种子为著名的干果——香榧,亦可榨食用油。特产于我国长江中下游以南及西南地区。国家二级保护植物。贵池区山区天然林中偶见,棠溪镇有榧(香榧)古树群。

雪松 *Cedrus deodara*　　　　　　　　　　　　　　　　　　　　　雪松属　**松科**

　　高大常绿乔木。树皮深灰色,裂成不规则的鳞状块片,树冠宽塔形。针叶长2.5～5厘米,先端锐尖,常呈三棱状,幼叶气孔线被白粉。球果卵圆形、宽椭圆形或近球形,长7～12厘米,熟前淡绿色,微被白粉,熟时褐或栗褐色。花期2月,果期翌年9～10月。

　　作绿化树种。长江流域各地及北京、青岛、昆明等地有广泛栽培。贵池区公园、绿地、路边常见绿化树种。

马尾松 *Pinus massoniana*　　　　松属　松科

　　高大常绿乔木。树皮红褐色，下部灰褐色，裂成不规则的鳞状块片。枝条每年生长1轮，稀2轮；一年生枝淡黄褐色。针叶2针一束，极稀3针一束，长12~30厘米，宽约1毫米，细柔，下垂或微下垂，两面有气孔线，边缘有细齿，树脂道4~7，边生。球果卵圆形或圆锥状卵圆形，长4~7厘米，径2.5~4厘米，有短柄，熟时栗褐色，种鳞张开。花期4~5月，球果翌年10~12月成熟。

　　可供材用。分布于秦岭山脉、淮河流域以南省区。贵池区常见用作荒山造林先锋树种。

金钱松 *Pseudolarix amabilis*　　　　金钱松属　松科

　　高大落叶乔木，树皮灰褐或灰色，裂成不规则鳞状块片。叶在长枝上螺旋状排列，散生，在短枝上簇生状，辐射平展呈圆盘形。雄球花簇生于短枝顶端，雌球花单生短枝顶端，直立；球果当年成熟，种子白色，卵圆形，种翅连同种子与种鳞近等长。花期4月，球果10月成熟。

　　可供材用，树形优美，秋叶金黄，亦可作庭院观赏。我国特有树种，产于长江流域。国家二级保护植物。贵池区南部丘陵山区偶见。

被子植物

连香树
Cercidiphyllum japonicum

白睡莲 *Nymphaea alba*

睡莲属　睡莲科

多年生水生草本。根茎粗短。叶漂浮,薄革质或纸质,心状卵形或卵状椭圆形,全缘,上面深绿色,光亮,下面带红或紫色,两面无毛;叶柄长达60厘米。花梗细长;萼片4,宽披针形或窄卵形,长2～3厘米,宿存;花瓣8～17,白色,宽披针形,长圆形或倒卵形,长2～3厘米;雄蕊约40;柱头辐射状裂片5～8。浆果球形,径2～2.5厘米,为宿萼包被。花期6～8月,果期8～10月。

供观赏。我国大部省份均有分布。贵池区水塘中常见栽植。

芡 *Euryale ferox*　芡实、鸡头米

芡属　睡莲科

一年生大型水生草本。沉水叶箭形或椭圆肾形,两面无刺;浮水叶革质,直径可达1.3米,盾状,两面在叶脉分枝处有锐刺;叶柄及花梗粗壮,有硬刺。花长约5厘米;萼片披针形;花瓣矩圆披针形或披针形,紫红色,向内渐变成雄蕊。浆果球形,直径3～5厘米,污紫红色,外面密生硬刺;种子球形,黑色。花期7～8月,果期8～9月。

种子俗称鸡头米,可食用和供药用。我国南北各地常有分布。贵池区湖沼、鱼塘周边较常见。

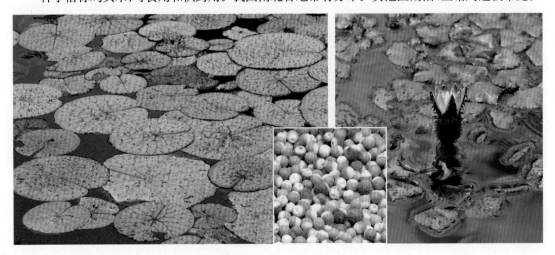

红茴香 *Illicium henryi* 　　　　　八角属 **五味子科**

灌木或乔木。高3～8米;树皮灰褐色至灰白色。叶互生或2～5片簇生,革质,倒披针形,长披针形或倒卵状椭圆形,先端长渐尖,基部楔形。花粉红至深红,腋生或近顶生,单生或2～3朵簇生;花梗细长,长15～50毫米;花被片10～15枚;雄蕊11～14枚;心皮通常7～9枚。果梗长15～55毫米;蓇葖7～9,先端明显钻形,细尖。花期4～6月,果期8～10月。

形态美丽,常见栽培观赏;本种果实近似八角茴香,但有剧毒,不可食用。分布于我国秦岭周边及以南各省区。贵池区山区疏林、灌丛阴湿沟谷偶见。

南五味子 *Kadsura longipedunculata* 　　　　南五味子属 **五味子科**

常绿木质藤本。全株无毛。叶薄革质,长圆状披针形,疏生齿,上面具淡褐色透明腺点。花单生叶腋,雌雄异株,花被片白或淡黄色,聚合果球形。花期6～9月,果期9～12月。

根、茎、果及种子入药,果实可食用。分布于长江以南各省及河南省。贵池区山坡、林下可见。

华中五味子 *Schisandra sphenanthera* 五味子属 **五味子科**

落叶木质藤本。叶纸质,倒卵形或椭圆形,叶基下延至叶柄成窄翅,叶缘中部以上疏生胼胝质尖齿。花生于小枝近基部叶腋,花被片5~9,橙黄色,小浆果红色散生于伸长的果托上,聚合果穗状。花期4~7月,果期7~9月。

根、果药用。分布于我国西南及中东部地区。贵池区山坡灌丛中较常见。

蕺菜 *Houttuynia cordata* 鱼腥草 蕺菜属 **三白草科**

多年生草本。茎下部伏地,上部直立,具腥臭味。叶薄纸质,密被腺点,宽卵形或卵状心形。穗状花序顶生或与叶对生,基部多具4片白色花瓣状苞片;花小,雄蕊3,长于花柱,花丝下部与子房合生,花柱3,外弯。蒴果近球形,花柱宿存。花期4~8月,果期6~10月。

全草入药,嫩茎可食用。产于我国中部、东南至西南部各省区。贵池区湿地或溪边较常见。

三白草 *Saururus chinensis*

多年生湿生草本,根茎横走,白色肉质。叶纸质,密被腺点,宽卵形或卵状披针形,茎顶端2~3叶花期常白色,呈花瓣状。总状花序腋生或顶生,花小,生于近匙形苞片内,雄蕊6枚,雌蕊由4个心皮组成,柱头4,向外卷曲。果近球形。花期5~8月,果期6~10月。

全草药用。分布于河北、山东、河南和长江流域及其以南各省区。贵池区河沟、池塘边低洼处偶见。

马兜铃 *Aristolochia debilis*

多年生草质藤本。茎缠绕,有腐肉味。单叶互生,卵状三角形、长圆状卵形或戟形,先端钝圆或短尖,基部心形。花单生或2朵并生叶腋,花被筒长3~3.5厘米,基部球形,向上骤缢缩成长管,口部漏斗状,黄绿色具紫斑,檐部一侧延伸成卵状披针形舌片;花药卵圆形,合蕊柱6裂。蒴果近球形。花期4~5月,果期5~7月。

根或全草药用。分布于长江流域以南各省区及山东、河南等地。贵池区山谷、沟边、路旁偶见。

小叶马蹄香 *Asarum ichangense*　　　　　　　　　细辛属　**马兜铃科**

　　多年生草本。根状茎短,根稍肉质。叶心形、卵心形、稀近戟形,长3~6厘米,先端急尖或钝,基部心形,叶面通常深绿色,有时在中脉两旁有白色云斑,叶背浅绿色或紫色,无毛。花紫色或褐色;花梗长约1厘米;花被管球状,直径约1厘米,喉部缢缩,内壁有格状网眼,花被裂片三角卵形,基部有乳突皱褶区;柱头卵状,顶生。花期3~5月。

　　分布于华东、华南等省区。贵池区林下偶见。

汉城细辛 *Asarum sieboldii*　细辛　　　　　　　　　细辛属　**马兜铃科**

　　多年生草本。根细长,根状茎横走。叶卵状心形或近肾形,花紫棕色。花紫褐色;花梗长3~5厘米;花被筒壶状或半球形,径约1厘米,喉部稍缢缩,内壁具纵皱褶,花被片三角状卵形,长约7毫米,基部反折,贴于花被筒;花丝较花药短,药隔不伸出;子房半下位或近上位,花柱6,顶端2裂,柱头侧生。果半球状,径约1.2厘米。花期4~5月。

　　全草药用。分布于陕西、山东、河南、湖北、四川、江西、浙江等省。贵池区山区北坡林下或林缘偶见。

马蹄香 *Saruma henryi*

多年生草本。高达1米,根茎芳香。茎被灰棕色短柔毛,根状茎粗壮。叶互生,心形,两面被柔毛。花单生,萼筒基部与子房合生,萼片3;花瓣3,黄色,肾状心形,具短爪;雄蕊12,2轮;子房半下位,心皮6,下部合生,上部离生。蒴果菁葖状,腹缝开裂,种子背面具横皱纹。花期4~7月。

根茎、根和鲜叶药用。产于江西、重庆、甘肃、四川及贵州等省。国家二级保护植物,安徽分布新记录。贵池区老山自然保护区天然林下极少见。

厚朴 *Houpoea officinalis*

落叶乔木。树皮褐色,不开裂。叶大,7~9片聚生于枝端,长圆状倒卵形,先端具短急尖或圆钝,全缘而微波状。花白色,径10~15厘米,芳香;雄蕊花丝红色。聚合果长圆状卵圆形。花期5~6月,果期8~10月。

树皮、根皮、花、种子及芽皆可入药,亦可作绿化观赏。分布于华中至西南地区。国家二级保护植物。贵池区棠溪有分布。原有亚种凹叶厚朴,叶先端凹缺,现并入原种。

鹅掌楸 *Liriodendron chinense* 马褂木 鹅掌楸属 **木兰科**

　　落叶乔木。树皮灰色,交叉纵裂。叶马褂形,两侧中下部各具1较大裂片,先端具2浅裂。花杯状;花被片9,外轮绿色,萼片状,内2轮直立,花瓣状,绿色,具黄色纵条纹;雄蕊花期雌蕊群伸出花被片之上;心皮多数,黄绿色。聚合果纺锤形,小坚果具翅。花期4~5月,果熟期10月。

　　材用和绿化树种。分布于长江以南各省区。贵池区公园、村庄边有零星栽培。

荷花玉兰 *Magnolia grandiflora* 广玉兰、洋玉兰 北美木兰属 **木兰科**

　　常绿乔木。树皮淡褐色或灰色,薄鳞片状开裂。小枝、芽、叶下面均密被褐色或灰褐色短绒毛。叶厚革质,椭圆形。花白色,有芳香,直径15~20厘米;雄蕊紫色,花药内向;雌蕊群椭圆体形,密被长绒毛。聚合果圆柱状长圆形或卵圆形;种子外种皮红色。花期5~6月,果熟期9~10月。

　　作庭院观赏树种。原产北美洲东南部,我国长江流域以南各城市均有栽培。贵池区绿地、路旁、庭院常见栽培。

含笑花 *Michelia figo*

含笑属　　　木兰科

常绿灌木。树皮灰褐色,分枝繁密。芽、嫩枝、叶柄、花梗均密被黄褐色绒毛。叶革质,狭椭圆形或倒卵状椭圆形。花直立,淡黄色而边缘有时红色或紫色,具甜浓的芳香,花被片6,肉质。聚合果长2~3.5厘米;蓇葖卵圆形或球形,顶端有短尖的喙。花期4~5月,果熟期8~9月。

供绿化观赏。现广植于全国各地。贵池区公园、庭院、路旁偶见栽培。

深山含笑 *Michelia maudiae*

含笑属　　　木兰科

常绿乔木。树皮灰褐色。芽、幼枝、叶下面、苞片均被白粉。叶革质,宽椭圆形,上面深绿色,有光泽,下面灰绿色。花单生枝梢叶腋,芳香,径10~12厘米;花梗具3苞片痕;花被片9,白色,花丝淡紫色。种子红色。花期2~3月,果期9~10月。

花白如玉,为优良观赏绿化树种。分布于华东至华南地区。贵池区偶见栽培。

天目玉兰 *Yulania amoena*

玉兰属 木兰科

落叶乔木。树皮灰白色。叶宽倒披针形、倒披针状椭圆形,下面幼嫩时叶脉及脉腋有白色弯曲长毛。花先叶开放,红色或淡红色,芳香,径约6 cm;花被片9,倒披针形或匙形。聚合果圆柱形,蓇葖木质,有瘤状小突起。花期4~5月,果期9~10月。

花蕾入药,也是珍贵绿化观赏树种。产于浙江、安徽等省。贵池区公园、庭院偶见栽培。

玉兰 *Yulania denudata* 望春花、白玉兰

玉兰属 木兰科

落叶乔木。树皮深灰色。冬芽及花梗密被淡灰黄色长绢毛。叶纸质,倒卵形或倒卵状椭圆形。花先叶开放,直立,芳香,直径10~16厘米;花被片9片,白色,基部常带粉红色。聚合果圆柱形,蓇葖厚木质,种子侧扁,外种皮红色。花期3~4月,果熟期9~10月。

作观赏树种,花蕾入药,也可供材用。原产我国南方地区,现全国各大城市园林广泛栽培。贵池区丘陵山区偶见自然分布,公园、路边、庭院常见栽植。

蜡梅 *Chimonanthus praecox*　　　　　　蜡梅属　**蜡梅科**

　　落叶灌木。通常丛生状。叶纸质,卵圆形或椭圆形。花黄色,直径2～4厘米,内花被片较短,基部具爪;雄蕊5～7,花药内弯,药隔顶端短尖;心皮7～14,基部疏被硬毛。果托坛状,近木质,口部缢缩。花期11月至翌年3月,果熟期6～10月。

　　作绿化树种。分布于长江以南各省区。贵池区公园、庭院常见栽培。

樟 *Camphora officinarum*　香樟、樟树　　　　樟属　**樟科**

　　常绿乔木。树皮黄褐色,不规则纵裂。叶卵状椭圆形,离基三出脉。圆锥花序长达7厘米;花被无毛或被微柔毛,内面密被柔毛;能育雄蕊长约2毫米,花丝被短柔毛。果卵圆形或近球形,径6～8毫米,紫黑色;果托杯状,顶端平截。花期4～5月,果熟期6～11月。

　　材质优良,根、枝、叶可提取樟脑和樟油,也可作四旁行道树。分布于南方及西南各省区。贵池区路旁、公园、庭院常见栽培。

天竺桂 *Cinnamomum japonicum* 桂属 樟科

常绿乔木。小枝圆柱形,淡黄绿色。叶革质,卵状长圆形或长圆状披针形,长7～10厘米,先端尖或渐尖,基部宽楔形或近圆,两面无毛,离基三出脉;叶柄带红褐色。圆锥花序腋生,长3～4.5(～10)厘米,花序梗与序轴均无毛;花被片卵形,外面无毛,内面被柔毛;能育雄蕊长约3毫米,花丝被柔毛。果长圆形。花期5月,果熟期9月。

可供材用,树皮、叶可作香料。分布于江浙、江西、福建及台湾等省。国家二级保护植物。贵池区山区疏林内偶见。

乌药 *Lindera aggregata* 山胡椒属 樟科

常绿灌木。幼枝密被黄色绢毛,老时无毛。叶卵形或椭圆形,下面幼时密被褐色柔毛,三出脉。伞形花序腋生,无总梗,常6～8序集生短枝,每花序具7花。果卵圆形或近球形。花期3～4月,果期5～11月。

根药用。产于华中、华南及华东等省区。贵池区向阳坡地、山谷或疏林灌丛中较常见。

红果山胡椒 *Lindera erythrocarpa* 山胡椒属 樟科

落叶小乔木或灌木状。叶纸质,倒披针形,稀倒卵形,先端渐尖,基部窄楔形,常下延。伞形花序梗长约5毫米,具15～17花;雄花花梗疏被柔毛,花被片6,近相等,椭圆形,疏被柔毛,内面无毛,雄蕊9,近等长,第3轮花丝近基部具2个短柄宽肾形腺体;雌花较小,花被片6,花柱粗,柱头盘状,退化雄蕊9,线形。果球形,红色。花期4月,果熟期9～10月。

产华中、东南沿海、广西、四川、陕西等省区。贵池区山坡、溪边、林下较常见。

山胡椒 *Lindera glauca* 山胡椒属 樟科

落叶灌木,小枝灰白色,初被褐色毛。叶椭圆形或窄倒卵形,下面被白色柔毛,翌年发新叶时落叶。伞形花序具3～8花;雄花花梗长约1.2厘米,密被白柔毛,花被片椭圆形,黄色;柱头盘状。果球形,黑褐色。花期3～4月,果期7～9月。

叶、果皮可提取芳香油,根、枝、叶及果可药用。产于华中、华东及华南等省区。贵池区山坡林缘、山坡路旁常见。

黑壳楠 *Lindera megaphylla* 山胡椒属 樟科

常绿乔木。树皮灰黑色。叶集生枝顶,倒披针形或倒卵状长圆形,长10~23厘米,宽5~7.5厘米。伞形花序多花,花被片6。果椭圆形或卵圆形,紫黑色,无毛,果托杯状。花期2~4月,果熟期9~12月。

木材供材用,叶、果皮含芳香油。主要分布于长江流域以南地区。贵池区山坡、谷地湿润常绿阔叶林偶见。

绿叶甘橿 *Lindera neesiana* 山胡椒属 樟科

落叶灌木。树皮绿色,小枝光滑,青绿色,有污黑色斑迹。叶互生,纸质,卵形至宽卵形,通常离基三出脉。伞形花序腋生;总苞片4,有花7~9朵。浆果球形,熟时暗红色。花期4月,果熟期9月。

栽培观赏。分布于我国中东部及西南省份。贵池区山坡、林缘、路边疏林灌丛中常见。

三桠乌药 *Lindera obtusiloba*

山胡椒属 | **樟科**

落叶小乔木或灌木状。小枝黄绿色;芽卵圆形,无毛,内芽鳞被淡褐黄色绢毛;有时为混合芽。叶互生,纸质,近圆形或扁圆形,长5.5~10厘米,先端尖,3(5)裂,稀全缘,基部近圆或心形,入秋变红色。伞形花序腋生,每花序具5花,黄色。果宽椭圆形,红至紫黑色。花期3~4月,果期8~9月。

可供材用,种子入药。分布于辽宁千山以南的广大地区。贵池区山区灌丛、山谷中偶见。

山橿 *Lindera reflexa*

山胡椒属 | **樟科**

落叶灌木。幼枝黄绿色,皮孔不明显,初被绢状柔毛。叶互生,卵形或倒卵状椭圆形,羽状脉。伞形花序腋生,具总梗,总苞片4,内有花约5朵。果球形,红色。花期4月,果期8月。

根药用。主产于长江流域以南。贵池区山谷、山坡林下或灌丛中较常见。

天目木姜子 *Litsea auriculata*

木姜子属　樟科

落叶乔木。树皮灰色或灰白色,小片状脱落。叶互生,椭圆形、圆状椭圆形、近心形或倒卵形,长9.5~23厘米,先端钝或圆,基部耳形,侧脉7~8对。伞形花序无梗或具短梗;雄花序具6~8花:花被片长圆形或长圆状倒卵形;花丝无毛;退化雌蕊卵形,无毛。果卵圆形,径1.1~1.3厘米,黑色;果托杯状。花期3~4月,果期7~8月。

可供材用。分布于浙江东北及西北部。省级保护植物。贵池区老山自然保护区天然林中少见。

豹皮樟 *Litsea coreana* var. *sinensis*

木姜子属　樟科

常绿乔木。树皮灰色,小鳞片状剥落,剥落后呈鹿斑痕。单叶互生,革质,长圆形或披针形,羽状脉。伞形花序腋生,无总梗或有极短的总梗;苞片4,有花3~4朵;花梗短粗,密生柔毛;花被裂片6,外面有柔毛;雌花柱头2裂。果近球形,熟时由红变紫黑色,有白粉,花被片宿存于果托上。

根可及药。主要分布于我国中东部。贵池区丘陵山区杂木林内较常见。

山鸡椒 *Litsea cubeba* 山苍子　　　　　　木姜子属　**樟科**

落叶灌木。幼时树皮黄绿色,光滑,枝叶芳香。单叶互生,披针形或长圆形,羽状脉。伞形花序单生或簇生,每花序有花4～6朵,先叶开放或与叶同时开放。果近球形,黑色。花期2～3月,果熟期7～8月。

果、叶可提制柠檬醛,供药用和香精用;根、茎、叶和果实均可入药。分布于我国长江以南等省区。贵池区向阳丘陵山区灌丛或疏林旁较常见。

薄叶润楠 *Machilus leptophylla* 华东楠　　　　　　润楠属　**樟科**

常绿乔木。树皮灰褐色。叶互生,倒卵状长圆形或倒披针形,羽状脉。花序6～10个生于新枝基部,被灰色柔毛;花被片长圆状椭圆形,被粉质柔毛;花丝基部被毛,第3轮基部腺体大,具柄。果球形,径约1厘米。花期4～5月,果期7～9月。

树皮可提树脂;种子可榨油。主要分布于我国长江以南等省区。贵池区山谷混交林中较常见。

红楠 *Machilus thunbergii*

常绿乔木。小枝基部具环形芽鳞痕,嫩枝紫红色。叶互生,革质,倒卵形或倒卵状披针形,长5~13厘米,先端骤钝尖或短渐钝尖,基部楔形,下面带白粉,上面中脉稍凹下,侧脉不明显。圆锥花序顶生或在新枝上腋生,长5~12厘米;苞片卵形,被褐红色平伏绒毛;花被片无毛;雄蕊花丝无毛,第3轮基部腺体具柄。果扁球形,黑紫色,径约1厘米;果柄鲜红色。花期4月,果熟期9~10月。

可供材用,观赏及树皮入药。分布于华东、华中、华南等省区。贵池区山区阔叶混交林中偶见。

新木姜子 *Neolitsea aurata*

常绿乔木。幼枝被锈色短柔毛。叶互生或集生枝顶,长圆形、椭圆形、长圆状披针形或长圆状倒卵形,长8~14厘米,宽2.5~4厘米,先端镰状渐尖或渐尖,基部楔形或近圆,下面密被黄色绢毛。伞形花序3~5簇生,梗长1毫米;雄花序具5花;花梗长2毫米,被锈色柔毛;花被片椭圆形。果椭圆形,果托浅盘状,果梗先端略增粗。花期2~3月,果期9~10月。

根供药用。分布于华东、华中、华南及西南东部各省区。贵池区山坡林缘或杂木林中偶见。

紫楠 *Phoebe sheareri*　　　　楠属　**樟科**

　　常绿乔木。树皮灰褐色，小枝、叶柄、花序及花被片密被黄褐或灰黑色柔毛或绒毛。叶革质，倒卵形或椭圆状倒卵形，羽状脉。圆锥花序长7～15厘米，花长4～5毫米。果卵圆形，长约1厘米；果柄稍粗，被毛，宿存花被片松散。花期4～5月，果熟期9～10月。

　　分布于长江流域以南各省区。贵池区丘陵山区阔叶林中偶见。

檫木 *Sassafras tzumu*　　　　檫木属　**樟科**

　　落叶乔木。老时灰褐色，不规则纵裂。单叶互生，坚纸质，卵形或倒卵形，全缘或2～3浅裂，羽状脉或离基三出脉。花雌雄异株，先叶花放，花序顶生，长4～5厘米，花序梗与序轴密被褐色柔毛，花黄色。果近球形，径达8毫米，蓝黑色被白蜡粉；果托浅杯状。花期4月，果期5～9月。

　　木材供材用。分布于华东、两广、两湖、云贵川等省区。贵池区山坡林中、路旁、村边常见。

丝穗金粟兰 *Chloranthus fortunei*　　　　金粟兰属　**金粟兰科**

多年生草本。茎单生或丛生,叶对生,能常4片聚生茎顶,近轮生状,宽椭圆形、长椭圆形或倒卵形。穗状花序单生枝顶,长4~6厘米;花白色,芳香;雄蕊3,中央雄花花药2室,药隔线状,长1~2厘米。核果球形,具纵纹。花期4~5月,果期5~6月。

全草药用。分布于我国中东部及四川等省。贵池区山林下阴湿处和山沟中偶见。

宽叶金粟兰 *Chloranthus henryi*　　　　金粟兰属　**金粟兰科**

本种与丝穗金粟兰较相似,主要区别:叶背面脉上有毛,中央雄花药隔长约3毫米。花果期4~11月。

全草药用。分布于陕甘、华东、华中及西南等省。贵池区山坡林下阴湿地或路边灌丛中偶见。

及己 *Chloranthus serratus*　　　　金粟兰属　**金粟兰科**

多年生草本。根茎粗短;茎单生或数个丛生,具节,下部节上对生2鳞叶。叶对生,4~6生于茎顶,椭圆形、倒卵形或卵状披针形,长7~15厘米,先端渐长尖,基部楔形,具密锐齿,齿尖具腺体,两面无毛,侧脉6~8对。穗状花序顶生,稀腋生,单一或2~3分枝;花序梗长1~3.5厘米;苞片三角形或近半圆形,先端齿裂;花白色;雄蕊3,药隔长2~3毫米。花果期4~10月。

全草药用。分布于华东、华中、华南等省区。贵池区丘陵山区林下湿润处较常见。

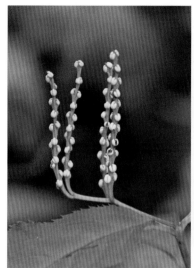

金钱蒲 *Acorus gramineus*　　石菖蒲　　　　菖蒲属　**菖蒲科**

多年生草本,植株丛生状,根茎横生,芳香。叶基生,叶片质地较厚,中脉不明显,基部对折。花序梗扁三棱形,叶状佛焰苞长3~14厘米;肉穗花序黄绿色,圆柱形,长3~9.5厘米,径3~5毫米。花期4~7月,果期8月。

根茎入药。分布于长江流域以南各省区及西藏。贵池区山区沟谷潮湿岩石上常见。

灯台莲 *Arisaema bockii*

天南星属　天南星科

多年生草本。块茎扁球形。叶2,叶鸟足状5～7裂,叶柄长20～30厘米,下部1/2鞘筒状。花序梗略短于叶柄或几等长;佛焰苞淡绿或暗紫色,具淡紫色条纹,管部漏斗状,喉部边缘近平截,无耳;肉穗花序单性,附属器具细柄,上部棒状或近球形。浆果黄色。花期5月,果期8～9月。

块茎入药。分布于我国华中及长江以南等省。贵池区山坡林下偶见。

一把伞南星 *Arisaema erubescens*

天南星属　天南星科

多年生草本。块茎扁球形,径达6厘米。鳞叶绿白或粉红色,有紫褐色斑纹;叶1,极稀2;叶放射状分裂,幼株裂片3～4,多年生植株裂片多至20,披针形、长圆形或椭圆形,无柄。佛焰苞绿色,背面有白色或淡紫色条纹;雄肉穗花序花密,雄花淡绿至暗褐色,雄蕊2～4,附属器下部光滑;雌花序附属器棒状或圆柱形。浆果红色。花期5～7,果期9月。

块茎入药。除东北、北部沿海及新疆外均有分布。贵池区丘陵山区林下、灌丛、草坡较常见。

天南星 *Arisaema heterophyllum* 天南星属 **天南星科**

多年生草本。块茎扁球形。叶1,鸟足状分裂,裂片13~19,倒披针形、长圆形或线状长圆形,侧裂片向外渐小,排成蝎尾状;叶柄圆柱形,长30~50厘米,下部3/4鞘筒状。佛焰苞管部圆柱形,粉绿色,喉部平截;花序附属器苍白色,长鞭状,"之"字形上升,向上渐狭。浆果红色,圆柱状;种子棒状,黄色。花期4~5月,果期7~9月。

块茎入药和酿制酒精。分布于我国大部分省区。贵池区林下、灌丛、草地较常见。

鄂西南星 *Arisaema silvestrii* 云台南星 天南星属 **天南星科**

多年生草本。块茎球形。叶2,叶片鸟足状分裂,裂片9,叶柄长20~29厘米,下部10~17厘米具鞘。花序柄短于叶柄,与叶鞘等长或稍长。佛焰苞紫色,檐部内面具白色条纹。肉穗花序单性,长2.5厘米;附属器无柄,长圆柱形略呈棒状。花期4~5月,果期6~8月。

块茎入药。分布于长江中下游各省。贵池区阔叶林下偶见。

芋 *Colocasia esculenta*　　芋属　天南星科

　　湿生草本。块茎通常卵形，常生多数小球茎，富含淀粉。叶通常2～3枚，绿色，卵状，长20～50厘米。花序柄常单生，短于叶柄。佛焰苞一般长20厘米左右，长卵形；檐部披针形或椭圆形，展开成舟状，边缘内卷，淡黄色至绿白色。肉穗花序长约10厘米，短于佛焰苞；附属器钻形，长约1厘米。

　　块茎富含淀粉，可食用。我国南北各地多有分布或栽培。贵池区常见栽培或在水边逸为野生。

滴水珠 *Pinellia cordata*　　半夏属　天南星科

　　多年生草本。块茎球形、卵球形或长圆形。叶1，全缘，叶柄几无鞘，下部及顶头有珠芽。佛焰苞绿、淡黄带紫或青紫色，长3～7厘米，檐部椭圆形，直立或稍下弯。肉穗花序单性，附属器青绿色，长6.5～20厘米，线形，略呈"之"字形上升。花期3～6月，果期8～9月。

　　块茎入药。主产于长江以南各省。贵池区林下溪旁、岩石边、岩隙中或岩壁上较常见。

半夏 *Pinellia ternata*　　　　　半夏属　**天南星科**

　　多年生草本。块茎圆球形,径1～2厘米。叶2～5,幼叶卵状心形或戟形,全缘,长2～3厘米,老株叶3全裂,裂片绿色,长圆状椭圆形或披针形;叶柄长15～20厘米,基部具鞘,鞘内、鞘部以上或叶片基部有径3～5毫米的珠芽。花序梗长25～30(～35)厘米;佛焰苞绿或绿白色;雌肉穗花序长2厘米;附属器绿至青紫色,长6～10厘米,直立,有时弯曲。浆果卵圆形,黄绿色,花柱宿存。花期5～7月,果期8月。

　　块茎入药。分布于东北、华北、及长江流域各省区。贵池区草地、旱地、荒山常见。

紫萍 *Spirodela polyrhiza*　紫背浮萍　　　　　紫萍属　**天南星科**

　　浮水小植物。叶状体扁平,宽倒卵形,长5～8毫米,宽4～6毫米,上面绿色,下面紫色,下面中央生根5～11条;根基附近一侧囊内形成圆形新芽,萌发后的幼小叶状体从囊内浮出,由一细弱的柄与母体相连。花极少见。

　　全草药用,也做饲料。分布于我国南北各省区。贵池区水田、池塘、水沟常见,常与浮萍形成覆盖水面的飘浮植物群落。

黄独 *Dioscorea bulbifera* 薯蓣属 薯蓣科

缠绕草质藤本。块茎卵圆形或梨形,近于地面,棕褐色,密生细长须根;茎左旋,淡绿或稍带红紫色。叶腋有紫棕色、球形或卵圆形,具圆形斑点的珠芽;单叶互生,宽卵状心形或卵状心形,长15~26厘米,先端尾尖,全缘或边缘微波状。雄花序穗状,下垂,常数序簇生叶腋,有时分枝呈圆锥状;雌花序与雄花序相似,常2至数序簇生叶腋。蒴果反曲下垂,三棱状长圆形。花期7~10月,果期8~11月。

块茎入药。分布于西南、华南、华中、华东、台湾、陕西等省区。贵池区山谷阴沟、杂木林边、房前屋后较为常见。

日本薯蓣 *Dioscorea japonica* 薯蓣属 薯蓣科

本种与薯蓣较相似,主要区别:叶缘无明显3裂,叶片为三角状披针形、长椭圆形至长卵形;茎不带紫红色。花期5~10月,果期7~11月。

块茎药用,亦可食用。分布于西南、华南、华中、华东等省区。贵池区山谷溪边杂木林内或草丛中较为常见。

薯蓣 *Dioscorea polystachya*　山药、淮山　　　　薯蓣属　**薯蓣科**

　　缠绕草质藤本。块茎长圆柱形。茎右旋,有时带紫红色。叶在茎下部互生,在中上部有时对生,卵状三角形或戟形,常3浅裂至3深裂;叶腋常有珠芽。雄花序为穗状花序,2~8序生于叶腋,花序轴呈"之"字状;雌花序为穗状花序,1~3序生于叶腋。蒴果不反折,三棱状扁圆形或三棱状圆形。花期6~9月,果期7~11月。

　　块茎药用,亦可作蔬菜食用。分布于全国各地。贵池区山坡、山谷林下、溪边、路旁等处较常见。

华重楼 *Paris polyphylla* var. *chinensis*　七叶一枝花　　　重楼属　**藜芦科**

　　多年生草本。块状茎肉质,圆柱形。茎直立,不分枝,叶5~8枚轮生,倒卵状披针形或倒披针形,基部通常楔形。叶轮中央生出花梗,有1花;外轮花被片叶状,绿色;内轮花被片狭条形,长为外轮的1/3至近等长或稍超过;雄蕊8~10枚。蒴果开裂。花期4~5月,果期8~10月。

　　根状茎药用,也作盆栽观赏。分布于我国中东部及西南等省。国家二级保护植物。贵池区丘陵山区天然阔叶林下偶见。

少花万寿竹 *Disporum uniflorum*　宝铎草　　　　万寿竹属　**秋水仙科**

多年生直立草本。根状茎短,横走。叶宽椭圆形或长圆状卵形,无毛。伞形花序生于茎和分枝顶端,具1~3花;花黄色,花被片近直出,基部有长1~2毫米的短距。浆果近球形,成熟时蓝黑色。花期5~6月,果期7~11月。

根和根状茎入药。分布于长江流域、华南、华北等地区。贵池区丘陵山区林下、灌丛偶见。

菝葜 *Smilax china*　　　　　　　　菝葜属　**菝葜科**

落叶攀援灌木。茎长1~5米,疏生刺。叶薄革质,干后常红褐或近古铜色,圆形、卵形或宽卵形,长3~10厘米;叶柄长0.5~1.5厘米,鞘一侧宽0.5~1毫米,长为叶柄1/2~2/3,几全部具卷须,脱落点近卷须。花绿黄色;雄花花药比花丝稍宽,常弯曲;雌花与雄花大小相似,有6枚退化雄蕊。浆果熟时红色,有粉霜。花期4~5月,果期8~11月。

根状茎入药。分布于华东、华中、西南等省区。贵池区路旁、林下或灌丛较常见。

小果菝葜 *Smilax davidiana*　　　　菝葜属　**菝葜科**

本种与菝葜较相似,主要区别:叶柄上的鞘耳状,宽2～4毫米,明显比叶柄宽;卷须较纤细而短;雌花具3枚退化雄蕊。花期4月,果期7～10月。

分布于华东、华南等省区。贵池区林下、灌丛、山路旁阴湿处较常见。

土茯苓 *Smilax glabra*　　　　菝葜属　**菝葜科**

攀援灌木。根状茎块状,常由匍匐茎相连,无刺。叶薄革质,窄椭圆状披针形,有卷须,脱落点位于近顶端。伞形花序通常具10余朵花,总花梗通常明显短于叶柄,花绿白色,单性。浆果成熟时紫黑色,具粉霜。花期7～11月,果期11月至翌年4月。

根茎入药。产甘肃和长江流域以南各省区。贵池区林缘、灌丛及路边偶见。

牛尾菜 *Smilax riparia*

多年生草质藤本。具根状茎。茎中空,无刺。叶较厚,卵形、椭圆形或长圆状披针形,常在中部以下有卷须,脱落点位于上部。花单性,雌雄异株,淡绿色;伞形花序花序梗较纤细,长3~5(~10)厘米。浆果径7~9毫米,成熟时黑色。花期5~6月,果期8~10月。

块状茎入药。除西北地区,遍布全国。贵池区林缘、耕地边偶见。

老鸦瓣 *Amana edulis*

多年生草本。鳞茎卵形,外层鳞茎皮灰棕色,内面被浓密长柔毛。叶1对,条形。花茎单一或分叉成2,从一对叶中生出,有两枚对生苞片。花1朵,花被片6,花白色,有紫脉纹,雄蕊6。蒴果近球形。花期2~3月,果期4~5月。

鳞茎药用。分布于华东和华北等省份。贵池区山坡路旁草地较常见。

天目老鸦瓣 *Amana tianmuensis*

老鸦瓣属　百合科

　　本种与老鸦瓣的区别：薄纸质的黄褐色鳞茎皮，内部无毛（有时被稀疏长柔毛），叶片较宽，苞片3枚轮生。花期4月，果期5月。

　　鳞茎药用。产于安徽、浙江。贵池区林缘、路边偶见。

荞麦叶大百合 *Cardiocrinum cathayanum*

大百合属　百合科

　　多年生高大草本。茎高达1.5米。叶纸质，卵状心形或卵形，长10～22厘米，宽6～16厘米，基部心形，最下面几枚常聚集在一处，成假轮生状。总状花序具花1～5朵，花喇叭状。蒴果近球形，成熟时红棕色。花期6～7月，果期9～10月。

　　鳞茎含淀粉，也栽培供观赏用。分布于我国中东部等省份。国家二级保护植物。贵池区海拔600米以上天然阔叶林下沟边阴湿处偶见。

野百合 *Lilium brownii* 百合属 百合科

多年生草本。鳞茎球形,鳞茎瓣广展,白色。茎高0.7~1.5米,叶散生,上部叶常比中部叶小,倒披针形至倒卵形,全缘。花1~4朵,喇叭形,长15~20厘米,多为乳白色,背面带紫褐色,无斑点,先端外弯而不卷。蒴果矩圆形,有棱。花期7月,果期9~10月。

鳞茎入药和食用,栽培供观赏。分布于华东、西南等省区。贵池区山区疏林下、村旁、路边等常见。

药百合 *Lilium speciosum* var. *gloriosoides* 百合属 百合科

本种与野百合较相似,主要区别:花无花被管,花被反卷,边缘波状,纯白色,下部1/2~1/3有紫红色斑块和斑点。花期7~8月,果期10月。

鳞茎含淀粉,可食用。分布于江西、浙江、湖南和广西等省。省级保护植物。贵池区林缘路边偶见。

油点草 *Tricyrtis macropoda*

油点草属 **百合科**

多年生草本。茎上部疏生或密生短的糙毛。叶卵状椭圆形至矩圆状披针形,两面疏生短糙伏毛。二歧聚伞花序顶生或生于上部叶腋;花被片绿白色或白色,内面具多数紫红色斑点,外轮3片在基部向下延伸而呈囊状;雄蕊花丝中上部向外弯垂,具紫色斑点;柱头3裂外弯垂。蒴果直立。花果期6~10月。

可供栽培观赏。分布于华东、华南及西南等省区。贵池区丘陵山区林下、路旁、灌丛中较常见。

白及 *Bletilla striata*

白及属 **兰科**

多年生草本。假鳞茎扁球形。茎粗壮,直立,叶4~6枚,狭长圆形或披针形。花序具3~10花,花紫红或淡红色,唇瓣倒卵状椭圆形,白色带紫红色,具紫色脉,唇盘具5条纵褶片。花期4~5月。

假鳞茎药用。分布于长江流域及其以南各省。国家二级保护植物。贵池区丘陵山区林下、沟边极少见,也有人工栽植。

虾脊兰 *Calanthe discolor*　　　　　　　　　　　　　虾脊兰属　**兰科**

多年生草本。假鳞茎聚生,近圆锥形。叶倒卵状长圆形至椭圆状长圆形,背面密被短毛。花期叶未放,花葶高出叶外,密被毛,花序疏生约10余花;花开展,萼片和花瓣褐紫色;唇瓣白色,扇形,与蕊柱翅合生,与萼片近等长,3裂。花期4~5月。

具有较高的观赏价值。分布于华东、华中及西南等省区。省级保护植物。贵池区丘陵山区常绿阔叶林下少见。

无距虾脊兰 *Calanthe tsoongiana*　　　　　　　　　　虾脊兰属　**兰科**

多年生草本。假鳞茎近圆锥形。叶倒卵状披针形或长圆形,花先叶开放,花葶出自当年生的叶丛中,直立,花淡紫色,花瓣近匙形,唇瓣基部合生于整个蕊柱翅上,唇盘上无褶片和其他附属物,无距。

可供观赏。分布于我国中东部及西南等省区。贵池区丘陵山区阔叶林下偶见。

蕙兰 *Cymbidium faberi* 木兰、树兰 兰属 兰科

地生多年生宿根性草本。假鳞茎不明显。叶5~8，带形，近直立。花葶稍外弯，花序具5~11朵或多花；苞片线状披针形；花常淡黄绿色，唇瓣有紫红色斑，有香气；花瓣与萼片相似，常略宽短。花期3~5月。

具有极高的观赏价值。分布于华东、华南、西南等省区。国家二级保护植物。贵池区丘陵山区林下偶见，亦可见栽培供观赏。

春兰 *Cymbidium goeringii* 兰花 兰属 兰科

地生多年生宿根性草本。假鳞茎较小，卵球形，包藏于叶基之内。叶4~7片丛生成束，狭带形，直立或稍弧曲。花葶直立，具单花(稀2朵)，浅黄色，有清香气；唇瓣近卵形，不明显3裂，中裂片较大，强烈外弯。花期1~3月。

栽培供观赏。分布于华东、中南、西南、西北等省区。国家二级保护植物。贵池区丘陵山区林下偶见。

斑叶兰 *Goodyera schlechtendaliana* 斑叶兰属 兰科

　　植株高15～35厘米,根状茎匍匐,具节。茎直立,具4～6枚叶。叶片卵形或卵状披针形,上面绿色,具白色不规则的点状斑纹。总状花序具几朵至20余朵疏生近偏向一侧的花,唇瓣卵形,基部凹陷呈囊状,内面具多数腺毛。花期8～10月。

　　全草药用。主产于我国长江以南及西南等省。贵池区山坡或沟谷阔叶林下偶见。

裂瓣玉凤花 *Habenaria petelotii* 玉凤花属 兰科

　　植株高35～60厘米,块茎长圆形,肉质。茎中部集生5～6枚叶,叶片椭圆形或椭圆状披针形。总状花序具3～12朵疏生花,花淡绿色或白色,唇瓣基部之上3深裂,裂片线形,近等长,边缘具缘毛。花期7～9月。

　　观赏。分布于长江流域及其以南各省区。贵池区山坡或沟边林下极少见。

绥草 *Spiranthes sinensis* 盘龙参   绥草属   **兰科**

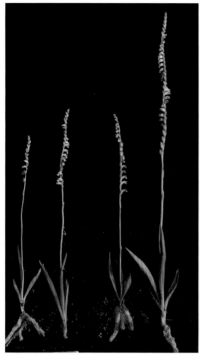

多年生草本。株高 10～20 厘米，茎近基部生 2～5 叶。叶宽线形或宽线状披针形，直伸。花序穗状，顶生，密生多花，螺旋状扭转；花紫红、粉红或白色，唇瓣宽长圆形，凹入，前半部上面具长硬毛，边缘具皱波状啮齿，基部浅囊状，囊内具 2 胼胝体。蒴果长圆形。花期 4～5 月。

全草药用。产于全国各省区。贵池区山坡林下、灌丛、草地或河滩沼泽偶见，是较常见的野生兰科植物之一。

射干 *Belamcanda chinensis*   射干属   **鸢尾科**

多年生草本。根状茎斜伸，黄褐色。叶互生，剑形，无中脉，嵌叠状 2 列。花序叉状分枝；花橙红色，有紫褐色斑点，内轮较外轮裂片稍短窄。蒴果倒卵圆形，室背开裂果瓣外翻，中央有直立果轴。种子球形，黑紫色。花期 6～8 月，果期 8～9 月。

栽培供观赏用，根状茎入药。国内绝大多数省份均有分布。贵池区天然林下沟边偶见。

蝴蝶花 *Iris japonica*　　　　鸢尾属　**鸢尾科**

多年生草本。根状茎细弱,入地浅,节间密。叶基生,暗绿色,有光泽,无明显中脉,剑形。花淡蓝或蓝紫色;外花被裂片卵圆形或椭圆形,长2.5~3厘米,有黄色斑纹,有细齿,中脉有黄色鸡冠状附属物;花柱分枝扁平,中脉淡蓝色,顶端裂片深裂成丝状。蒴果椭圆状卵圆形,无喙。花期3~4月,果期5~6月。

可作庭院观赏花卉。分布于华东、华中、西南及华北等省区。贵池区山坡湿地、林缘偶见,公园绿地可见栽培。

马蔺 *Iris lactea*　　　　鸢尾属　**鸢尾科**

多年生草本。叶基生,灰绿色,质坚韧,线形,无明显中脉。花茎高3~10厘米;苞片3~5,草质,绿色,边缘膜质,白色,包2~4花;花蓝紫或乳白色,径5~6厘米;外花被裂片倒披针形,长4.2~4.5厘米,内花被裂片窄倒披针形,长4.2~4.5厘米。蒴果长椭圆状柱形,有短喙,有6肋。花期5~6月,果期6~9月。

分布于东北、华东、华中、华北、西南等省区。贵池区山区路边、灌丛中偶见。

黄菖蒲 *Iris pseudacorus*　黄花鸢尾　　　　　　　鸢尾属　**鸢尾科**

多年生草本。根状茎粗壮，斜伸，节明显。基生叶灰绿色，宽剑形，中脉较明显。花茎粗壮，上部分枝；花黄色，直径10～11厘米，外花被裂片卵圆形或倒卵形，爪部狭楔形，中央下陷呈沟状，有黑褐色的条纹。花期5月，果期6～8月。

栽培供观赏。原产欧洲，我国各地常见栽培。贵池区河湖沿岸的湿地或沼泽地上常见栽培。

小花鸢尾 *Iris speculatrix*　　　　　　　　　　　　鸢尾属　**鸢尾科**

多年生草本。根状茎二歧状分枝，棕褐色。叶暗绿色，有光泽，剑形或条形。花茎光滑，有1～2枚茎生叶；苞片2～3枚，内包含有1～2朵花；花蓝紫色或淡蓝色，直径5.6～6厘米；外花被裂片匙形，有深紫色的环形斑纹，中脉上有鲜黄色的鸡冠状附属物。蒴果椭圆形，顶端有细长而尖的喙；种子为多面体，棕褐色。花期5月，果期7～8月。

分布于华东、华中及四川、贵州等省。贵池区山坡路旁、林缘偶见。

萱草 *Hemerocallis fulva*　　　　　　　　萱草属　阿福花科

多年生草本。根近肉质，中下部常纺锤状。叶基生，排成两列，条形，下面呈龙骨状突起。花葶粗壮，高0.6~1米；圆锥花序具6~12朵花，花橘红色至橘黄色，无香味，具短花梗。蒴果矩圆形。花期6~7月，果期8月。

栽培供观赏，块根药用。分布于秦岭以南，我国各地广泛栽培。贵池区公园、庭院可见栽培。

薤白 *Allium macrostemon*　　　　　　　　葱属　石蒜科

多年生草本。鳞茎单生，近球状，基部常具小鳞茎。叶半圆柱状或三棱状半圆柱形，中空，短于花葶。花梗近等长，具小苞片；珠芽暗紫色；花淡紫或淡红色，花被片等长，内轮常较窄。花丝比花被片稍短或长1/3，花柱伸出花被。花果期5~7月。

鳞茎药用。除新疆、青海外，全国各省区均产。贵池区田埂、路边、村前屋后阴湿地较为常见。

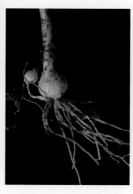

中国石蒜 *Lycoris chinensis* 石蒜属 **石蒜科**

多年生草本。鳞茎卵球形,径约4厘米。叶绿色,春季抽出,带状,先端钝圆,中脉淡色带明显。花茎高约60厘米,顶生伞形花序常有5~6花;花两侧对称,黄色,花被裂片反卷,背面具淡黄色中肋,边缘波状皱缩;雄蕊和花被近等长或稍伸出花被。花期7~8月,果期9月。

观花草本,可作园艺种。产于河南、江苏、浙江。贵池区阔叶林下山坡阴湿处偶见。

石蒜 *Lycoris radiata* 石蒜属 **石蒜科**

多年生草本。鳞茎近球形,直径1~3厘米。秋季出叶,叶狭带状,顶端钝,深绿色,中间有粉绿色带。花茎高约30厘米,伞形花序有花4~7朵,花鲜红色;花被裂片狭倒披针形,强烈皱缩和反卷,雄蕊显著伸出于花被外,比花被长1倍左右。花期8~9月,果期10月。

鳞茎药用,亦可栽培观赏。我国大部地区均有分布。贵池区阴湿山坡和林下常见。

稻草石蒜 *Lycoris straminea*　　石蒜属　**石蒜科**

多年生草本。鳞茎近球形，直径约3厘米。秋季出叶，叶带状，顶端钝，中间淡色带明显。花茎高约35厘米，伞形花序有花5～7朵；花稻草色；花被裂片腹面散生少数粉红色条纹或斑点，盛开时消失，强烈反卷和皱缩；雄蕊明显伸出于花被外，比花被长1/3。花期8月。

观赏。分布于我国东部省份。贵池区阴湿山坡及林下偶见，偶有栽培。

韭莲 *Zephyranthes carinata*　　葱莲属　**石蒜科**

多年生草本。鳞茎卵球形，直径2～3厘米。基生叶常数枚簇生，线形，宽6～8毫米。花单生于花茎顶端，下有佛焰苞状总苞；花玫瑰红色或粉红色；花被管长1～2.5厘米，花被裂片6，裂片倒卵形，顶端略尖。蒴果近球形；种子黑色。花期夏秋。

原产南美，国内多处引种栽植供观赏。贵池区公园、城镇庭院内可见栽植。

天门冬 *Asparagus cochinchinensis*

天门冬属　天门冬科

多年生攀援草本。根在中部或近末端呈纺锤状膨大,茎平滑,分枝具棱或窄翅。叶状枝常3成簇,扁平或中脉龙骨状微呈锐三棱形;茎鳞叶基部延伸为硬刺,分枝刺较短或不明显。花常2朵腋生,淡绿色,单性,花梗长2~6毫米。浆果成熟时红色,具1种子。花期5月,果期8月。

块根药用。我国大部省份均有分布。贵池区山坡、路旁、疏林下等处较常见。

羊齿天门冬 *Asparagus filicinus*

天门冬属　天门冬科

本种与天门冬较相似,主要区别:茎直立;花梗长10~20毫米;浆果具2~3粒种子。花期5~7月,果期8~9月。

块根入药,常与天门冬混用。产于华东、中南、西南等省区。贵池区丛林下或山谷阴湿处偶见,亦栽培。

绵枣儿 *Barnardia japonica*　　　　　　　　　　　　绵枣儿属　**天门冬科**

多年生草本。鳞茎卵圆形或近球形。基生叶通常2～5,窄带状,柔软。花葶通常比叶长;总状花序长2～20厘米,具多数花;花紫红、粉红或白色。蒴果近倒卵圆形;种子1～3,黑色。花期8～10月。

鳞茎可食用及入药。分布几遍全国。贵池区山坡、草地、路旁或林缘等处常见。

禾叶山麦冬 *Liriope graminifolia*　禾叶土麦冬　　　　　　山麦冬属　**天门冬科**

多年生草本。根分枝多,有时有纺锤形小块根,具地下走茎。叶长20～50厘米,宽2～4毫米,具5条脉,近全缘。总状花序长6～15厘米,具多花;花常3～5簇生苞片腋内,白或淡紫色。花期6～8月,果期9～11月。

小块根有时也作麦冬用。分布于西北、华东、华南、西南等省区。贵池区山坡、林下、山沟、石缝等处较常见。

阔叶山麦冬 *Liriope muscari*

本种与禾叶山麦冬较相似,主要区别:无地下走茎;叶片较宽,8～22毫米;花茎较长,45～100厘米。花期7～8月,果期9～10月。

栽培供观赏。分布于华南、华东、西南、华中等省区。贵池区丘陵山区、山谷林下潮湿处较为常见。

沿阶草 *Ophiopogon bodinieri*

多年生草本。根纤细,近末端处有时具纺锤形的小块根。叶基生成丛,禾叶状。总状花序长1～7厘米,具几朵至十几朵花;花常单生或2朵簇生于苞片腋内;花被片卵状披针形、披针形或近矩圆形,长4～6毫米,内轮三片宽于外轮三片,白色或稍带紫色。种子近球形或椭圆形,直径5～6毫米。花期6～8月,果期8～10月。

观赏。分布于我国中部、西南地区及台湾等省,现各地常有栽培。贵池区公园、绿地常见栽培。

多花黄精 *Polygonatum cyrtonema*　九华黄精　　　　黄精属　天门冬科

　　多年生草本。根状茎肥厚,常连珠状或结节成块。叶互生,椭圆形、卵状披针形或长圆状披针形,稍镰状弯曲。花序具2～7花,伞形,花被黄绿色,长1.8～2.5厘米;花丝具短绵毛,顶端具囊状突起。浆果成熟时黑色。花期5～6月,果期8～10月。

　　根状茎也作中药"黄精"入药。分布于西南、华中、华东等省区。贵池区林下、灌丛或山坡较常见,也见栽培供药用或食用。

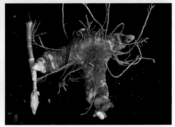

长梗黄精 *Polygonatum filipes*　　　　　　　　　　黄精属　天门冬科

　　本种与多花黄精较相似,主要区别:总花梗细长,长3～8厘米;叶下面有短毛;植株高30～70厘米。

　　分布于我国中东部及南部等省。贵池区林下、灌丛中较常见。

早花黄精 *Polygonatum praecox*

黄精属 **天门冬科**

本种与多花黄精较相似,主要区别:花序为总状;花丝光滑,顶部无囊状突起;花期早,3月中旬至4月下旬。

分布于我国华北及中东部等省份。贵池区林下、灌丛中偶见。

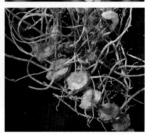

玉竹 *Polygonatum odoratum*

黄精属 **天门冬科**

多年生草本。根状茎圆柱形,径0.5~1.4厘米。叶互生,椭圆形或卵状长圆形。花序具1~4花;花被黄绿或白色,长1.3~2厘米,花被筒较直,裂片长约3毫米;花丝近平滑。浆果成熟时蓝黑色。花期4~5月,果期8~9月。

根状茎药用。分布于东北、华北、西北、华东、华中等省区。贵池区山区林下较常见。

湖北黄精 *Polygonatum zanlanscianense* 黄精属 天门冬科

多年生草本。根状茎圆柱状,节膨大,鸡头状。叶4~6枚轮生,线状披针形,先端拳卷或弯曲。花序常具2~4花,近伞形;花被乳白或淡黄色,长9~12毫米;子房长约3毫米,花柱长5~7毫米。浆果径7~10毫米,成熟时黑色。花期5~6月,果期8~9月。

根状茎为中药"黄精"。分布于东北、华北、华中、华东等省份。贵池区山地林下、灌丛偶见。

开口箭 *Rohdea chinensis* 万年青属 天门冬科

多年生草本。根状茎长圆柱形,多节,绿色至黄色。叶基生,常4~8枚,近革质或纸质,倒披针形、条状披针形、条形或矩圆状披针形。穗状花序直立,密生多花,长2.5~9厘米;苞片绿色,卵状披针形至披针形;花短钟状,花被筒长2~2.5毫米,裂片卵形,黄色或黄绿色。浆果球形,熟时紫红色,直径8~10毫米。花期4~6月,果期9~11月。

根状茎入药。分布于我国秦岭淮河以南各省区。贵池区丘陵山区林下或林缘偶见。

棕榈 *Trachycarpus fortunei*　　　　　　　　棕榈属　**棕榈科**

常绿乔木,树干圆柱形,被不易脱落的老叶柄基部和密集的网状纤维。叶片深裂成30~50片具皱折的线状剑形。花序粗壮,多次分枝,从叶腋抽出,通常是雌雄异株;雌花序被3个佛焰苞包着。果实阔肾形,有脐,成熟时由黄色变为淡蓝色,有白粉。花期4月,果期12月。

为庭院观赏树种,也是重要的纤维植物,种子可榨油。分布于长江以南至广东。贵池区常见栽培。

鸭跖草 *Commelina communis*　　　　　　　鸭跖草属　**鸭跖草科**

一年生披散草本。茎匍匐生根,多分枝,下部无毛,上部被短毛。叶披针形或卵状披针形,顶端锐尖,无柄或近无柄。花梗果期弯曲,萼片膜质,内面2枚常靠近或合生;花瓣深蓝色。佛焰苞边缘分离。蒴果2裂。花果期6~10月。

全草入药。我国大部省份均有分布。贵池区田埂、路旁、山坡、宅旁阴湿处常见。

饭包草 *Commelina benghalensis* 火柴头 鸭跖草属 | 鸭跖草科

本种与鸭跖草较相近,主要区别为:叶片卵形至宽卵形,顶端钝圆;有明显的短柄;佛焰苞下部联合,仅上部张开。蒴果3裂。

全草药用。分布于陕西秦岭、淮河以南各省。贵池区阴湿的田边及沟内较常见。

裸花水竹叶 *Murdannia nudiflora* 水竹叶属 | 鸭跖草科

多年生草本。茎多条生基部,披散,下部节生根。叶互生,狭长披针形,基部鞘状抱茎,鞘短具睫毛,全缘。聚伞花序数朵,排成顶生的圆锥花序;花瓣紫色,长约3毫米;能育雄蕊2,不育雄蕊2~4,花丝下部有须毛。蒴果卵圆状三棱形,每室2种子,种子黄棕色。花果期8~10月。

全草药用。分布于我国中东部及华南和西南等省。贵池区山坡路旁、田边较常见。

杜若 *Pollia japonica*   杜若属 | **鸭跖草科**

　　多年生草本。根状茎长而横走。叶无柄或叶基渐窄,下延成带翅的柄。蝎尾状聚伞花序长2~4厘米,常成数个疏离的轮,花序轴和花梗密被钩状毛;总苞片披针形;萼片3,宿存,花瓣白色。果球状,黑色。花期7~9月,果期9~10月。

　　可供药用。分布于四川、贵州以及长江以南各省。贵池区山谷林下阴湿处较常见。

紫竹梅 *Tradescantia pallida*   紫露草属 | **鸭跖草科**

　　多年生草本。株高30~50厘米,匍匐或下垂。叶长椭圆形,卷曲,先端渐尖,基部抱茎,叶紫色,具白色短绒毛。聚伞花序顶生或腋生,花桃红色。花期5~11月。

　　叶色美观,为著名的观叶植物。国内广为引种栽培。贵池区常见庭院栽培。

鸭舌草 *Monochoria vaginalis*

雨久花属　**雨久花科**

水生草本，根状茎极短，具柔软须根。茎直立或斜上，全株光滑无毛。叶基生和茎生；心状宽卵形、长卵形至披针形，顶端短突尖或渐尖，基部圆形或浅心形，全缘，具弧状脉。总状花序从叶柄中部抽出，花通常3~5朵，蓝色。蒴果卵形至长圆形，长约1厘米。种子多数，椭圆形。花期8~9月，果期9~10月。

嫩茎和叶可作蔬食，也可做猪饲料。产我国南北各省区。贵池区稻田、沟旁、浅水池塘等水湿处常见。

梭鱼草 *Pontederia cordata*

梭鱼草属　**雨久花科**

多年生湿生草本。营养茎收缩成根状茎；花茎直立，高可达1.2米。无柄叶基生莲座状；有柄叶伸出水面；叶片披针形至心形。穗状花序长2~15厘米，淡紫色花极多数。胞果具齿状脊。花果期5~10月。

常见水生观赏花卉。原产于美洲，全国各地广泛栽培。贵池区湖塘等湿地常见栽培。

芭蕉 *Musa basjoo* 芭蕉属 芭蕉科

多年生高大草本。叶长圆形,长2~3米,宽25~30厘米,先端钝,基部圆或不对称,上面鲜绿色,有光泽,叶鞘上部及叶下面无蜡粉或微被蜡粉;叶柄粗壮,长达30厘米。花序顶生,下垂;苞片红褐或紫色;雄花生于花序上部,雌花生于花序下部;雌花在每苞片内10~16朵,排成2列。浆果,棱状长圆形。

秦岭淮河以南可以露地栽培,多栽培于庭园及农舍附近,作绿化植物,供观赏。贵池区公园、住宅小区、庭院内常见。

粉美人蕉 *Canna glauca* 美人蕉属 美人蕉科

多年生直立草本。植株高达2米,根茎长。叶披针形,先端尖,基部渐窄,下延,绿色。总状花序疏花,单生或分叉,稍高出叶上,花粉红色。

可供观赏。我国南北均有栽培。贵池区公园湖泊沿岸可见栽植。

姜花 *Hedychium coronarium*

姜花属　　姜科

多年生草本。茎高达2米。叶长圆状披针形或披针形，无柄，叶舌薄膜质。穗状花序顶生，椭圆形，苞片覆瓦状排列，紧密，每苞片有2～3花；花芬芳，白色，花萼管长约4厘米，无毛，顶端一侧开裂；花冠管纤细，唇瓣倒心形，白色，基部稍黄。花期8～12月。

花美丽、芬芳，庭院栽植供观赏，根状茎亦可药用。分布于四川、云南、广西、广东等省。贵池区偶见庭院栽植。

蘘荷 *Zingiber mioga*

姜属　　姜科

草本。株高0.5～1米。叶片披针状椭圆形或线状披针形，叶面无毛。穗状花序椭圆形，苞片覆瓦状排列，红绿色，具紫脉；花冠管较萼为长，裂片披针形，淡黄色；唇瓣卵形，3裂，中部黄色，边缘白色。果倒卵形，熟时裂成3瓣，果皮里面鲜红色；种子黑色，被白色假种皮。花期8～10月。

花穗和嫩芽可食用，根状茎可入药。产我国中东部等省份。贵池区山谷阴湿处常见，亦常见栽培。

绿苞蘘荷 *Zingiber viridescens* 姜属 **姜科**

本种与蘘荷相似,主要区别:苞片绿色,叶舌较短,长不超过0.8厘米,地下茎节间短。

用途同蘘荷。分布于华东等省区。贵池区山谷林下偶见。

水烛 *Typha angustifolia* 香蒲属 **香蒲科**

多年生水生或沼生草本。地上茎直立,粗壮。叶片上部扁平,中部以下腹面微凹,背面向下逐渐隆起呈凸形;叶鞘抱茎。雌雄花序相距2.5～6.9厘米;叶状苞片1～3枚,花后脱落。小坚果长椭圆形,具褐色斑点,纵裂。种子深褐色花果期6～9月。

药用或栽培观赏。我国大部省份均有分布。贵池区湖泊、河流、池塘浅水处常见。

香蒲 *Typha orientalis*
香蒲属　香蒲科

本种与水烛相似,主要区别:雌雄花序相连,雌花无苞片。

药用或栽培观赏。我国大部省份均有分布。贵池区湖泊、河流、池塘浅水处较常见。

翅茎灯芯草 *Juncus alatus*
灯芯草属　灯芯草科

多年生草本。茎丛生,直立,扁平,两侧有窄翅。基生叶多枚,茎生叶1~2,叶片扁平,线形,叶鞘两侧扁,边缘膜质,叶耳不显著。花序具7~27个头状花序,排成聚伞状,花淡绿或黄褐色,花梗极短。花期4~7月,果期5~10月。

分布于华东、华中和华南等省区。贵池区浅水及潮湿地常见。

灯芯草 *Juncus effusus*　　　　　灯芯草属　**灯芯草科**

多年生草本。株高50～100厘米,根状茎粗壮横走,茎丛生,直立,直径1.5～4毫米。叶全部为低出叶,呈鞘状或鳞片状,包围在茎的基部,叶片退化为刺芒状。聚伞花序假侧生,含多花,花被片线状披针形,黄绿色。蒴果长圆形或卵形,黄褐色。花果期6～7月。

茎髓药用,亦可作编织、枕芯材料。产于我国湿润半湿润区。贵池区水沟,稻田旁、草地及沼泽湿处常见。

野灯芯草 *Juncus setchuensis*　　　　　灯芯草属　**灯芯草科**

本种与灯芯草较相似,主要区别:植株较矮小,高30～50厘米;茎直径0.8～1.5毫米;花被片卵状披针形,等长;果实近球形。花果期5～6月。

茎供编织用,亦可入药。分布于长江下游及陕西、四川、云南、西藏等省区。贵池区山沟、道旁的浅水处常见。

阿齐薹草 *Carex argyi* 红穗苔草 薹草属 莎草科

　　多年生草本。杆高30～60厘米，较坚挺，三棱形，平滑，基部叶鞘暗血红或红褐色，老叶鞘裂成纤细网状。叶短于杆，宽3～4毫米，坚挺，纵脉间小横隔脉明显，具叶鞘；苞片叶状，下部的长于小穗，上部的近无鞘，最下部的具短鞘。雌花鳞片披针形，先端渐尖，长约5毫米，具短芒，膜质，苍白色，3脉。果囊斜展，鼓胀三棱状，常稍带暗血红色，革质，无毛，多脉稍隆起。花果期4～6月。

　　分布于江苏、江西、湖北、云南等省。贵池区沟边、水边湿地偶见。

二形鳞薹草 *Carex dimorpholepis* 薹草属 莎草科

　　多年生宿根草本。秆丛生，高35～80厘米，锐三棱形。叶短于或等长于秆，边缘稍反卷。小穗5～6个，顶端1个雌雄顺序；侧生小穗雌性，上部3个其基部具雄花，圆柱形。雌花鳞片倒卵状长圆形，顶端微凹或截平，具粗糙长芒。果囊长于鳞片，椭圆形或椭圆状披针形，红褐色，喙口全缘；柱头2个。花果期4～6月。

　　我国大部分省份均有分布。贵池区河边沙地、池沼边较常见。

灰化薹草 *Carex cinerascens* 薹草属 | 莎草科

多年生草本。秆丛生，高25～60厘米，锐三棱形，基部叶鞘无叶片。叶短于或等长于秆，宽2～4毫米；苞片最下部的叶状，长于或等长于小穗，无鞘，余刚毛状。小穗3～5个，上部1～2雄性，余为雌性；花密生，下部的具柄，上部的无柄。果囊卵形，灰、淡绿或黄绿色，脉不明显，具锈点，具短柄，喙不明显，喙口近全缘；小坚果稍紧包果囊中，倒卵状长圆形，长约1.5毫米；花柱基部稍膨大，柱头2。

分布于东北、内蒙古、陕西、江苏、浙江、两湖等省区。贵池区河、湖边湿地常见。

签草 *Carex doniana* 薹草属 | 莎草科

多年生草本。秆高30～60厘米，较粗壮，扁锐三棱形。叶稍长或近等长于秆，质较柔软。苞片叶状，向上部的渐狭成线形，长于小穗，不具鞘。小穗3～6个，下面的1～2个间距稍长，上面的较密集，顶生小穗为雄小穗；侧生小穗为雌小穗，有时顶端具少数雄花。雄花鳞片披针形；雌花鳞片卵状披针形，顶端具短尖。小坚果稍松地包于果囊内；柱头3个，细长，果期不脱落。花果期4～10月。

分布于华东及陕西、湖北、广东、广西、四川、云南等省区。贵池区丘陵溪边或林下较常见。

穿孔薹草 *Carex foraminata*　　　　薹草属　莎草科

多年生草本,秆高40～70厘米,三棱形,平滑。叶长于或等长于秆,平张,革质,两面平滑。小穗4～6个,顶生小穗雄性;侧生小穗雌性,疏远,具密花,顶端多少下垂,小穗柄长2～4厘米。果囊短于鳞片,具极短的喙,略向外弯,喙口微凹;小坚果紧包于果囊中,棱上中部凹陷,基部具短而弯的柄。花果期4～5月。

分布于浙江、江西、福建、贵州等省。贵池区山坡林缘较常见。

舌叶薹草 *Carex ligulata*　　　　薹草属　莎草科

多年生草本。高35～70厘米,三棱形,较粗壮,上部棱上粗糙,基部包以红褐色无叶片的鞘。小穗6～8个,下部的间距稍长,上部的较短,顶生小穗为雄小穗,圆柱形或长圆状圆柱形,长2.5～4厘米,宽5～6毫米,密生多数花,具小穗柄,上面的小穗柄较短。苞片叶状,长于花序,下面的苞片具稍长的鞘,上面的鞘短或近于无鞘。花果期5～7月。

分布于陕西、浙江、江苏、湖北、贵州、云南、西藏等省区。贵池区林下、沟谷、山坡路边偶见。

条穗薹草 *Carex nemostachys*　　　　薹草属　莎草科

多年生草本。秆高40～90厘米，粗壮，基部具黄褐色纤维状老叶鞘。叶长于秆，较坚挺。小穗常集生秆上部，顶生雄小穗窄圆柱形，侧生雌小穗圆柱形；雌花鳞片窄披针形，先端具芒；花柱细长，微弯，柱头3。果囊后期外展，疏被短硬毛，喙长，外弯，喙口斜截；小坚果较松包果囊中，三棱状，淡棕黄色。花果期9～12月。

分布于华东、华中、华南至云贵一带。贵池区溪沟旁偶见成片生长。

镜子薹草 *Carex phacota*　　　　薹草属　莎草科

多年生草本。秆丛生，高20～75厘米，锐三棱形。叶与秆近等长，边缘反卷。小穗3～5个，顶端1个雄性，稀少顶部有少数雌花；侧生小穗雌性，长圆柱形，密花；小穗柄纤细，下垂。雌花鳞片长圆形，长约2毫米，顶端截形或凹，具粗糙芒尖，有3条脉。小坚果稍松地包于果囊中，近圆形或宽卵形；花柱柱头2个。花果期3～5月。

分布于我国华东、华南、西南等地。贵池区山地水边偶见。

书带薹草 *Carex rochebrunii* 薹草属 莎草科

多年生草本。根状茎密丛生,秆高30～50厘米,纤细,柔软。叶长于秆,宽2～3毫米,柔软;叶鞘腹面膜质部分具横皱纹。小穗6～10个,疏生,矩圆形,雌雄顺序,具较多的花;雌花鳞片椭圆披针形,中间绿色,两侧白色膜质,顶端渐尖。果囊椭圆披针形,稍长于鳞片,喙口具2小齿。小坚果矩圆形,花柱基部增大,柱头2。花果期5～6月。

分布于我国西北、中东部及西南等省。贵池区路边林缘偶见。

仙台薹草 *Carex sendaica* 薹草属 莎草科

多年生草本。秆密丛生,高10～35厘米,细弱,三棱形,平滑,向顶端稍粗糙。叶基生,短于或等长于秆,宽2～3毫米,平展或折合,边缘粗糙,鞘长2～3厘米,常开裂。小穗3～4个,单生苞鞘内,向上间距渐短,两性,雄雌顺序,顶生小穗雄花部分长于雌花部分,侧生小穗常雌花部分长于雄花部分,小穗长圆形,长0.8～1.5厘米,雌花部分较密生几朵至10余朵花,小穗柄细。果囊近直立,膜质,红棕色,细脉多条,具短柄,喙短,边缘具短硬毛,喙口具2短齿。花果期8～10月。

分布于陕西、甘肃、江苏、浙江、湖北、贵州、四川等省。贵池区山坡林下偶见。

异型莎草 *Cyperus difformis*　　　　　莎草属　**莎草科**

　　一年生草本。秆丛生,高5～65厘米,扁三棱状。叶短于秆,平展或折合。叶状苞片2～3,叶状,长于花序;长侧枝聚伞花序简单,稀为复出,有3～9个不等长的辐射枝,其上有多数小穗密集成球形头状花序;鳞片稍松排列,近扁圆形,先端圆。小坚果倒卵状椭圆形,三棱状,与鳞片近等长,淡黄色。花果期7～10月。

　　常见杂草,几遍全国。贵池区稻田、水边潮湿区域常见。

碎米莎草 *Cyperus iria*　　　　　莎草属　**莎草科**

　　一年生草本。秆丛生,扁三棱状,基部具少数叶。叶短于秆,叶鞘短,红棕或紫棕色;苞片3～5枚,叶状,下部的2～3片显著长于花序。穗状花序于长侧枝组成复出聚伞花序,卵形或长圆状卵形,小穗松散排列,有花6～22朵;鳞片疏松排列。小坚果稍短于鳞片,三棱状,褐色。花果期6～10月。

　　常见杂草,几遍全国各地。贵池区常见于田间、路边、荒地较潮湿区域。

香附子 *Cyperus rotundus* 莎草 莎草属 **莎草科**

多年生草本。秆高15~95厘米,稍细,锐二棱状,基部块茎状。叶稍多,短于秆;叶鞘棕色。苞片2~4枚,叶状,长于花序;小穗斜展,线形,具8~28朵花;小穗轴具白色透明较宽的翅。小坚果长圆状倒卵形,三棱状,长为鳞片1/3~2/5。花果期6~10月。

块茎、苗、花序入药。分布于东北、华东、华南、西南、西北等省区。贵池区路边、田野、山坡极为常见。

牛毛毡 *Eleocharis yokoscensis* 荸荠属 **莎草科**

多年生草本。高2~12厘米,秆多数,细如毫发,密丛生如牛毛毡。叶鳞片状,叶鞘长0.5~1.5厘米,微红色。小穗卵形,淡紫色,具几朵花,基部1鳞片无花,抱小穗基部一周。小坚果窄长圆形,钝圆三棱状。花果期5~10月。

全草药用。几遍布于全国。贵池区水田中、池塘边偶见。

夏飘拂草 *Fimbristylis aestivalis*　　　　飘拂草属　**莎草科**

　　一年生草本。秆密丛生,纤细,扁三棱形,平滑,基部具少数叶,高3~12厘米。叶短于轩,丝状,平展,边缘稍内卷,两面被疏柔毛。小穗单生于第一次或第二次辐射枝顶,长2.5~6毫米,宽1~1.5毫米,多花;鳞片稍密螺旋状排列,膜质,卵形或长圆形,具短尖,红棕色,龙骨状突起绿色,3脉;雄蕊1;花柱长而扁平,柱头2,较短。小坚果倒卵形,双凸状,黄色。花果期5~8月。

　　分布于东北及浙江、福建、台湾、广东、海南、广西、云南、四川等省区。贵池区荒草地、路边、沼地以及稻田中较为常见。

短叶水蜈蚣 *Kyllinga polyphylla*　　　　水蜈蚣属　**莎草科**

　　多年生草本,具匍匐根状茎。秆散生,高20~30厘米,纤细,扁三棱形,下部具叶。叶柔弱,短于或稍长于秆,平张,上部边缘和背面中肋上具细刺。叶状苞片3枚,极展开,后期常向下反折;穗状花序单个,极少2或3个,球形或卵球形,具极多数密生的小穗。小坚果倒卵状长圆形,扁双凸状。花果期5~9月。

　　全草药用。分布于华中、华东、华南及西南等省区。贵池区山坡、路旁、田边和沟、塘边湿地常见。

扁穗莎草 *Cyperus compressus*

扁莎属　**莎草科**

丛生草本;根为须根。秆稍纤细,锐三棱形,基部具较多叶。叶短于秆或与秆几等长,折合或平张,灰绿色;叶鞘紫褐色。叶状苞片3~5枚,长于花序;穗状花序近于头状;花序轴很短,具3~10个小穗。小坚果倒卵形,三棱形,侧面凹陷,长约为鳞片的1/3,深棕色,表面具密的细点。花果期7~12月。

我国大部省份均有分布。贵池区山坡、路边潮湿处较常见。

萤蔺 *Schoenoplectus juncoides*

萤蔺属　**莎草科**

多年生草本。秆丛生,稍坚挺,圆柱状,基部具2~3鞘,无叶片;苞片1枚,为秆的延长,直立。小穗3~5个聚成头状,假侧生,卵形或长圆状卵形,棕或淡棕色,多花。小坚果宽倒卵形或倒卵形,成熟时黑褐色。花果期7~10月。

全草药用,秆可用于造纸和编织。我国大部省区均有分布。贵池区沟、塘、水田边潮湿或积水处较常见。

看麦娘 *Alopecurus aequalis*

看麦娘属　**禾本科**

一年生草本。秆少数丛生,高15～45厘米,光滑,节部常膝曲。叶鞘无毛,短于节间,叶片长3～11厘米,宽1～6毫米。圆锥花序灰绿色,细条状圆柱形,长2～7厘米,宽3～5毫米;小穗椭圆形或卵状长圆形,花药橙黄色。花果期3～5月。

可作饲草。广布于我国南北各省。贵池区耕地、路旁极为常见。

荩草 *Arthraxon hispidus*

荩草属　**禾本科**

一年生草本。高30～45厘米,秆纤细,基部匍匐生根。叶鞘短于或等长于节间;叶片扁平,卵形或卵状披针形。总状花序细弱,2～10枚成指状排列或簇生于秆顶;有柄小穗退化仅存一针状柄,具毛。颖果长圆形,与稃近等长。花果期8～10月。

可作牧草。分布遍及全国。贵池区路旁、溪旁、田边常见。

无刺野古草 *Arundinella setosa* var. *esetosa*

野古草属　禾本科

多年生草本。秆无毛,单生或丛生;节淡褐色。叶片线形。小穗长5.5～7毫米;颖不等长,第一颖长4～6毫米,3～5脉,沿脉粗糙或具柔毛;第二颖长5～7毫米,5脉。第一小花中性或雄性;第二小花披针形或卵状披针形,成熟时黄棕色,芒宿存,芒针长4～6毫米;花药紫色。颖果成熟时褐色。

分布于江西、湖南、贵州、云南、广西、广东等省区。贵池区山区荒地路边偶见。

野燕麦 *Avena fatua*

燕麦属　禾本科

一年生草本。秆高0.6～1.2米,无毛,2～4节。叶鞘松弛,光滑或基部者被微毛;叶片长10～30厘米,宽0.4～1.2厘米。圆锥花序金字塔形,顶生,开展,长10～25厘米;小穗具2～3小花;小穗柄下垂。颖果被淡棕色柔毛,腹面具纵沟。花果期4～9月。

可作饲草,谷粒富含淀粉。我国南北各省均有。贵池区农田、荒野等处较常见。

菵草 *Beckmannia syzigachne*   菵草属 **禾本科**

一年生直立草本。秆丛生，高15~90厘米，1~4节。叶鞘无毛，多长于节间；叶片长5~20厘米，宽0.3~1厘米。圆锥花序狭窄，长10~30厘米；分枝稀疏，直立或斜升；小穗灰绿色，具1小花。颖果黄褐色，长圆形，顶端具丛生毛。花果期4~10月。

可作饲草。广布全国。贵池区水边潮湿处常见。

疏花雀麦 *Bromus remotiflorus*   雀麦属 **禾本科**

多年生直立草本。具短根茎；秆高0.6~1.2米。叶鞘闭合，密被倒生柔毛；叶片长20~40厘米，宽4~8毫米。圆锥花序疏展，长20~30厘米，每节2~4分枝；分枝细长孪生，具少数小穗，成熟时下垂；小穗疏生5~10小花。颖果长0.8~1厘米，贴生稃内。花果期6~7月。

分布于西北、西南、华东各省区。贵池区山坡、林缘、路旁、河边草地常见。

拂子茅 *Calamagrostis epigeios* 　　　　　　　　　　　拂子茅属 **禾本科**

多年生粗壮草本。秆直立，平滑无毛，高45～100厘米。叶鞘平滑或稍粗糙，短于或基部者长于节间；叶片长15～27厘米，宽4～8(13)毫米，扁平或边缘内卷。圆锥花序紧密，圆筒形，劲直、具间断，长10～25厘米，中部径1.5～4厘米；小穗长5～7毫米，淡绿色或带淡紫色。花果期5～9月。

为牲畜喜食的牧草，亦可作固定泥沙、保护河岸的良好材料。分布几遍全国。贵池区潮湿地及河岸沟渠旁常见。

朝阳隐子草 *Cleistogenes hackelii* 　朝阳青茅 　　　　　隐子草属 **禾本科**

多年生草本。秆高30～60厘米，丛生，基部有鳞芽。叶鞘长于节间，鞘口常具柔毛；叶片长3～7厘米，宽1～2毫米，扁平或内卷。圆锥花序疏展，长5～10厘米，具3～5分枝，基部分枝长3～6厘米，小穗黄绿色或稍带紫色，长7～9毫米，含3～5小花。花果期7～11月。

分布于河北、山东、陕西等省。贵池区林缘路边偶见。

薏苡 *Coix lacryma-jobi*　草珠子　　　　　　　　　　　薏苡属　**禾本科**

一年生粗壮草本。秆直立丛生,多分枝,高1~1.5米。叶鞘短于其节间,叶片扁平宽大,开展,基部圆形或近心形。总状花序腋生成束,雌小穗位于下部,外面包以骨质念珠状总苞;颖果圆形,有较深的腹沟。花果期7~10月。

本种为念佛穿珠用的菩提珠子,总苞坚硬珐琅质,光亮,可作工艺品;颖果入药,即薏仁米。全国温暖地区均有分布。贵池区水沟边较常见,或见栽植及逸生。

狗牙根 *Cynodon dactylon*　　　　　　　　　　　　　狗牙根属　**禾本科**

多年生低矮草本。秆细而坚韧,直立或下部匍匐,秆无毛。叶鞘微具脊,无毛或被疏柔毛;叶线形,长1~12厘米,宽1~3毫米,通常无毛。穗状花序通常3~5,长1.5~5厘米;小穗灰绿色,稀带紫色,具1小花。颖果长圆柱形。花果期5~10月。

为优良饲草,常铺建草坪和球场,也可入药。分布于黄河以南各省。贵池区山坡林缘较常见,绿地、公园、江堤常作草坪用草。

稗 *Echinochloa crus-galli* 稗子 　　　　　　　　　稗属 **禾本科**

一年生草本。秆高40～90厘米,基部倾斜或膝曲。叶鞘平滑无毛;叶片扁平,线形,长10～30厘米,宽6～12毫米。圆锥花序狭窄,长5～15厘米,宽1～1.5厘米,分枝上不具小枝;小穗卵状长圆形,长4～6毫米。第一小花通常中性,其外稃草质,顶端延伸成一粗壮的芒,芒长0.5～1.5(～3)厘米,花果期6～11月。

分布几遍全国。贵池区沼泽地、沟边及水稻田中极常见,水稻田中的主要杂草。

长芒稗 *Echinochloa caudata* 　　　　　　　　　　　稗属 **禾本科**

本种与稗较相似,主要区别:圆锥花序稍下垂;小穗卵状椭圆形,常带紫色,长3～4毫米,脉上具硬刺毛,芒长1.5～5厘米。花果期6～10月。

分布于东北、华东、华南、西南、新疆等省区。贵池区田边、路旁及河边湿润处较常见。

光头稗 *Echinochloa colona*　　　　　稗属　**禾本科**

　　本种与稗较相似,主要区别:小穗较短,长不超过3毫米,具小硬毛,无芒,较规则地呈四行排列于穗轴的一侧;主轴通常无疣基长毛。花果期6~11月。花果期7~10月。

　　分布于华东、华南、西南等省区。贵池区荒野、农田、路旁常见。

牛筋草 *Eleusine indica*　　　　　穇属　**禾本科**

　　一年生草本。秆丛生,直立,或基部倾斜,高10~90厘米。叶松散,无毛或疏生疣毛;叶线形,长10~15厘米,宽3~5毫米,无毛或上面被疣基柔毛。穗状花序2~7个指状着生秆顶,长3~10厘米,宽3~5毫米;小穗长4~7毫米,具3~6小花。花果期6~10月。

　　可作羊的鲜饲料,并入药。分布几遍全国。贵池区荒地、路旁极常见。

鹅观草 *Elymus kamoji*   柯孟披碱草

披碱草属 禾本科

多年生草本。秆直立或基部倾斜,高30～100厘米。叶鞘外侧边缘常具纤毛;叶片扁平,长5～40厘米,宽3～13毫米。穗状花序长7～20厘米,弯曲或下垂;小穗绿色或带紫色,含3～10小花。花果期4～7月。

可作牲畜的饲料。广布全国。贵池区山坡、林下、路边极常见。

野黍 *Eriochloa villosa*

野黍属 禾本科

一年生草本。秆直立,基部分枝,稍倾斜,高30～100厘米。叶鞘松弛包茎,节具髭毛。圆锥花序狭长,长7～15厘米,由4～8枚总状花序组成;总状花序长1.5～4厘米,密生柔毛,常排列于主轴之一侧;小穗卵状椭圆形,长4.5～5毫米。颖果卵圆形,长约3毫米。花果期7～11月。

谷粒富含淀粉。全国各地广布。贵池区山坡和潮湿地区较常见。

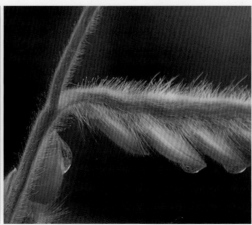

白茅 *Imperata cylindrica*　茅草　　　　　　　　　　　　白茅属　**禾本科**

多年生草本,具粗壮的长根状茎,高30～80厘米,具1～3节,节无毛。叶鞘聚集于秆基,老后破碎呈纤维状。圆锥花序稠密,长20厘米,宽达3厘米,小穗长4.5～5毫米,基盘具长12～16毫米的丝状柔毛。颖果椭圆形。花果期5～10月。

根茎入药。分布几遍全国。贵池区荒地、山坡、疏林、河岸、绿地常见。

阔叶箬竹 *Indocalamus latifolius*　　　　　　　　　　　　箬竹属　**禾本科**

小型竹。竿高约1米,节间长5～22厘米,被微毛。叶鞘质厚,坚硬;叶片长圆状披针形,先端渐尖。圆锥花序基部为叶鞘所包裹,花序分枝上升或直立,小穗常带紫色,小穗轴节间密被白色柔毛;花药紫色或黄带紫色,柱头2,羽毛状。笋期4～5月。

竿宜作毛笔杆或竹筷,叶片巨大者可作斗笠,以及船篷等防雨工具,也可用来包裹粽子,也作绿化栽植。分布于华东、两湖、广东、四川等省区。贵池区山坡林下、山谷、绿地较常见。

假稻 *Leersia japonica*　　假稻属　禾本科

多年生草本。秆下部伏卧地面,上部向上斜升,高60~80厘米,节密生倒毛。叶鞘光滑或粗糙;叶片长5~15厘米,宽4~7毫米,粗糙或下面光滑。圆锥花序长7~10厘米,分枝光滑,有棱角,直立或斜上;小穗长4~6毫米,淡绿色或带紫色。花果期9~10月。

分布于江苏、浙江、两湖、四川等省。贵池区池塘、水田、溪沟湖旁水湿地偶见。

秕壳草 *Leersia sayanuka*　　假稻属　禾本科

多年生草本。具根茎,秆高30~90厘米,直立,节上密生倒硬毛。叶鞘具小刺状粗糙;叶片平展或对折,灰绿色,长10~20厘米,宽0.5~1.5厘米,粗糙。圆锥花序开展,小穗柄长0.5~2毫米,粗糙,被微毛,顶端膨大;小穗长6~8毫米,宽1.5~2毫米。花果期9~10月。

分布于江苏、浙江、广东、广西等省。贵池区溪沟偶见。

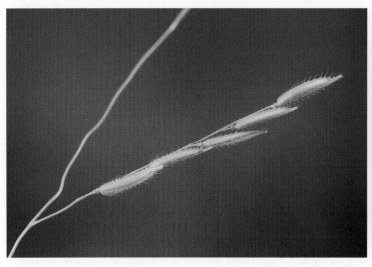

黑麦草 *Lolium perenne*

黑麦草属　**禾本科**

多年生草本。秆高30～90厘米,3～4节,基部节生根。叶鞘疏松裹秆,通常短于节间;叶片线形,长5～20厘米,宽3～6毫米。穗状花序长10～20厘米,宽5～8毫米;小穗有7～11小花,长9～16毫米。颖果长约为宽的3倍。花果期5～7月。

作优良牧草,也作草坪用草。原产欧洲,国内广泛分布栽培。贵池区常见作绿地草坪用草。

五节芒 *Miscanthus floridulus*

芒属　**禾本科**

多年生高大草本。高2～4米,无毛,节下具白粉。叶鞘无毛,鞘节具微毛,长于或上部者稍短于其节间;叶片披针状线形,长25～60厘米,宽1.5～3厘米,中脉粗壮隆起,边缘粗糙。圆锥花序大型,稠密,长30～50厘米;分枝较细弱,长15～20厘米;小穗有芒,卵状披针形,长3～4毫米,黄色,基盘具较长于小穗的丝状柔毛。花果期5～11月。

茎叶可造纸或作燃料,秆穗可制作扫帚。分布于长江以南各省。贵池区荒地、丘陵、山坡、河边极常见。

荻 *Miscanthus sacchariflorus* 芒属 禾本科

本种与五节芒较相似，主要区别有：叶片较狭窄，宽4～12毫米；圆锥花序疏展成伞房状；小穗无芒，或第二外稃有1极短的芒而不露出小穗外。花果期8～10月。

可作护堤植物，秆叶可造纸、盖房。分布于东北、华北、西北、华东各省区。贵池区山坡草地和平原岗地、河岸湿地较常见。

芒 *Miscanthus sinensis* 芒属 禾本科

本种与五节芒较相似，主要区别：叶片较狭窄，宽6～10毫米；小穗长4～6毫米；花序主轴的粗壮部分延伸至花序的中部以下，分枝粗壮而上举。花果期6～11月。

幼茎入药，秆穗可制作扫帚。分布几遍全国。贵池区山坡、路旁荒地常见。

求米草 *Oplismenus undulatifolius* 求米草属 **禾本科**

多年生草本。秆纤细,基部平卧地面,节处生根,上升部分高20～50厘米。叶鞘密被疣基毛;叶片披针形至卵状披针形,长2～8厘米,宽5～18毫米。圆锥花序长2～10厘米,主轴密被疣基长刺柔毛;分枝短缩,有时下部的分枝延伸长达2厘米;小穗卵圆形,被硬刺毛,长3～4毫米,簇生于主轴或部分孪生。花果期7～11月。

分布于华东、华南、西南各省区。贵池区疏林阴湿处较常见。

双穗雀稗 *Paspalum distichum* 雀稗属 **禾本科**

多年生草本。匍匐茎横走、粗壮,长达1米,向上直立部分高20～40厘米,节生柔毛。叶鞘短于节间,边缘或上部被柔毛;叶片披针形,长5～15厘米,宽3～7毫米。总状花序2枚对连,长2～6厘米;小穗倒卵状长圆形,长3～3.5毫米。花果期5～8月。

曾作一优良牧草引种,但在局部地区成为造成作物减产的恶性杂草。分布几遍全国。贵池区田边、路旁、浅水等潮湿区域极常见。

雀稗 *Paspalum thunbergii*　　　　雀稗属　**禾本科**

　　本种与双穗雀稗较相似,主要区别:植株不具根茎或匍匐茎,总状花序2至多枚,呈总状排列于主轴上,小穗长2~3毫米。花果期6~10月。

　　分布于华东、华中、西南、华南等省区。贵池区荒野、路旁和潮湿处较常见。

狼尾草 *Pennisetum alopecuroides*　　　　狼尾草属　**禾本科**

　　多年生草本。秆直立,丛生。叶鞘光滑,两侧压扁,主脉呈脊,秆上部者长于节间;叶片线形,先端长渐尖。圆锥花序直立,长5~25厘米,宽1.5~3.5厘米;小穗通常单生,偶有双生,线状披针形,长5~8毫米。颖果长圆形。花果期8~10月。

　　可作饲料。分布于南北各省区。贵池区田边、荒地、路旁较常见。

显子草 *Phaenosperma globosa* 　　　　　显子草属　**禾本科**

　　多年生草本。秆直立坚挺,高1~1.5米,单生或丛生。叶鞘光滑,通常短于节间;叶宽线形,长10~40厘米,宽1~3厘米,常反卷。圆锥花序顶生,长达40厘米,下部分枝多轮生,幼时向上斜升,成熟时开展;小穗长4~4.5毫米,具1小花,无芒。颖果倒卵圆形,成熟后黑褐色,花柱部分宿存。花果期5~9月。

　　可作饲料。分布于西南、华东、中南各省区。贵池区山区的林下、谷地、路旁等处较常见。

芦苇 *Phragmites australis* 　苇、葭 　　　　　芦苇属　**禾本科**

　　多年生高大草本。秆高1~3米,径1~2厘米,节下常具白粉。叶鞘下部者短于上部者,长于节间;叶片长30厘米,宽2厘米。圆锥花序长20~40厘米,宽约10厘米,分枝多数,长5~20厘米,着生稠密下垂的小穗;小穗长约1.2厘米,具4花。花果期7~11月。

　　秆为造纸原料或作编席织帘及建棚材料,茎、叶嫩时为饲料;根状茎供药用,为固堤造陆先锋环保植物。广布于全国。贵池区江河湖泽、池塘沟渠沿岸和低湿地极常见。

毛竹 *Phyllostachys edulis*　　　　刚竹属　**禾本科**

大型竹。秆高达20多米,径12~20厘米;新秆密被细柔毛,有白粉,老秆无毛,节下有白粉环,后渐黑;分枝以下秆环不明显,箨环隆起,初被一圈毛,后脱落。枝叶二列状排列,每小枝具2~3叶;叶耳不明显,有繸毛,后渐脱落。小穗仅有1朵小花;小穗轴延伸于最上方小花的内稃之背部,呈针状,节间具短柔毛。笋期4月,花期5~8月。

竹材可供建筑、编制、家具材料,竹笋可食用。分布于秦岭淮河以南广大酸性土丘陵山区。贵池区丘陵山区常见。

实心竹 *Phyllostachys heteroclada* **f. solida**　　　　刚竹属　**禾本科**

竹型较小,竿壁厚,在较细的竿中则为实心或近于实心。竿上部的节间在分枝的对侧也常多少扁平,以致略呈方形,基部或下部的1或2节间有时极为短缩呈算盘珠状。笋期4月下旬。

竹材坚硬,宜搭瓜棚豆架;笋供食用。产于我国中东部等省份。贵池区村宅旁、山谷、路边常见。

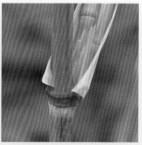

毛金竹 *Phyllostachys nigra var. henonis*　　　刚竹属　**禾本科**

　　秆高达18米,径5~10厘米,新秆绿色,老秆灰绿或灰白色。竿环与箨环均隆起,且竿环高于箨环或两环等高。箨鞘顶端极少有深褐色微小斑点。笋期4月下旬。

　　笋供食用;竿可整材使用,并可劈篾编制竹器,粗大者可代毛竹供建筑用;中药之"竹茹""竹沥"一般取自本种。产于黄河流域以南。贵池区山区荒地、路旁较为常见。

棒头草 *Polypogon fugax*　　　棒头草属　**禾本科**

　　一年生草本。秆丛生,高10~75厘米,基部膝曲,光滑。叶鞘常短于或下部者长于节间,无毛;叶片长2.5~15厘米,宽3~4毫米,微粗糙或下面光滑。圆锥花序穗状,长圆形或卵形,有间断;小穗灰绿或带紫色。颖果椭圆形,一面扁平。花果期4~9月。

　　产我国南北各地。贵池区山坡、田边、荒地常见。

斑茅 *Saccharum arundinaceum* 甘蔗属 | 禾本科

多年生高大丛生草本。叶鞘基部或上部边缘和鞘口具柔毛;叶舌膜质,顶端截平;叶片宽大,线状披针形,长1~2米,宽2~5厘米,顶端长渐尖,基部渐变窄,中脉粗壮,无毛,边缘锯齿状粗糙。圆锥花序大型,稠密,长30~80厘米,宽5~10厘米,主轴无毛,每节着生2~4枚分枝,分枝2~3回分出,腋间被微毛;总状花序轴节间与小穗柄细线形,被长丝状柔毛,顶端稍膨大。颖果长圆形。花果期7~11月。

茎叶幼时作饲料,粗老后可造纸。分布于华南、西南、华东等省区。贵池区山坡和河岸溪涧草地常见。

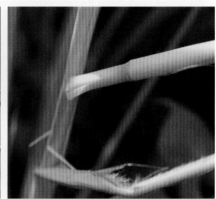

莩草 *Setaria chondrachne* 狗尾草属 | 禾本科

多年生草本。秆直立或基部膝曲,高60~150厘米。叶鞘除边缘及鞘口具白色长纤毛外,余均无毛或极少数疏生疣基毛;叶舌极短,边缘不规则且撕裂状具纤毛;叶片扁平,线状披针形或线形。圆锥花序长圆状披针形、圆锥形或线形,长10~34厘米,主轴具棱角,其上具短毛和极疏长柔毛,毛在分枝处较密,分枝斜向上举。花果期8~10月。

分布于江苏、江西、两湖、广西、贵州、四川等省区。贵池区山坡草地、路旁偶见。

狗尾草 *Setaria viridis* 　　　　　　　狗尾草属　**禾本科**

一年生草本。秆直立或基部膝曲，高10～100厘米。叶鞘松弛，边缘具较长的密绵毛状纤毛。圆锥花序紧密呈圆柱状或基部稍疏离，直立或稍弯垂，主轴被较长柔毛，长2～15厘米；小穗椭圆形，长2～2.5毫米。花果期5～11月。

我国南北各省均有分布。贵池区荒野、路旁、宅旁、农田常见。

大狗尾草 *Setaria faberi* 　　　　　　　狗尾草属　**禾本科**

本种与狗尾草较相似，主要区别：圆锥花序常下垂，小穗长约为3毫米，第二颖较第二小花短1/4。花果期7～10月。

分布于东北、华东、华中、西南各省。贵池区山坡、荒地、路边常见。

金色狗尾草 *Setaria pumila*   狗尾草属   禾本科

本种与狗尾草较相似,主要区别:直立圆锥花序常3～8厘米,刚毛金黄色或稍带褐色;花序主轴上每簇分枝只有1个发育小穗。花果期6～10月。

产于全国各地。贵池区山坡、路边、耕地常见。

皱叶狗尾草 *Setaria plicata*   狗尾草属   禾本科

多年生草本。秆直立或基部稍倾斜,高80～130厘米。叶鞘背脉常呈脊;叶片质薄,椭圆状披针形或线状披针形,具较浅的纵向皱折。圆锥花序狭长圆形或线形,分枝斜向上升,上部者排列紧密,下部者具分枝,排列疏松而开展;小穗着生小枝一侧,卵状披针状,绿色或微紫色。花果期6～10月。

颖果熟时可供食用。分布于长江以南各省。贵池区山区路旁、林缘、山坡较常见。

鼠尾粟 *Sporobolus fertilis*　　　　鼠尾粟属　禾本科

多年生草本。秆较硬,直立丛生,无毛,高0.25～1.2米。叶鞘疏散;叶较硬,常内卷,长15～65厘米,宽2～5毫米。圆锥花序线形,常间断,长7～44厘米,宽0.5～1.2厘米;分枝稍硬,直立,与主轴贴生或倾斜,长1～2.5(～6)厘米;小穗灰绿略带紫色,长1.7～2毫米。囊果成熟后红褐色。花果期5～10月。

分布于秦岭以南,华南以北各省。贵池区田野路边、山坡草地及林下较常见。

黄背草 *Themeda triandra*　　阿拉伯黄背草　　　　菅属　禾本科

多年生草本。秆高约60厘米,粗壮,直立,分枝少。叶鞘压扁具脊,具瘤基柔毛;叶片线形,长10～30厘米,宽3～5毫米。伪圆锥花序狭窄,长30～40厘米,由具线形佛焰苞的总状花序组成,佛焰苞长约3厘米;总状花序长约1.5厘米,由7小穗组成;有柄小穗雄性,无柄小穗两性。花果期6～11月。

秆可造纸和盖房。分布几遍全国。贵池区山坡、林缘路旁较常见。

夏天无 *Corydalis decumbens*　　伏生紫堇　　　　　　　　紫堇属　罂粟科

　　多年生草本,块茎近球形或稍长,具匍匐茎。具2~3叶,二回三出,小叶倒卵圆形,全缘或深裂。总状花序具3~10花;苞片卵圆形,全缘;花冠近白、淡粉红或淡蓝色,外花瓣先端凹缺,具窄鸡冠状突起,上花瓣长1.4~1.7厘米,距稍短于瓣片,直伸或稍上弯,内花瓣鸡冠状突起伸出顶端。蒴果线形,稍扭曲。花期3~4月。

　　块根药用。分布于华东、华南、西南等省区。贵池区山坡、路边、林缘常见。

紫堇 *Corydalis edulis*　　　　　　　　　　　　　　　　　　紫堇属　罂粟科

　　一年生草本。茎自基部分枝。基生叶具长柄,叶长5~9厘米,一至二回羽状全裂,一回羽片2~3对,具短柄,二回羽片近无柄;茎生叶与基生叶同形。总状花序具3~10花,苞片全缘或有细齿;花冠粉红或紫红色,上花瓣顶端2裂,距圆筒形,约为花瓣全长的1/3。蒴果线形,下垂。花期3~4月,果期4~6月。

　　全草药用。我国大部省份均有分布。贵池区荒地山坡、河岸、沟边潮湿处常见。

刻叶紫堇 *Corydalis incisa*　　　　紫堇属　罂粟科

　　本种与紫堇较相似,主要区别:苞片菱形或楔形,羽状深裂,裂片披针形;蒴果长椭圆状线形。花期3～4月,果期4～5月。

　　全草药用。我国大部省份均有分布。贵池区林缘,路边或疏林下较为常见。

珠果黄堇 *Corydalis speciosa*　　　　紫堇属　罂粟科

　　多年生草本。高40～60厘米,具主根。当年生和第二年生的茎常不分枝,三年以上的茎多分枝。下部茎生叶具柄,上部的近无柄,叶片长约15厘米,狭长圆形,二回羽状全裂。总状花序生茎和腋生枝的顶端,密具多花,长约5～10厘米。花金黄色,近平展或稍俯垂。蒴果线形,长约3厘米,俯垂,念珠状,具1列种子。种子黑亮,扁压,边缘具密集的小点状印痕;种阜杯状,紧贴种子。

　　产于我国东北及中东部省份。贵池区林缘、路边或水边多石地处较常见。

蛇果黄堇 *Corydalis ophiocarpa* 　　　　紫堇属　罂粟科

本种与珠果黄堇较相似,主要区别:果实蛇形弯曲。花期5~7月,果期6~9月。

分布于西北、华东、华中、西南等省区。贵池区丘陵山区、路旁、石缝中偶见。

小花黄堇 *Corydalis racemosa* 　　　　紫堇属　罂粟科

本种与珠果黄堇较相似,主要区别:蒴果线形,非念珠状;花小,上花瓣长6~7毫米;苞片全缘。花期4~6月,果期5~7月。

全草入药。分布于珠江流域及长江中下游各省。贵池区林缘阴湿地、多石溪边较常见。

地锦苗 *Corydalis sheareri* 紫堇属 | 罂粟科

多年生草本。主根明显，根茎粗壮，干时黑褐色，被以残枯的叶柄基。茎1～2，多汁液，上部具分枝。基生叶数枚，具带紫色的长柄，叶片轮廓三角形或卵状三角形，二回羽状全裂；茎生叶互生于茎上部，与基生叶同形，但较小和具较短柄。总状花序生于茎及分枝先端，有10～20花。萼片鳞片状，具缺刻状流苏；花瓣紫红色。蒴果狭圆柱形。种子近圆形，表面具多数乳突。花果期3～6月。

全草入药。产于我国中东部、华南及西南等省区。贵池区林下路边潮湿处较常见。

博落回 *Macleaya cordata* 博落回属 | 罂粟科

多年生亚灌木状草本，基部木质化，茎直立，中空，折断后有黄色汁液流出。单叶互生，宽卵形或近圆形，长5～27厘米。圆锥花序长15～40厘米；苞片窄披针形；萼片舟状，黄白色；花瓣无；雄蕊24～30枚。蒴果窄倒卵形或倒披针形，下垂，成熟后红色，被白粉。花期6～8月，果期8～10月。

根供药用，全草含黄色汁液，有大毒。长江以南、南岭以北的大部分省区均有分布。贵池区丘陵或低山林中、灌丛中或草丛间常见。

三叶木通 *Akebia trifoliata* 八月炸 木通属 **木通科**

落叶木质藤本。叶互生,掌状3小叶,稀4或5,小叶卵形,椭圆形或披针形,长4~7.5厘米,宽2~6厘米。总状花序长6~18厘米,雌花常2,雄花12~35;雄花萼片3,淡紫色,卵圆形;雄蕊6,紫红色;雌花萼片3,暗紫红色,宽卵形或卵圆形。蓇葖果长5~10厘米,淡紫或土灰色。花期4~5月,果期8~9月。

根、茎、果实供药用,果也可食用。分布于华北及长江流域以南各省区。贵池区低山丘陵灌丛中或林内较常见。

木通 *Akebia quinata* 木通属 **木通科**

本种与三叶木通较相似,主要区别:小叶5枚,较小,长2~4厘米,宽1~2厘米,全缘。花期4~5月,果熟期8月。

茎、果实药用,果也可食用。分布于华北、长江流域及华南等省。贵池区山坡、林缘、灌丛中较常见。

鹰爪枫 *Holboellia coriacea*　野木瓜　　　　　　　八月瓜属　**木通科**

　　常绿木质藤本。掌状复叶有小叶3片,小叶厚革质,先端渐尖,边缘略背卷。花雌雄同株,白绿色或紫色,组成短的伞房式总状花序,簇生于叶腋。果长圆状柱形,长5～6厘米,直径约3厘米,熟时紫色,干后黑色,外面密布小疣点;种子椭圆形,黑色有光泽。花期4～5月,果期6～9月。

　　根、茎皮入药,果实可食用。分布于我国中东部等省。贵池区丘陵山区杂木林或路旁灌丛中较常见。

大血藤 *Sargentodoxa cuneata*　　　　　　　　　　　　大血藤属　**木通科**

　　落叶木质藤本。叶互生,三出复叶,小叶革质,顶生小叶近棱状倒卵圆形,全缘,侧生小叶斜卵形,比顶生小叶略大,无小叶柄。总状花序长6～12厘米,雄花与雌花同序或异序。浆果近球形,直径约1厘米,成熟时黑蓝色。花期5～7月,果熟期9～10月。

　　根、茎入药。分布于陕西、云贵川、两湖、两广、海南、江西、浙江等省区。贵池区山坡灌丛、疏林和林缘等处较常见。

木防己 *Cocculus orbiculatus* 　　　　木防己属 | 防己科

　　落叶缠绕本质藤本。小枝密生柔毛。叶片纸质至近革质,形状变异大,边全缘至掌状5裂不等。聚伞花序具少花,腋生,或具多花组成窄聚伞圆锥花序,顶生或腋生,长达10厘米,被柔毛;花小,淡黄色。花期5～6月,果期8～9月。

　　根、茎入药,根含淀粉。我国大部分省份均有分布。贵池区灌丛、村边、林缘等处常见。

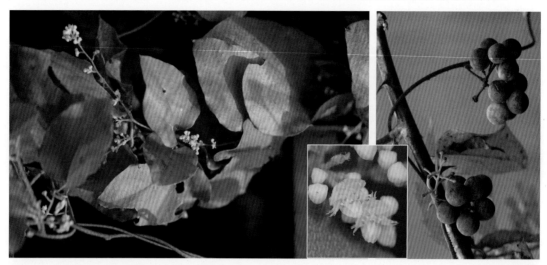

金线吊乌龟 *Stephania cephalantha* 　　　　千金藤属 | 防己科

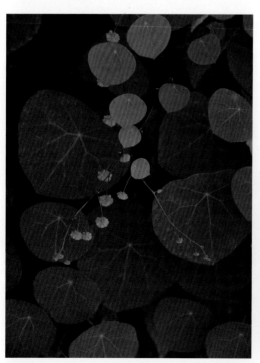

　　缠绕草质藤本。块根团块状或近圆锥状,褐色,茎下部木质化,小枝紫红色,纤细。叶盾状着生,三角状扁圆形或近圆形,先端具小凸尖,基部圆或近平截。雌雄花序头状,具盘状托。核果宽倒卵圆形,红色。花期5～6月,果熟期8～9月。

　　根入药。分布于长江以南各省区。贵池区村边、林缘等处土层深厚肥沃的地方偶见。

千金藤 *Stephania japonica*　　　　　千金藤属　**防己科**

　　缠绕木质藤本。具圆柱状根,小枝有细沟纹,老茎木质化。叶三角状圆形或三角状宽卵形,长宽6~15厘米,先端具小凸尖,基部常微圆,下面粉白,盾状着生。复伞形聚伞花序腋生,小聚伞花序近无梗,密集成头状。核果倒卵形或近球形,长约8毫米,红色。花期5~6月,果期8~9月。

　　根茎药用。分布于长江流域以南各省区。贵池区村边、旷野灌丛、山坡路旁常见。

粉防己 *Stephania tetrandra*　　　　　千金藤属　**防己科**

　　本种与千金藤较相似,主要区别:雄花萼片1轮,通常4;叶下面被紧贴的短柔毛,顶端具一小突尖。花期6~7月,果期8~9月。

　　柱状块根入药。分布于我国中东部及华南等省。省级保护植物。贵池区村边、旷野、路边等处的灌丛中偶见。

豪猪刺 *Berberis julianae*　　　　　　　　小檗属　**小檗科**

　　常绿灌木。老枝黄褐色或灰褐色,幼枝淡黄色,具条棱和稀疏黑色疣点;茎刺粗壮,三分叉。叶革质,椭圆形,披针形或倒披针形,长3~10厘米,宽1~3厘米,叶缘平展,每边具10~20刺齿。花10~25朵簇生;花黄色。浆果长圆形,蓝黑色。花期3月,果期5~11月。

　　根可做染料及药用。分布于湖北、四川、贵州、湖南、广西。贵池区林下偶见。

八角莲 *Dysosma versipellis*　　　　　　　　鬼臼属　**小檗科**

　　多年生草本。根状茎粗壮,横生;茎直立,不分枝,淡绿色。茎生叶2枚,薄纸质,盾状,直径达30厘米,4~9掌状浅裂。花深红色,5~8朵簇生于叶柄上部离叶不远处,下垂。浆果椭圆形。花期3~5月,果期6~10月。

　　根状茎入药。分布于我国中东部、华南及西南等省区。国家二级保护植物。贵池区落叶阔叶林下偶见。

三枝九叶草 *Epimedium sagittatum* 箭叶淫羊藿

淫羊藿属 **小檗科**

多年生草本。根状茎粗短，节结状，质硬，多须根。一回三出复叶基生和茎生，小叶3枚；小叶革质，卵形至卵状披针形；花茎具2枚对生叶。圆锥花序长10~20厘米，具200朵花；花较小，直径约8毫米，白色。蒴果卵圆形。花期4~5月，果期5~7月。

根状茎及全草药用。分布于我国中东部、华南及西南等省。省级保护植物。贵池区山坡、林下、灌丛偶见。

江南牡丹草 *Gymnospermium kiangnanense*

牡丹草属 **小檗科**

多年生草本，根状茎近球形，断面黄色；地上茎直立或外倾，通常黑紫色。叶1枚，生于茎顶，2~3回三出羽状复叶，草质，末回裂片倒卵形或卵状长圆形，2~3深裂，裂片全缘。总状花序顶生，具13~16朵花；花黄色。花期3~4月，果期4~5月。

根茎药用。产于安徽、浙江。省级保护植物。贵池区落叶阔叶林下极少见。

阔叶十大功劳 *Mahonia bealei*

十大功劳属　小檗科

常绿灌木。奇数羽状复叶，长27~51厘米，宽10~20厘米，具4~10对小叶；小叶厚革质，硬直。总状花序直立，通常3~9个簇生；花黄色。浆果卵形，长约1.5厘米，深蓝色，被白粉。花期11月至翌年4月，果期4~8月。

全株药用，也常作观赏。分布于我国中东部及华南等省。贵池区林下或林缘偶见，绿地、路旁和庭院内常见栽培。

南天竹 *Nandina domestica*

南天竹属　小檗科

常绿小灌木。茎常丛生而少分枝，光滑无毛，幼枝常为红色。二至三回羽状复叶互生，各级羽片则为对生；小叶薄革质，椭圆形或椭圆状披针形，全缘，上面深绿色，冬季变红色。圆锥花序直立，长20~35厘米；花小，白色，具芳香。浆果球形，直径5~8毫米，熟时鲜红色。花期5~7月，果期9~11月。

全株药用，也常作观赏。分布于黄河流域以南各省区。贵池区林下或林缘偶见，绿地、路旁和庭院内常栽培。

秋牡丹 *Anemone hupehensis* **var.** *japonica*　　　银莲花属　**毛茛科**

多年生草本,块状茎木质。基生叶3～5枚,通常为三出复叶,少数为单叶。花葶高20～80厘米,疏生短柔毛,聚伞花序二至三回分枝;总苞片3,似基生叶;花重瓣,萼片约20,花瓣状,紫色或紫红色。瘦果密被棉毛。花期7～10月,果期11月。

块茎药用,亦可作观赏。分布于长江流域各省。贵池区林缘路边少见,或栽培逸为野生状态,公园偶有栽培。

女萎 *Clematis apiifolia*　　　铁线莲属　**毛茛科**

木质藤本。小枝、花序梗、花梗密生贴伏状短柔毛。三出复叶,小叶纸质,卵形或椭圆形,长2～8厘米,宽1.5～6厘米,两面疏被柔毛。花序腋生或顶生,7至多花,花序梗长1.8～9厘米;萼片4枚,白色,开展,被柔毛。瘦果长卵圆形或纺锤形,宿存花柱羽毛状。花期7～9月,果期9～10月。

根、茎药用。分布于江苏、浙江、福建、江西等省。贵池区丘陵山区林缘较常见。

大花威灵仙 *Clematis courtoisii*　华东铁线莲　　　铁线莲属　**毛茛科**

　　草质藤本。茎疏被柔毛,具纵沟,节膨大。一至二回三出复叶或一回羽状复叶;小叶纸质,长椭圆形、窄卵形或卵形,全缘。花序腋生,1花,花序梗长2.5~7厘米;花径5~9.5厘米;萼片6枚,白色或带紫色,平展,长椭圆形或椭圆形。瘦果倒卵圆形,宿存花柱羽毛状。花期5~6月,果期6~7月。

　　全草药用,也作庭院观赏植物。分布于湖南、河南、浙江、江苏等省。贵池区山坡林缘、沟谷溪边杂木林中偶见。

山木通 *Clematis finetiana*　　　　　　　　　铁线莲属　**毛茛科**

　　半常绿木质藤本。茎圆柱形,有纵条纹。三出复叶,小叶革质,窄卵形或披针形,先端渐尖,全缘。花序腋生并顶生,1~7花;萼片4~6,白色,平展;雄蕊无毛,花药窄长圆形或线形,长4~6.5毫米。瘦果镰刀状狭卵形,宿存花柱有黄褐色羽状柔毛。花期4~5月,果期6~10月。

　　茎药用。分布于西藏以东、秦岭淮河以南的大片区域。贵池区山坡疏林、溪边、路旁灌丛偶见。

单叶铁线莲 *Clematis henryi*

铁线莲属　**毛茛科**

常绿木质藤本。小枝有柔毛。单叶,纸质,窄卵形或披针形,长5.5~16厘米,先端渐尖或尾尖,基部近心形或圆,具小齿。花序腋生,1~5花;苞片钻形,稀披针形;萼片4枚,白色,直立,卵状长圆形或长卵形,长1.4~1.9厘米,近顶端疏被毛;花丝密被长柔毛,花药长圆形,无毛,顶端钝。瘦果窄卵形,长约3毫米,被毛;宿存花柱长约4厘米,羽毛状。花期11~12月,果期翌年3~4月。

根入药。分布于长江中、下游和以南等省区。贵池区丘陵山区沟谷、溪边及阴湿林下、灌丛偶见。

圆锥铁线莲 *Clematis terniflora*

铁线莲属　**毛茛科**

木质藤本。茎、小枝有短柔毛,后近无毛。一回羽状复叶,通常5小叶;小叶片狭卵形至宽卵形,全缘,两面或沿叶脉疏生短柔毛或近无毛。圆锥状聚伞花序腋生或顶生,多花;萼片通常4,白色,外面有短柔毛,边缘密生绒毛;雄蕊无毛。瘦果橙黄色,常5~7个,倒卵形至宽椭圆形,宿存花柱长达4厘米。花期6~8月,果期8~11月。

根入药。分布于我国中东部等省区。贵池区丘陵林缘偶见。

飞燕草 *Consolida ajacis* 飞燕草属 **毛茛科**

一年生草本。茎、花序均被多少反曲的微柔毛。叶片长达3厘米,掌状细裂,狭线形小裂片宽0.4～1毫米,有短柔毛。花序生茎或分枝顶端;萼片紫色、粉红色或白色,宽卵形,距钻形;花瓣的瓣片三裂,中裂片长约5毫米,先端二浅裂,侧裂片与中裂片成直角展出,卵形。蓇葖长达1.8厘米,直,密被短柔毛。花期5～6月。

供观赏。在我国各城市有栽培。贵池区公园或庭院偶见栽培。

还亮草 *Delphinium anthriscifolium* 翠雀属 **毛茛科**

一年生草本。茎直立,有分枝。二至三回近羽状复叶,或三出复叶;叶菱状卵形或三角状卵形。总状花序具2～15花;序轴及花梗被反曲短柔毛;花长1～2厘米;萼片堇色或紫色,椭圆形,距钻形或圆锥状钻形,长5～15毫米。蓇葖果,种子扁球形。花期3～5月,果期5月。

全草药用。分布于华东、两广、贵州、湖南、山西等省区。贵池区丘陵或低山的山坡草丛、溪边常见。

毛茛 *Ranunculus japonicus*　　　　毛茛属　**毛茛科**

多年生直立草本,茎中空,高达65厘米,下部及叶柄被开展糙毛。基生叶数枚,心状五角形,3深裂,中裂片楔状菱形或菱形,3浅裂,具不等牙齿,茎生叶渐小。花序顶生,3～15花;萼片5枚,卵形;花瓣5枚,倒卵形。聚合果近球形,直径5～8毫米;瘦果扁,斜宽倒卵圆形,具窄边。花果期4～9月。

全草药用。分布于东北至华南各省区。贵池区田沟旁、林缘路边的湿草地处较常见。

刺果毛茛 *Ranunculus muricatus*　　　　毛茛属　**毛茛科**

本种与毛茛较相似,主要区别:植物体无毛;瘦果有刺。花期4月,果期5～6月。

分布于江苏、浙江、广西等省区。贵池区路旁、田野、草地较常见。

石龙芮 *Ranunculus sceleratus*　　　　毛茛属　**毛茛科**

本种与毛茛较相似,主要区别:植物体无毛;聚合果矩圆形。花果期5～7月。

全草入药。分布于全国各地。贵池区河沟边、田野、平原湿地等处较常见。

扬子毛茛 *Ranunculus sieboldii*　　　　毛茛属　**毛茛科**

多年生草本。茎铺散,斜升,密生开展的白色或淡黄色柔毛。基生叶与茎生叶相似,为3出复叶;叶片圆肾形至宽卵形,3浅裂至较深裂,边缘有锯齿。花与叶对生,密生柔毛;花瓣5,黄色,狭倒卵形至椭圆形。聚合果圆球形。花果期5～10月。

全草药用。分布于长江流域各省区。贵池区山坡林缘、路旁、平原湿地较常见。

猫爪草 *Ranunculus ternatus*　　　　　　毛茛属　**毛茛科**

多年生草本,小块根卵球形或纺锤形,顶端质硬,形似猫爪;茎铺散,高达18厘米,疏被柔毛。基生叶5~10,三出复叶,叶长达1.5厘米,宽达2.4厘米,小叶菱形,2~3浅裂或深裂;茎生叶较小,无柄,3全裂,裂片线形。单花顶生;萼片5枚,卵形或宽卵形。聚合果近球形。花期3~5月,果期5~6月。

根及全草药用。分布于淮河流域,长江中、下游各省区。贵池区平原湿草地、农田、荒地潮湿处较常见。

天葵 *Semiaquilegia adoxoides*　　紫背天葵　　　　天葵属　**毛茛科**

多年生小草本,块根长达2.5厘米,径3~6毫米,褐黑色;茎高达30厘米,疏被柔毛。基生叶多数,一回三出复叶。花序具2至数花;萼片5,白色,带淡紫色;花瓣匙形,基部囊状。蓇葖果长6~7毫米。花期3~4月,果期4~5月。

根药用。分布于华东、华中、西南等省区。贵池区疏林下、路旁或山谷地较阴处常见。

华东唐松草 *Thalictrum fortunei*　　　　　　　唐松草属　**毛茛科**

多年生草本,全株无毛,茎高达65厘米。基生叶具长柄,二至三回三出复叶;小叶草质,近圆形或圆菱形。花序近伞房状,花稀疏;萼片4枚,白或淡堇色;无花瓣;花丝上部倒披针形,下部丝状;心皮3~6。瘦果圆柱状长圆形,宿存花柱顶端常拳卷。花期4~5月,果期5~6月。

分布于江西、江苏和浙江等省。贵池区山区林下阴湿处偶见。

多花泡花树 *Meliosma myriantha*　　　　　　　泡花树属　**清风藤科**

落叶乔木。树皮灰褐色,小块状脱落;幼枝及叶柄被褐色平伏柔毛。叶为单叶,膜质或薄纸质,倒卵状椭圆形、倒卵状长圆形或长圆形。圆锥花序顶生,直立;花直径约3毫米。核果倒卵形或球形,直径4~5毫米。花期夏季,果期5~9月。

供材用。产山东、江苏、浙江等省。贵池区山坡、沟谷林缘偶见。

清风藤 *Sabia japonica*　　　　　清风藤属　**清风藤科**

　　落叶攀援木质藤本。老枝常宿存木质化单刺状或双刺状叶柄基部。单叶互生,卵状椭圆形、卵形或宽卵形。花先叶开放,单生叶腋,下垂;花梗长2～4毫米,果柄长2～2.5厘米;萼片5,具缘毛;花瓣5,淡黄绿色,具脉纹;花盘杯状,有5裂齿。花期3～4月,果熟期5～8月。

　　茎供药用。分布于江苏、浙江、福建、江西、两广等省区。贵池区山谷、林缘、灌木林、路旁较常见。

莲 *Nelumbo nucifera*　　荷花、莲花　　　　　莲属　**莲科**

　　多年生水生草本。根茎肥厚,横生地下,节长。叶盾状圆形,伸出水面,径25～90厘米;叶柄长1～2米,中空,常具刺。花单生于花葶顶端,径10～20厘米;萼片4～5,早落;花瓣多数,红、粉红或白色,有时变态成雄蕊;心皮多数,埋于倒圆锥形花托穴内。坚果椭圆形或卵形,黑褐色。花期6～8月,果期8～10月。

　　全株药用,种子、根茎可食用,也做观赏。我国绝大部省份均有栽培,野生种群为国家二级保护物种。贵池区池塘、水田、圩滩常见栽培。

黄杨 *Buxus sinica*　　　　　　黄杨属　**黄杨科**

灌木或小乔木。高1~6米;枝圆柱形,有纵棱,灰白色。叶革质,阔椭圆形、阔倒卵形、卵状椭圆形或长圆形,长1.5~3.5厘米,宽0.8~2厘米,先端圆或钝,常有小凹口。花序腋生,头状,花密集。蒴果近球形,长6~10毫米,宿存花柱长2~3毫米。花期3月,果期5~6月。

观赏。产于陕西、甘肃及中东部等省。贵池区常见栽培。

芍药 *Paeonia lactiflora*　　　　　　芍药属　**芍药科**

多年生草本。下部茎生叶为二回三出复叶,上部茎生叶为三出复叶;小叶具白色骨质细齿,两面无毛,下面沿叶脉疏生短柔毛;花数朵,生茎顶和叶腋,有时仅顶端一朵开放;萼片4枚;花瓣9~13,白色,有时基部具深紫色斑块;花盘浅杯状,仅包心皮基部。花期5~6月,果期8月。

根药用,称"白芍"。产我国东北、华北、陕西及甘肃南部。贵池区偶有栽培。

枫香树 *Liquidambar formosana*　　枫树　　　　　　枫香树属　**蕈树科**

　　高大落叶乔木,树皮灰褐色,方块状剥落。单叶互生,宽卵形,纸质,掌状3裂,基部心形,具锯齿;托叶线形,早落。短穗状雄花序多个组成总状;头状雌花序具花24～43朵,花柱长0.6～1厘米,卷曲。头状果序球形,木质,蒴果下部藏于果序轴内;种子多数,褐色。花期4～5月,果期10月。

　　木材供材用,根、叶、果实入药,也作绿化观赏树种。产于我国秦岭及淮河以南各省。贵池区绿地、村庄周边、低山次生林中常见,也有相当数量的枫香树古树。

蜡瓣花 *Corylopsis sinensis*　　　　　　　　　　蜡瓣花属　**金缕梅科**

　　落叶灌木,芽及嫩枝被柔毛。单叶互生,倒卵形,长5～9厘米。总状花序长3～4厘米,被绒毛,总苞片卵圆形,长1厘米;萼筒被星状毛;花瓣匙形,黄色,有爪,长5～6毫米;子房被星状毛,花柱长6～7毫米。花期4～5月,果期8～9月。

　　可作庭院观赏树种。分布于浙江、福建、江西、两湖、两广及贵州等省区。贵池区丘陵山区林缘偶见。

杨梅叶蚊母树 *Distylium myricoides*　　蚊母树属　金缕梅科

常绿小乔木。叶长圆形或倒披针形,长5~11厘米,先端尖,基部楔形,两面无毛,侧脉约6对,上部疏生浅齿。总状花序腋生,长1~3厘米,雄花与两性花同序,两性花生于花序顶端,雄花位于下部;雄蕊3~8枚,花药长3毫米,红色,花丝长2毫米;子房上位,被星状毛,花柱长6~8毫米。蒴果被黄褐色星状毛,顶端尖,4瓣裂。花期3~4月,果期9~11月。

根入药,果与树皮可提烤胶,也作绿化树种。分布于四川、浙江、福建、江西、两广、湖南及贵州等省。贵池区可见绿化栽植,丘陵山区阴湿林下偶见。

牛鼻栓 *Fortunearia sinensis*　　牛鼻栓属　金缕梅科

落叶小乔木或灌木状。裸芽、小枝、叶柄被星状毛。单叶互生,倒卵形,长7~16厘米,下面被星状毛,侧脉伸入齿尖呈刺芒状。两性花的总状花序长4~8厘米;花瓣狭披针形,比萼齿为短;雄蕊近于无柄,花柱反卷。蒴果卵圆形,密被白色皮孔,沿室间2片裂开。花期3~4月,果期7~8月。

木材供材用,种子含油。分布于我国中东部地区。贵池区丘陵山区灌丛或落叶阔叶林中偶见。

檵木 *Loropetalum chinense*　白花檵木　　　檵木属　**金缕梅科**

常绿灌木或小乔木,嫩枝有星毛,老枝秃净。单叶互生,革质,卵形,全缘,下面密生星状毛。花3～8朵簇生,白色,比新叶先开放,萼筒杯状,花瓣4片,带状;子房下位。蒴果木质,卵圆形,先端圆,被星状毛。花期5月,果期8～9月。

根、叶、花、果入药,也可盆栽供观赏。分布于我国中部、南部及西南各省。贵池区向阳的丘陵山区常见。

连香树 *Cercidiphyllum japonicum*　　　连香树属　**连香树科**

落叶大乔木,树皮灰色,呈薄片状剥落。叶对生,近圆形、宽卵形或心形。花先叶开放或同时开放;雄花常4朵丛生,近无梗;苞片在花期红色,膜质;雌花2～8朵,丛生。蓇葖果2～4,荚果状,长1～1.8厘米,花柱宿存。花期4～5月,果期8月。

古老的孑遗树种。分布于山西、河南、陕西、甘肃、浙江、江西、湖北及四川等省。国家二级保护植物。贵池区老山自然保护区近山顶天然林中零星分布。

峨眉鼠刺 *Itea omeiensis*　　矩形叶鼠刺　　　　　　　鼠刺属　**鼠刺科**

　　常绿至半常绿灌木。老枝棕褐色,有纵棱。单叶互生,薄革质,长圆形,边缘有极明显的密集细锯齿,两面无毛。总状花序长7~12厘米,腋生;花萼狭披针形;花瓣白色,披针形。蒴果狭披针形,先端有喙。花期4~5月,果期9~10月。

　　根可作滋补药。分布于我国中东部及西南等省。贵池区阔叶林下、林缘、沟谷灌丛中较常见。

大落新妇 *Astilbe grandis*　　　　　　　　　　　　　　落新妇属　**虎耳草科**

　　多年生草本,茎被褐色长柔毛和腺毛。二或三回三出复叶或羽状复叶。圆锥花序顶生,长16~40厘米;花序轴与花梗均被腺毛;萼片5枚,先端钝或微凹,具腺毛;花瓣5片,白或紫色,线形;雄蕊10。蒴果长3~4毫米,种子纺锤形。花期6~7月,果期9~10月。

　　块状茎供药用。分布于东北、华东、华南、西南等省区。贵池区丘陵山区林下阴湿处偶见。

大叶金腰 *Chrysosplenium macrophyllum* 金腰属 虎耳草科

多年生草本,高达20厘米。基生叶数枚,厚革质,倒卵形或狭倒卵形,长3～20厘米,宽2～10厘米;茎生叶常1枚,窄椭圆形;不育枝长23～35厘米,具匙形小叶片。聚伞花序紧密,苞片卵形或宽卵形,花白色或淡黄色。蒴果水平开叉。花期4月,果期6月。

全草药用。分布于云贵川、广东、江西、浙江等省。贵池区山区林下、沟旁阴湿处偶见。

中华金腰 *Chrysosplenium sinicum* 异叶金腰 金腰属 虎耳草科

多年生草本。全株无毛,有不育枝。茎生叶1～3对,卵形或宽卵形;不育枝上的叶对生,常聚集在枝顶,宽卵形或倒卵形。聚伞花序紧密;苞片叶状,斜卵形,有钝齿;花钟形,黄绿色。蒴果2裂状;种子小,红棕色,有细微突起。花期4月,果期6月。

分布于东北、西北、江西、河南、湖北、四川等省区。贵池区林下或山沟阴湿处偶见。

虎耳草 *Saxifraga stolonifera*

虎耳草属　虎耳草科

多年生草本。匍匐茎细长,分枝,红紫色,被长腺毛。基生叶近心形、肾形或扁圆形;茎生叶1～4片,叶片披针形。聚伞花序圆锥状,长7.3～26厘米,具7～61花;花瓣5片,上方3枚卵形,长约3毫米,有黄斑及紫斑,下方两枚披针状卵圆形,长10～20毫米,白色,无斑点。蒴果卵圆形。花期5～8月。

全草药用,也作盆栽观赏。分布于云南至河北,南到台湾。贵池区山区林下灌丛阴湿岩隙等处常见。

黄水枝 *Tiarella polyphylla*

黄水枝属　虎耳草科

多年生草本。高达45厘米,茎密被腺毛。基生叶心形,先端急尖,基部心形,掌状3～5浅裂,具不规则齿;茎生叶常2～3片,与基生叶同型。总状花序顶生或腋生,花白色或红色;萼片花期直立,卵形;无花瓣。蒴果两片不同大。花期4～5月,果期6～7月。

全草药用。我国大部省份均有分布。贵池区丘陵山区林下阴湿处偶见。

大叶火焰草 *Sedum drymarioides*

一年生肉质草本。全株有腺毛,茎斜上,分枝多,高达25厘米。下部叶对生或4叶轮生,上部叶互生,基部宽楔形或下延成柄。花序疏圆锥状;花少数,两性;花瓣5片,白色,长圆形。花期4～6月,果期8月。

分布于我国东南部及华南。贵池区低山阴湿岩石上较为常见。

凹叶景天 *Sedum emarginatum*

多年生肉质草本。茎细弱,高10～15厘米。叶对生,匙状倒卵形或宽卵形,先端圆,有微缺,基部渐窄,有短距。花序聚伞状,顶生,多花;花瓣5片,黄色。蓇葖果略叉开。花期5～6月,果期7月。

全草药用。分布于我国中东部及西南等省。贵池区处山坡阴湿处的林下及石隙中偶见。

日本景天 *Sedum japonicum* 景天属 **景天科**

多年生肉质草本。茎匍匐生根，无毛。不育枝长2~4厘米；花茎细弱，分枝多，斜上，高达20厘米。叶互生，圆柱形或稍扁，线状匙形，长7~10厘米，先端钝，有短距；无柄。聚伞花序蝎尾状，三歧分枝；花梗粗短；花瓣黄色。蓇葖果水平展开。花期5~6月，果期7~8月。

产广东、湖南、江西、浙江、台湾等省。贵池区山坡阴湿处偶见。

扯根菜 *Penthorum chinense* 扯根菜属 **扯根菜科**

多年生草本。高可达80厘米，根状茎分枝。叶互生，无柄或近无柄，窄披针形或披针形，长4~10厘米，先端渐尖，具细重锯齿，无毛。聚伞花序具多花，花黄白色，萼片5枚，三角形，无花瓣。蒴果红紫色。花果期7~10月。

全草入药。分布于我国南北各省。贵池区林下、灌丛草甸及水边偶见。

三裂蛇葡萄 *Ampelopsis delavayana*　　　　蛇葡萄属　**葡萄科**

　　木质藤本。小枝圆柱形,有纵棱纹,疏生短柔毛,以后脱落;卷须2~3叉分枝。3小叶复叶,中央小叶披针或椭圆披针形,侧生小叶卵椭圆形或卵披针形,基部不对称或分裂。多歧聚伞花序与叶对生,花萼碟形,边缘波状浅裂;花瓣卵状椭圆形,花盘明显。花期6~8月,果期9~11月。

　　根皮药用。分布于华东、华中、西南各省区。贵池区林缘路边偶见。

蛇葡萄 *Ampelopsis glandulosa*　　　　蛇葡萄属　**葡萄科**

　　木质藤本。小枝圆柱形,被锈色短柔毛;卷须2~3叉分枝。单叶,纸质,心形或卵形,3~5中裂,常混生有不分裂者,基部心形。聚伞花序与叶对生,花黄绿色。浆果近球形,成熟时鲜蓝色。花期5~6月,果期10月。

　　根、茎等供药用。分布于我国中东部省区。贵池区林缘或山坡灌丛偶见。

乌蔹莓 *Causonis japonica*　　　　乌蔹莓属　**葡萄科**

　　多年生草质藤本。幼枝被柔毛,后变无毛;卷须2~3叉分枝。鸟足状5小叶复叶,椭圆形至椭圆披针形,先端渐尖,基部楔形或宽圆,具疏锯齿,中央小叶显著狭长。复二歧聚伞花序腋生,花萼碟形,花瓣二角状宽卵形,花盘发达。果近球形。花期3~8月,果期8~11月。

　　全草入药。产我国除东北外湿润区及半湿润区。贵池区低山丘陵、田埂、路旁、沟边及灌丛常见。

牛果藤 *Nekemias cantoniensis*　　广东蛇葡萄　　　　牛果藤属　**葡萄科**

　　木质藤本。小枝圆柱形,有纵棱纹,嫩时被灰色短柔毛。卷须2叉分枝;二回羽状复叶或小枝上部着生有一回羽状复叶,侧生小叶和顶生小叶形状各异。二歧聚伞花序花萼碟形,边缘波状;花瓣卵状椭圆形。浆果近球形。花期4~7月,果期8~11月。

　　我国大部省份均有分布。贵池区山谷林缘或山坡灌丛中偶见。

绿叶地锦 *Parthenocissus laetevirens*　绿叶爬山虎　地锦属　**葡萄科**

　　木质攀援藤本。小枝圆柱形或有显著纵棱,嫩时被短柔毛,以后脱落无毛;卷须总状,5～10分枝,相隔2节间断与叶对生。叶为掌状5小叶,上面显著呈泡状隆起,下面浅绿色。多歧聚伞花序圆锥状,假顶生,花序中常有退化小叶。果实球形。花期6～7月,果熟期9～10月。

　　可作庭院绿化材料,亦可作盆景供观赏。分布于我国中东部及福建、两广等省。贵池区山谷林中、山坡灌丛、林缘路边较常见。

地锦 *Parthenocissus tricuspidata*　爬山虎　地锦属　**葡萄科**

　　木质落叶大藤本。小枝圆柱形,几无毛或微被疏柔毛。卷须5～9分枝,相隔2节间断与叶对生。单叶,倒卵圆形,通常3裂,基部心形,有粗锯齿。多歧聚伞花序生短枝上,花序轴不明显。果球形,成熟时蓝色。花期5～8月,果期9～10月。

　　根、茎入药,果实可酿酒,亦是著名的赏叶植物。我国大部省份均有分布。贵池区山坡崖石壁、高大树木、墙壁常见。

蘡薁 *Vitis bryoniifolia*　　　　　　　葡萄属　　**葡萄科**

　　落叶木质藤本。嫩枝密被蛛丝状绒毛或柔毛,后变稀疏;卷须2叉分枝。叶卵形、三角状卵形、宽卵形或卵状椭圆形。圆锥花序宽或狭窄;花瓣呈帽状黏合脱落;花盘5裂。果球形,成熟时紫红色。花期4~8月,果期6~10月。

　　根及全株药用,果实可酿制果酒。分布于云南、广东、福建、台湾、浙江、江西、两湖、江苏等省。贵池区路旁灌丛、溪流边较常见。

秋葡萄 *Vitis romanetii*　　　　　　　葡萄属　　**葡萄科**

　　木质藤本。小枝圆柱形,有显著粗棱纹,密被短柔毛和有柄腺毛;卷须常2或3分枝。叶卵圆形或阔卵圆形,微5裂或不分裂,边缘有粗锯齿,齿端尖锐,基生脉5出,脉基部常疏生有柄腺体。花杂性异株,圆锥花序疏散;花瓣5,呈帽状黏合脱落。果实球形,种子倒卵形,顶端圆形,微凹,基部有短喙。花期4~6月,果期7~9月。

　　果可食或酿造果酒。产陕西、甘肃及中东部等省份。贵池区山坡林中或灌丛偶见。

山槐 *Albizia kalkora*　　山合欢　　　　　　　　　　　　合欢属　**豆科**

　　落叶小乔木。枝条暗褐色,被短柔毛,皮孔显著。二回羽状复叶;羽片2～4对;小叶5～14对,长圆形或长圆状卵形。头状花序2～7生于叶腋或于枝顶排成圆锥花序;花初时白色,后变黄色。荚果带状。花期5～6月,果期8～10月。

　　花、根及茎皮药用,亦可供材用。产于我国华北、西北、华东、华南至西南部各省区。贵池区丘陵山区偶见。

合欢 *Albizia julibrissin*　　　　　　　　　　　　　　合欢属　**豆科**

　　本种与山槐较相似,主要区别:羽片4～12对,有时可达20对;小叶10～30对,镰状长圆形;花冠淡红色。

　　花、树皮可入药,亦可作行道树及庭院观赏树种。产于我国东北至华南及西南部各省区。贵池区可见作行道树,村庄、路边亦可见栽培。

紫云英 *Astragalus sinicus* 黄芪属 豆科

二年生草本。茎匍匐,多分枝,疏被白色柔毛。羽状复叶长5~15厘米,有7~13小叶;小叶倒卵形或椭圆形,先端钝。总状花序有5~10花,花密集呈伞形;花冠紫红色,稀橙黄色。荚果线状长圆形,稍弯曲。花期2~6月,果期3~7月。

为重要的绿肥作物和牲畜饲料,嫩梢亦供蔬食。产于长江流域各省区。贵池区农田常见栽培,山坡、溪边及潮湿处偶见逸为野生状态。

云实 *Biancaea decapetala* 云实属 豆科

落叶攀援灌木。树皮暗红色,幼枝具倒钩刺。二回羽状复叶;羽片3~10对,基部有刺1对;小叶8~12对,对生,长圆形,两端近圆钝。总状花序顶生,花冠黄色,花瓣最下一枚具红色条纹。荚果长圆状舌形,栗褐色;种子6~9枚,椭圆形,种皮棕色。花果期4~10月。

花、种子、果、茎及根入药,亦可作绿篱栽培。我国大部省份均有分布。贵池区山坡灌丛、林缘、河旁等地可见生长。

香花鸡血藤 *Callerya dielsiana*   香花崖豆藤

鸡血藤属   **豆科**

攀援灌木。茎皮灰褐色,枝无毛或被微毛。羽状复叶;小叶5,纸质,披针形、长圆形或窄长圆形。圆锥花序顶生,花序轴多少被黄褐色柔毛;花冠紫红色,旗瓣阔卵形至倒阔卵形,密被绢毛。荚果线形至长圆形;种子长圆状凸镜形。花期5～9月,果期6～11月。

根药用,种子可作农药。分布于华东、华中、华南、西南等省区。贵池区山坡林中、路边、溪旁岩壁偶见。

紫荆 *Cercis chinensis*

紫荆属   **豆科**

落叶灌木。叶近圆形,基部心形,两面通常无毛,叶缘膜质透明。花紫红或粉红色,2～10余朵成束,簇生于老枝和主干上,常先叶开放,龙骨瓣基部有深紫色斑纹。荚果扁,窄长圆形,绿色。花期3～4月,果期8～10月。

树皮入药,也是一种美丽的木本花卉植物。我国大部省份均有分布。贵池区常见绿化栽培。

湖北紫荆 *Cercis glabra* 巨紫荆

紫荆属 **豆科**

落叶乔木。树皮和小枝灰黑色。叶厚纸质或近革质,心脏形或三角状圆形;幼叶常呈紫红色;掌脉5或7条;叶柄长2~4.5厘米。总状花序短,有花数至十余朵;花淡紫红色或粉红色,先于叶或与叶同时开放。荚果狭长圆形,紫红色,长9~14厘米;种子1~8颗,近圆形。花期3~4月;果期9~11月。

材用或观赏。分布于华中、华南、西南及安徽、陕西等地。贵池区山地疏林或密林中,山谷、路边或岩石上偶见。

香槐 *Cladrastis wilsonii*

香槐属 **豆科**

落叶乔木。树皮灰色。羽状复叶,小叶9~11片,互生,卵形或长圆状卵形,顶生小叶较大。圆锥花序顶生或腋生,长10~20厘米;花冠白色,旗瓣椭圆形,翼瓣与龙骨瓣均稍短于旗瓣。荚果长圆形,扁平,两侧无翅,具2~4粒种子。花期5~7月,果期8~9月。

根、果可入药,用材树种,亦可作园林树种。分布于浙江、江西、湖北、四川东部、陕西南部。贵池区山谷、沟边杂木林中偶见。

黄檀 *Dalbergia hupeana*　　　　黄檀属　**豆科**

　　落叶乔木,树皮灰黑色,条状绽裂。羽状复叶,小叶9~11片,椭圆形或长圆状椭圆形,两面无毛。圆锥花序顶生或生于小枝上部叶腋;花冠白或淡紫色,花瓣具瓣柄;雄蕊10,二体(5+5)。荚果长圆形或宽舌状。花期5~6月,果期9~10月。

　　根入药,亦可作用材树种。我国大部省区均有分布。贵池区丘陵山区杂木林中较常见。

小叶三点金 *Desmodium microphyllum*　　　　山蚂蝗属　**豆科**

　　多年生草本,茎多分枝,纤细。叶具3小叶,有时为单小叶。总状花序顶生或腋生,有花6~10朵,花冠粉红色,与花萼近等长;子房线形,被毛。荚果念珠状,通常有荚节3~4。花期5~9月,果期9~11月。

　　根药用。分布于长江以南各省区。贵池区山坡灌丛中偶见。

皂荚 *Gleditsia sinensis*　　皂荚属　豆科

　　落叶乔木,枝灰色至深褐色;刺粗壮,圆柱形,常分枝。叶为一回羽状复叶;小叶3~9对,卵状披针形或长圆形。花杂性,黄白色,组成5~14厘米长的总状花序。荚果带状,肥厚,长12~37厘米,劲直,两面膨起。花期3~5月,果期5~12月。

　　果荚、种子和枝刺入药,亦可作用材和绿化树种。分布于黄河流域以南各省区。贵池区山坡林中、路旁偶见,市区公园、路旁、村镇可见栽培。

野大豆 *Glycine soja*　　大豆属　豆科

　　一年生缠绕草本,茎纤细,全株疏被褐色长硬毛。叶具3小叶,两面均密被绢质糙伏毛,侧生小叶偏斜。总状花序长约10厘米;花小,花冠淡紫红或白色。荚果长圆形,长1.7~2.3厘米,稍弯,两侧扁,种子间稍缢缩,干后易裂,有种子2~3粒。

　　植株可作饲料,种子可食用。我国大部省份均有分布。国家二级保护植物。贵池区荒坡草地、灌木林缘或林下等低山丘陵较常见。

长柄山蚂蟥 *Hylodesmum podocarpum*　　　　　长柄山蚂蟥属　豆科

多年生直立草本,茎被开展短柔毛。叶具3小叶;叶柄长2~12厘米,疏被开展短柔毛;顶生小叶宽倒卵形,两面疏被短柔毛或几无毛;侧生小叶斜卵形,较小。总状花序或圆锥花序,通常每节生2花,花冠紫红色。荚果有2荚节,被钩状毛和小直毛。花果期8~9月。

产于河北、华东、华中、华南、西南及陕甘等省区。贵池区丘陵山区草丛、林下较常见。

多花木蓝 *Indigofera amblyantha*　　多花槐蓝　　　　　　木蓝属　豆科

直立灌木,茎圆柱形,具棱,被白色平伏丁字毛。奇数羽状复叶,小叶3~5对,卵状长圆形、长圆状椭圆形,两面被白色并混生棕色丁字毛。总状花序腋生,与羽片近等长,近无花序梗,花冠淡红色。荚果圆柱形,被丁字毛。花期6~8月,果期9~10月。

栽培供观赏。我国大部省份均有分布。贵池区路旁灌丛及林缘偶见。

河北木蓝 *Indigofera bungeana*　马棘　　　　　　木蓝属　豆科

　　本种与多花木蓝较相似,主要区别:半灌木,高0.4~1米,小叶相对较小(长5~25毫米),叶柄短于1.5厘米,花期5~6月,果期8~10月。

　　根药用。产于辽宁、内蒙古、河北、山西、陕西等省区。贵池区山坡、草地、河滩地常见。

华东木蓝 *Indigofera fortunei*　华东槐蓝　　　　　木蓝属　豆科

　　矮灌木。茎灰褐或灰色,分枝具棱。羽状复叶,小叶3~7对,先端钝圆或急尖,有小尖头,幼时叶缘及下面中脉疏被丁字毛。总状花序,花序梗短于叶柄,无毛;花冠紫红或粉红色。荚果褐色,线状圆柱形,无毛。花期5月,果期10月。

　　根供药用。分布于江苏、浙江、湖北等省。贵池区山坡疏林或灌丛中偶见。

鸡眼草 *Kummerowia striata* 掐不齐 　　　　鸡眼草属　**豆科**

一年生草本。茎披散或平卧。叶为三出羽状复叶,膜质托叶大,卵状长圆形,小叶纸质,倒卵形至长圆形,全缘。花小,单生或2～3朵簇生于叶腋,花萼钟状,带紫色,5裂,花冠粉红色或紫色。荚果圆形或倒卵形,先端短尖。花期7～9月,果期8～10月。

全草入药,也可作牧草、绿肥。产于我国东北、华北、华东、中南、西南等省区。贵池区路旁、草地、田边常见。

长萼鸡眼草 *Kummerowia stipulacea* 　　　　　　　　鸡眼草属　**豆科**

本种与鸡眼草较相似,主要区别:小叶倒卵形,先端微凹,托叶卵圆形。

全草入药,也可作牧草、绿肥。产于东北、华北、华东、中南、西北等省区。贵池区路旁、草地、田边常见。

截叶铁扫帚 *Lespedeza cuneata*　　　　　　胡枝子属　　豆科

　　落叶小灌木。茎被柔毛。叶具3小叶,密集,叶柄短,小叶楔形或线状楔形,先端平截或近平截,具小刺尖。总状花序具2~4花,花序梗极短;花萼5深裂,密被贴伏柔毛;花冠淡黄或白色,旗瓣基部有紫斑。荚果宽卵形或近球形,被伏毛。花期7~8月,果期9~10月。

　　全株入药。分布于东北、华北、陕西、甘肃、浙江、江苏向南至广东、云南。贵池区山坡草地及灌丛中较常见。

铁马鞭 *Lespedeza pilosa*　　　　　　胡枝子属　　豆科

　　多年生草本。茎平卧,全株密被长柔毛。3小叶复叶,小叶宽倒卵形或倒卵圆形,两面密被长柔毛。总状花序比叶短,花序梗极短;花萼5深裂,花冠黄白或白色,花常1~3朵集生于茎上部叶腋,近无梗。荚果宽卵形,先端具喙,两面密被长柔毛。花期6~9月,果期9~10月。

　　全株可入药。我国大部省份均有分布。贵池区荒地山坡及草地较常见。

南苜蓿 *Medicago polymorpha*　　　　苜蓿属　**豆科**

一二年生草本。茎平卧、上升或直立,近四棱形。羽状三出复叶,托叶大,卵状长圆形,小叶边缘1/3以上具浅锯齿。花序头状伞形,腋生,具1~10朵花,花序梗通常比叶短,花冠黄色。荚果盘形,暗绿褐色,紧旋1.5~2.5圈,径0.4~1厘米,每圈外具棘刺或瘤突15个。花期3~5月,果期5~6月。

可作饲料、牧草及农田绿肥,幼嫩茎叶亦可作蔬菜。分布于江苏、浙江、台湾、湖北、甘肃、陕西等省。贵池区草坪、路旁常见。

小苜蓿 *Medicago minima*　　　　苜蓿属　**豆科**

本种与南苜蓿较相似,主要区别:荚果刺端有钩,茎与叶两面多绒毛。花期3~4月,果期4~5月。

为优良牧草,也可作绿肥。分布于黄河流域及长江以北各省区。贵池区荒坡、沙地、河岸较常见。

草木樨 *Melilotus officinalis*　　　　　　　　　　草木樨属　　豆科

　　二年生草本。茎直立,粗壮,多分枝,具纵棱。羽状三出复叶,小叶倒卵形、阔卵形、倒披针形至线形,边缘具不整齐疏浅齿。总状花序腋生,直立;花萼钟形,萼齿三角状披针形,花冠黄色。荚果卵形,先端具宿存花柱,种子1~2粒。花期5~9月,果期6~10月。

　　全草药用,亦可作绿肥或家畜饲料。分布于东北、华南、西南各地。贵池区山坡、河岸、路旁、砂质草地及林缘偶见。

油麻藤 *Mucuna sempervirens*　　过山龙　　　　　　油麻藤属　　豆科

　　常绿木质大藤本。茎直径有时可达30厘米。羽状复叶具三小叶,小叶柄膨大。总状花序生于老茎上,每节具3花,有臭味,花冠深紫色,长约6.5厘米,无柄。荚果带形,木质,长30~60厘米,边缘加厚为一圆形的脊,种子间缢缩成珠状。种子扁长圆形。花期4~6月,果期7~10月。

　　全草药用,茎皮亦可编织器具,根可提取淀粉,种子可食用和榨油。分布于华中、华东、华南及西南等省区。贵池区天然林缘偶见,庭院亦偶见栽培供观赏。

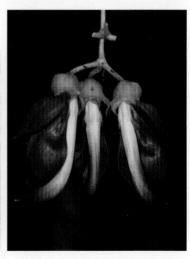

褶皮油麻藤 *Mucuna lamellata*

油麻藤属　豆科

本种与油麻藤较相似,主要区别:荚果纸质,沿荚果的腹缝线和背缝线有翅,荚果面上有斜褶,荚果长7～14厘米;花序腋生。

种子有毒。分布于华中、华东、华南等省区。贵池区山区溪边、路旁或山谷偶见。

小槐花 *Ohwia caudata*

小槐花属　豆科

灌木或亚灌木。叶具3小叶,叶柄长1.5～4厘米,两侧具极窄的翅。总状花序长5～30厘米,花序轴密被柔毛并混生小钩状毛,每节生2花,花冠绿白或黄白色。荚果线形,扁平,被伸展钩状毛,有4～8荚节。花期7～9月,果期8～10月。

根、叶药用,全株亦可作牧草。分布于长江以南各省,西至喜马拉雅山,东至台湾。贵池区山坡、路旁草地、沟边、林缘或林下较常见。

红豆树 *Ormosia hosiei* 红豆属 **豆科**

常绿乔木。树皮灰绿色,平滑。奇数羽状复叶,小叶1~4对,薄革质,卵形或卵状椭圆形。圆锥花序顶生或腋生,花疏松,有香气;花萼钟状,密被短柔毛;花冠白或淡紫色。荚果扁,近圆形,长3.3~4.8厘米,先端有短喙,1~2枚种子,种皮红色。花期4~5月,果期10~11月。

供材用。分布于华东、华中、福建、陕西、四川等省区。国家二级保护植物。贵池区丘陵山区极少见。

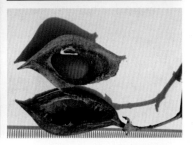

葛 *Pueraria montana* var. *lobata* 葛藤、野葛 葛属 **豆科**

粗壮草质藤本。全体被黄色长硬毛,有粗厚的块状根。羽状三小叶复叶,小叶3裂,稀全缘,侧生小叶斜卵形,稍小,上面被淡黄色、平伏的疏柔毛,下面较密,小叶柄被黄褐色茸毛。总状花序腋生,长15~30厘米,中部以上有较密集的花;花序轴的节上聚生2~3花;花冠长1~1.2厘米,紫色。荚果长椭圆形,扁平,被褐色长硬毛。花期9~10月,果期11~12月。

可供纤维,根供药用,葛粉用于解酒。全国大部省份均有分布。贵池区山坡林地、路旁较常见。

鹿藿 *Rhynchosia volubilis* 鹿藿属 **豆科**

　　缠绕草质藤本。全株各部多少被灰色至淡黄色柔毛,茎略具棱。叶为羽状或有时近指状3小叶,顶生小叶菱形或倒卵状菱形,基出脉3,侧生小叶较小,常偏斜。总状花序腋生,花长约1厘米,花萼裂片披针形,花冠黄色。荚果长圆形,红紫色,种子通常2颗,黑色,光亮。花期5～8月,果期9～12月。

　　种子入药。分布于长江以南等省区。贵池区林缘、路边偶见。

刺槐 *Robinia pseudoacacia* 洋槐 刺槐属 **豆科**

　　落叶乔木。树皮浅裂至深纵裂,具托叶刺。奇数羽状复叶,小叶2～12对,全缘。总状花序腋生,长10～20厘米,下垂,花芳香,花冠白色。荚果线状长圆形,具2～15枚种子。花期4～6月,果期8～9月。

　　茎皮、根、叶可供药用,亦可作四旁绿化树种和供材用。现广泛分布或栽植于国内。贵池区作为绿化树种广泛栽植。

槐叶决明 *Senna sophera*　　　　　　　　决明属　| 豆科

亚灌木状草本。小枝有棱。一回羽状复叶有小叶5～10对；在总叶柄近基部有1腺体；托叶早落；小叶片椭圆状披针形至披针形，具缘毛。总状花序伞房状，顶生或腋生，具少数花；花冠黄色，直径约2厘米。荚果初时稍扁平，后呈近圆柱形，直径约1厘米，膨胀，有种子20余粒，种子间稍缢缩。花期7～9月，果期10～12月。

嫩叶及荚果可食用；种子为解热药，根能强壮利尿。我国长江以南各地均有栽培。贵池区山坡、旷野偶见。

白车轴草 *Trifolium repens*　　白三叶、三叶草　　　　　车轴草属　| 豆科

多年生草本。茎匍匐蔓生。掌状三出复叶，小叶倒卵形或近圆形。花序球形，顶生，具20～50朵密集的花；花序梗比叶柄长近1倍；花萼钟形，萼齿5，披针形；花冠白、乳黄或淡红色，具香气。荚果长圆形，常具3种子。花果期5～9月。

为优良牧草，可作为绿肥、绿化，以及蜜源和药材等用。华北、华东、西南等省区均可见栽培。贵池区公园、绿地常见栽培。

小巢菜 *Vicia hirsuta*　野豌豆属　豆科

一年生细弱草本。攀援或蔓生，茎细柔有棱。偶数羽状复叶，卷须羽状分枝，托叶线形；小叶4～8对，先端平截，具短尖头。总状花序腋生，有2～4(～7)花集生于上部；花冠白、淡蓝青或紫白色，花柱上部四周被毛。荚果长圆菱形，表皮密被棕褐色长硬毛，种子2颗。花果期4～5月。

全草入药，也可作为优良牧草。我国大部省份均有分布。贵池区河滩、田边或路旁草丛春季较常见。

救荒野豌豆 *Vicia sativa*　大巢菜　野豌豆属　豆科

本种与小巢菜较相似，主要区别：花单生或2朵腋生，几无花梗，花相对更大(1.8～3厘米)，荚果长2.5～5厘米。花果期4～6月。

全草入药，亦为重要绿肥和牧草。全国大部省份均有分布。贵池区荒山、田边草丛及林中春季常见。

四籽野豌豆 *Vicia tetrasperma*　　　　　　　　　野豌豆属　豆科

　　本种与小巢菜较相似,主要区别:卷须单1或2叉状,托叶箭头形或半三角形,荚果。花果期3~5月。

　　全草入药,也可作牧草。产于陕西、甘肃、新疆、华东、华中及西南等地。贵池区山谷、草地阳坡常见。

赤小豆 *Vigna umbellata*　　　　　　　　　　　豇豆属　豆科

　　一年生草本。茎纤细,幼时被黄色长柔毛,老时无毛。羽状复叶具3小叶;托叶盾状着生,披针形或卵状披针形;小叶纸质,卵形或披针形,全缘或微3裂,有基出脉3条。总状花序腋生,短,有花2~3朵;苞片披针形;花黄色,龙骨瓣右侧具长角状附属体。荚果线状圆柱形,下垂,无毛;种子6~10颗,长椭圆形。花期5~8月。

　　种子入药。我国南部野生或栽培。贵池区山坡、草丛和堤岸偶见。

网络夏藤 *Wisteriopsis reticulata* 网络鸡血藤 夏藤属 豆科

攀援藤本。小枝无毛。羽状复叶,小叶7~9片;托叶锥形,基部贴茎向下突起成一对短而硬的距。圆锥花序顶生;花萼宽钟形,萼齿短钝,边缘有黄色绢毛;花冠紫红色,旗瓣卵状长圆形,无胼胝体,翼瓣和龙骨瓣稍长于旗瓣。荚果线形,扁平,具3~6粒种子。花期5~11月。

根可药用,亦可作园艺观赏用。分布于我国长江以南各省区。贵池区丘陵山区溪边、林缘及灌丛中偶见。

江西夏藤 *Wisteriopsis kiangsiensis* 江西鸡血藤 夏藤属 豆科

本种与网络夏藤较相似,主要区别:托叶基部距突不明显、花白色、萼边缘具柔毛。花期6~8月,果期9~10月。

分布于江西、浙江、两湖等省。贵池区丘陵山区旷野、阳坡灌丛偶见。

紫藤 *Wisteria sinensis*　　　　　　　　　　紫藤属　豆科

　　大型木质藤本。长达20余米,茎粗壮,左旋。羽状复叶,互生,小叶9~13,先端小叶较大。总状花序生于去年短枝的叶腋或顶芽,先叶开花,芳香;花梗细,花冠紫色。荚果线状倒披针形,成熟后不脱落,种子1~5颗,扁圆形,黑色。花期4~5月,果期9~10月。

　　花、茎皮可供药用,亦可栽培供观赏。我国大部省份均有分布。贵池区公园可见栽培,丘陵山区阳坡、林缘和溪边也较常见。

瓜子金 *Polygala japonica*　　日本远志　　　　　远志属　远志科

　　多年生草本。单叶互生,叶厚纸质或近革质。总状花序与叶对生,或腋外生;苞片1枚,早落;萼片宿存,外3枚披针形,被毛,内2枚花瓣状,卵形或长圆形;花瓣白或紫色,花丝全部合生成鞘,1/2与花瓣贴生。蒴果球形,具宽翅。花期4~6月,果期5~8月。

　　全草药用。除西北外遍布全国。贵池区山坡草地或田埂上较常见。

龙牙草 *Agrimonia pilosa*

龙牙草属 | **蔷薇科**

多年生草本。茎高达1.2米,被疏柔毛及短柔毛。叶为间断奇数羽状复叶,常有3~4对小叶,杂有小型小叶;小叶倒卵形至倒卵状披针形,具粗锯齿。穗状总状花序,花瓣5,黄色;雄蕊10,花柱2,柱头头状。瘦果倒卵状圆锥形,顶端有数层钩刺。花果期5~12月。

全草入药,并可制栲胶、农药。我国南北各省均产。贵池区低山荒地、林缘、灌丛、溪沟边较常见。

紫叶李 *Prunus cerasifera* 'Atropurpurea'

李属 | **蔷薇科**

落叶灌木或小乔木。多分枝,小枝暗红色。叶片椭圆形、卵形或倒卵形,叶紫红色。花1朵,稀2朵,先叶开放;花瓣白色带粉红色,雄蕊多数,排成不规则2轮;雌蕊1。核果近球形或椭圆形,红色,微被蜡粉。花期4月,果期8月。

作观赏树种,果亦可食用。国内各地均有栽培。贵池区市政道路两侧、公园常见栽培。

迎春樱桃 *Prunus discoidea*　　迎春樱　　　　　　　　李属　**蔷薇科**

　　落叶乔木。树皮灰白色,小枝紫褐色。叶倒卵状长圆形或椭圆状卵形,先端渐尖或尾尖,边缘锯齿,齿尖常有小盘状腺体;叶柄上部近叶基部有2腺体。花先叶开放,伞形花序,2~3朵(稀5朵),花序有2叶状苞片,果时宿存;花瓣粉红色,先端2裂。核果红色。花期3~4月,果期5月。

　　可栽植供观赏。分布于浙江、江西。贵池区山谷林中或溪边灌丛偶见,春季花期植株尤为明显。

梅 *Prunus mume*　　　　　　　　　　　　　　　李属　**蔷薇科**

　　落叶小乔木。小枝绿色,无毛。叶卵形或椭圆形,具细小锐锯齿;叶柄长1~2厘米,幼时具毛,常有腺体。花单生或2朵生于1芽内,香味浓,先叶开放;花萼常红褐色,有些品种花萼为绿或绿紫色;花瓣倒卵形,白或粉红色。果近球形,径2~3厘米,熟时黄或绿白色,被柔毛,味酸;果肉黏核。花期冬春,果期5~6月。

　　梅原产我国南方,已有三千多年的栽培历史。贵池区常见栽培。

桃 *Prunus persica* 　　　　李属　蔷薇科

落叶乔木。树冠宽广而平展；树皮暗红褐色，老时粗糙呈鳞片状。叶披针形，先端渐尖，基部宽楔形，具锯齿。花单生，先叶开放，径2.5～3.5厘米；花梗极短；花瓣长圆状椭圆形或宽倒卵形，粉红色，稀白色；花药绯红色。核果卵圆形，成熟时向阳面具红晕；果肉多色，多汁，有香味，甜或酸甜。花期3～4月，果成熟期因品种而异，常8～9月。

供食用、药用及工业原料。原产于我国，各省及世界各地均有栽植。贵池区常见栽培。

杏 *Prunus armeniace* 　杏花、杏树　　　　李属　蔷薇科

落叶乔木，树皮灰褐色，纵裂；一年生枝浅红褐色，有光泽。叶广卵形，先端短尖或尾状尖，两面无毛或仅背面有簇毛，叶柄基部常具1～6腺体。花单生，直径2～3厘米，先于叶开放；花瓣圆形至倒卵形，白色或带红色，具短爪；花萼鲜绛红色，花后反折。果实近球形，黄色或带红晕，径2.5～3厘米，有细柔毛；果核平滑。花期3～4月，果6～7月成熟。

杏久经栽培，果实可生食，亦可作果干，还可入药。全国各地多有栽培，尤以华北、西北和华东地区种植较多，少数地区逸为野生。贵池区常见栽培。

杏花村

"借问酒家何处有,牧童遥指杏花村",千余年前牧童遥指的杏花村坐落在城西秀山门外。村以诗传,诗亦以村传,使杏花村名闻遐迩,千古流芳,《杏花村志》作为全国唯一村志收入《钦定四库全书总目》。贵池人复建杏花村,遍植杏花树,再现"盛时杏花万余株,连村十里,炫烂迷观,诚胜景也"。

杏花村杏花景观(方再能摄)

细齿稠李 *Prunus obtusata*　　　　　李属　**蔷薇科**

落叶乔木。老枝紫褐色或暗褐色,无毛;小枝幼时红褐色,被短柔毛或无毛。单叶互生,边缘有细密锯齿,叶柄顶端通常有2腺体。总状花序具多花,长10~15厘米;花瓣白色,近圆形或长圆形,顶端2/3部分啮蚀状或波状;雄蕊多数,排成紧密不规则2轮。核果球形,顶端有短尖头,黑色。花期4~5月,果期6~10月。

我国大部省份均有分布。贵池区山坡杂木林中、沟底和溪边等处偶见。

李 *Prunus salicina*　　　　　李属　**蔷薇科**

落叶乔木,树皮灰褐色。叶矩圆状倒卵形或椭圆状倒卵形,叶柄近顶端有2~3腺体。花通常3朵簇生,稀2;花径1.5~2.2厘米;萼筒钟状,萼片长圆状卵形;花瓣白色,长圆状倒卵形,先端啮蚀状。核果卵球形或近球形,有明显的纵沟,外被蜡粉。花期4~5月,果期7~8月。

我国各省及世界各地均有栽培,为重要温带果树之一。贵池区房前屋后、公园常见栽培。

日本晚樱 *Prunus serrulata* var. *lannesiana*　　　李属　**蔷薇科**

　　落叶乔木,树皮灰褐色,具明显的横条状皮孔。单叶互生,叶片卵状椭圆形或倒卵状椭圆形,边缘有渐尖的重锯齿,齿端有长芒。伞房花序,花多数,重瓣,花梗细长下垂;花瓣粉红色,先端下凹。花期4～5月。

　　原产日本,现国内各地常见栽培,为重要的观赏花木。贵池区市政道路两侧、公园常见栽培。

山樱桃 *Prunus serrulata*　　　李属　**蔷薇科**

　　落叶小乔木,树皮灰褐色,具明显的横条状皮孔。单叶互生,叶片卵状椭圆形或倒卵状椭圆形,边缘为尖锐单锯齿,偶有重锯齿。伞房花序有花2～3朵,花序基部有苞片,早落;花瓣白色,先端下凹,花柱无毛。核果球形或卵球形。花期4～5月,果期6～7月。

　　可栽培供观赏。分布于东北、华中及华东等省区。贵池区山谷林内较常见。

皱皮木瓜 *Chaenomeles speciosa*　　贴梗海棠　　　　　　　　　木瓜海棠属　**蔷薇科**

　　落叶灌木,高达2米。枝条直立,开展,有刺。叶卵形至椭圆形,具尖锐锯齿,托叶草质,肾形或半圆形。花先叶开放,3~5簇生于二年生老枝;花梗粗;花瓣猩红色,稀淡红或白色。果球形或卵球形,径4~6厘米,黄或带红色。花期3~5月,果期9~10月。

　　栽培供观赏,果实干制可入药。产陕西、甘肃、四川、贵州、云南、广东等省。贵池区常见园林栽培。

华中栒子 *Cotoneaster silvestrii*　　　　　　　　　　　　　　　　栒子属　**蔷薇科**

　　落叶直立灌木。单叶互生,椭圆形至卵形,全缘。聚伞花序有花3~9朵,总花梗和花梗被细柔毛;花直径9~10毫米,红色,开放时花瓣平展,近圆形,直径4~5毫米,先端微凹,白色;雄蕊20,稍短于花瓣;花柱2,离生,比雄蕊短。果近球形,径7~8毫米,成熟时红色,常2小核联合为1个。花期5~6月,果期9月。

　　可栽植供观赏。分布于河南、湖北、安徽、江西、江苏、四川、甘肃等省区。贵池区丘陵山区杂木林中偶见。

野山楂 *Crataegus cuneata* 　　　山楂属 **蔷薇科**

　　落叶灌木,分枝密,常具细刺,刺长5~8毫米。单叶互生,有不规则重锯齿,先端常有3或稀5~7浅裂。伞房花序径具5~7花,萼筒钟状,外被长柔毛,花瓣近圆形或倒卵形,白色,基部有短爪。果近球形或扁球形,径1~1.2厘米,红或黄色,常有宿存反折萼片或1苞片。花期4~5月,果期9~10月。

　　果、花、叶、茎入药,果实可生食。分布于华东、华中、华南及西南等省区。贵池区丘陵山区灌丛或荒坡上较常见。

山楂 *Crataegus pinnatifida* 　　　山楂属 **蔷薇科**

　　本种与野山楂较相似,主要区别:叶片羽状深裂,两侧各有3~5对深裂片,侧脉伸达裂片先端和裂片分裂处。

　　果入药,亦可生食,植株还可以栽培作观赏树。分布于东北、华北以及山东、河南、陕西、江苏等省。贵池区山坡灌丛、林缘路边偶见,庭院亦见栽培。

蛇莓 *Duchesnea indica* 蛇泡果 蛇莓属 蔷薇科

多年生草。匍匐茎多数,长达1米,被柔毛。小叶倒卵形或菱状长圆形,有钝锯齿,托叶窄卵形或宽披针形。花单生叶腋,花瓣倒卵形,黄色,雄蕊多枚,心皮多数,离生,花托在果期膨大,海绵质,鲜红色。瘦果卵圆。盛花期6~8月,果期7~11月。

全草药用。产于辽宁以南各省区。贵池区草地、路旁、房前屋后潮湿处、田埂等处常见。

枇杷 *Eriobotrya japonica* 枇杷属 蔷薇科

常绿小乔木,小枝粗,密被锈色或灰棕色绒毛。单叶互生,革质,椭圆状长圆形,上面多皱,下面密被灰棕色绒毛。圆锥花序顶生,花直径12~20毫米,萼筒浅杯状,花瓣白色,长圆形或卵形,基部具爪,有锈色绒毛。果球形或长圆形,黄或橘黄色。花期10~12月,果期5~6月。

可用材及观赏,果可食,叶供药用。产于西北东南部、华中、华东、华南至西南等省。贵池区公园、居民小区常作绿化树种或果树栽培。

白鹃梅 *Exochorda racemosa*　　　　　　　　　白鹃梅属　**蔷薇科**

　　落叶灌木。单叶互生，全缘，稀中上部有钝齿。顶生总状花序有6~10花；花径2.5~3.5厘米，花瓣白色，倒卵形；雄蕊15~20,3~4成束着生花盘边缘与花瓣对生。蒴果倒圆锥形，有5脊，无毛。花期4~5月，果期6~8月

　　根皮、枝皮入药，亦可栽植供观赏。分布于山西、河南、江西、江苏、浙江、湖南、湖北等省区。贵池区山坡灌丛及路旁偶见。

柔毛路边青 *Geum japonicum* var. *chinense*　柔毛水杨梅　　　路边青属　**蔷薇科**

　　多年生草本,全株有长硬毛,枝节膨大呈关节状。基生叶为大头羽状复叶,通常有小叶1~2对;下部茎生叶3小叶,上部茎生叶单叶,3浅裂。花单生茎端,黄色,径1.5~1.8厘米;花柱顶生,在上部1/4处扭曲,后自扭曲处脱落。聚合果卵球形,瘦果被长硬毛,花柱宿存部分光滑,顶端有小钩。花期7~9月,果期8~10月。

　　全草入药。我国大部省份均有分布。贵池区山坡草地、田边、河边、灌丛及疏林下偶见。

棣棠 *Kerria japonica*

棣棠花属 **蔷薇科**

落叶小灌木。小枝绿色,常拱垂。单叶互生,三角状卵形或卵圆形,边缘有尖锐重锯齿。花单生于当年生侧枝顶端,花直径2.5~6厘米;萼片卵状椭圆形,果时宿存;花瓣黄色,宽椭圆形,顶端下凹。瘦果倒卵形至半球形,褐色或黑褐色,有皱褶。花果期6~8月。

茎髓作为通草代用品入药。我国大部省份均有分布。贵池区山坡灌丛偶见。

垂丝海棠 *Malus halliana*

苹果属 **蔷薇科**

落叶乔木。小枝紫色或紫褐色。单叶互生,边缘有圆钝细锯齿。花4~6朵组成伞房花序,生于短枝顶端;花梗细弱,下垂,长2~4厘米,紫色;花径3~3.5厘米,花瓣常5数以上,粉红色;雄蕊20~25,约等于花瓣1/2。花期3~4月,果期9~10月。

常作庭院观赏树种。全国各地均有栽培。贵池区市政道路、公园及庭院常见栽植。

石楠 *Photinia serratifolia* 石楠属 | **蔷薇科**

常绿灌木或小乔木。叶革质,疏生细腺齿,近基部全缘。复伞房花序顶生,径10~16厘米;花序梗和花梗均无毛;花瓣白色,近圆形,无毛;雄蕊20,花药带紫色。果球形,成熟时红色,后褐紫色。花期4~5月,果期10月。

根、叶药用,亦可作庭院、绿化观赏树种。分布于陕西、甘肃、河南、江苏、浙江、江西、湖南等省。贵池区公园、道路两侧绿化常见栽植,丘陵沟谷溪边、灌丛偶见。

中华石楠 *Photinia beauverdiana* 石楠属 | **蔷薇科**

落叶灌木或小乔木。叶薄纸质,长圆形、倒卵状长圆形或卵状披针形,边缘有疏生具腺齿。花多数组成复伞房花序;萼片三角状卵形,果期宿存;花瓣白色,卵形或倒卵形;雄蕊20,花柱(2)3,基部合生。果卵圆形,紫红色。花期5月,果期8~9月。

产于陕西、华东、华中、西南等省区。贵池区杂木林中偶见。

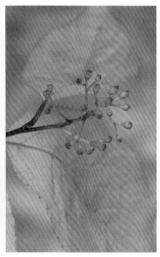

毛叶石楠 *Photinia villosa*　　　　石楠属　蔷薇科

　　落叶灌木或小乔木。小枝幼时有白色长柔毛,以后脱落无毛,有散生皮孔。叶片草质,倒卵形或长圆倒卵形,边缘上半部具密生尖锐锯齿。花10~20朵,成顶生伞房花序;总花梗和花梗有长柔毛;花直径7~12毫米;萼筒杯状,外面有白色长柔毛;花瓣白色,近圆形,直径4~5毫米,有短爪。果实椭圆形或卵形,红色或黄红色。花期4月,果期8~9月。

　　根、果供药用。产于我国中东部及西南等省份。贵池区山坡灌丛偶见。

中华落叶石楠 *Pourthiaea arguta*　　　　石楠属　蔷薇科

　　落叶灌木或小乔木。小枝幼时疏被柔毛,后脱落无毛。叶纸质,长圆状披针形或长椭圆形,边缘有锐锯齿。花多数组成顶生复伞房花序,径5~7厘米;花径5~8毫米,花瓣白色,近圆形。果卵圆形,顶端有宿存萼片。花期5月,果期10月。

　　产于浙江、江西、湖南、湖北、四川、贵州、福建、广东等省区。贵池区山坡疏林中偶见。

翻白草 *Potentilla discolor* 委陵菜属 蔷薇科

多年生草本。根下部常肥厚呈纺锤状。基生叶有2~4对小叶,叶柄密被白色绵毛,小叶长圆形或长圆状披针形,上面疏被白色绵毛或脱落近无毛,下面密被白或灰白色绵毛;茎生叶通常3小叶。花茎直立,上升或微铺散,密被白色绵毛;聚伞花序,花黄色,萼片5,花瓣5,花期平展。花期5~8月,果期6~9月。

全草入药。分布于全国南北各省区。贵池区荒地、山谷、沟边、山坡草地偶见。

三叶委陵菜 *Potentilla freyniana* 委陵菜属 蔷薇科

多年生草本。基生叶掌状3出复叶,小叶长圆形、卵形或椭圆形,有多数急尖锯齿;茎生叶托叶草质,绿色,呈缺刻状锐裂,有稀疏长柔毛。花茎纤细,直立或上升,被疏柔毛。聚伞花序数枚自茎基部生出;花黄色,萼片5,披针形,雄蕊多数,心皮多数,花柱顶生,钉状。瘦果卵圆形。花期3~5月,果期5~6月。

分布于东北、河北、山东、陕西、江西、浙江、福建、四川、贵州、云南等省。贵池区河滩、沟边较常见。

蛇含委陵菜 *Potentilla kleiniana* 委陵菜属 蔷薇科

本种与三叶委陵菜较相似,主要区有:全株生柔毛,基生叶为掌状复叶,花柱锥状。花期4~7月,果期5~8月。

全草入药。产于辽宁以南我国湿润半湿润区。贵池区田边、沟边、荒地等潮湿处较常见。

朝天委陵菜 *Potentilla supina* 委陵菜属 蔷薇科

一年生或二年生草本。茎直立、平展或斜升,被疏柔毛。奇数羽状复叶,基生叶有7~13枚小叶,小叶倒卵形或长圆形,边缘锯齿缺刻状,无柄。花单生叶腋,黄色,直径6~8毫米;副萼片及萼片均被疏柔毛;花瓣倒卵形,较萼片长或略长。瘦果卵圆形,黄褐色。花期5~8月,6~9月。

块根营养价值高,可食,亦可入药。我国大部省份均有分布。贵池区沟边、田埂,或房前屋后荒地较常见。

火棘 *Pyracantha fortuneana*

火棘属 **蔷薇科**

常绿灌木,侧枝短,先端刺状。单叶互生,倒卵形或倒卵状长圆形,先端圆钝或微凹,基部楔形,下延至叶柄。复伞房花序,花径约1厘米,萼片三角状卵形,花瓣白色,近圆形。果近球形,径约5毫米,橘红或深红色。花期6月,果期8~11月。

根入药,果实可酿酒或作饲料,亦可作庭院绿篱栽培。产陕西、河南、华东、华中及西南等省区。贵池区常见作绿化树种栽植。

杜梨 *Pyrus betulifolia* 棠梨

梨属 **蔷薇科**

落叶乔木,枝常具刺,小枝嫩时密被灰白色绒毛。叶片菱状卵形至长圆卵形,边缘有粗锐锯齿,幼叶密被灰白色绒毛。伞形总状花序,有花10~15朵,花直径1.5~2厘米,萼筒外密被灰白色绒毛,花瓣白色。果实近球形,褐色,有淡色斑点。花期4月,果熟期8~9月。

供材用,树皮提制栲胶入药,亦可作栽培梨树的砧木。分布于我国北部、东北部和中部各省区。贵池区低山丘陵疏林、村庄周边较常见。

豆梨 *Pyrus calleryana*

梨属　薔薇科

本种与杜梨较相似,主要区别:叶边缘锯齿圆钝,花序和叶两面无毛。花期4月,果期8～9月。

可作砧木,果实药用,亦可供材用。分布于华东至华南各省区。贵池区山坡、平原或山谷杂木林中较常见。

石斑木 *Rhaphiolepis indica*

石斑木属　薔薇科

常绿灌木或小乔木。叶集生于枝顶,叶片基部渐窄下延叶柄,具细钝锯齿。顶生圆锥花序或总状花序;花序梗和花梗均被锈色绒毛;苞片和小苞片窄披针形,近无毛;花径1～1.3厘米;被丝托筒状,萼片三角状披针形至线形;花瓣白色或淡红色;雄蕊15;花柱2～3,基部合生。果球形,紫黑色。花期4月,果期7～8月。

果实可食用,木材可用,也可栽培供观赏。分布于华东、华中及西南等省区。贵池区丘陵山区阔叶林中较为常见。

小果蔷薇 *Rosa cymosa*　　山木香　　　　　蔷薇属　**蔷薇科**

　　半常绿攀援灌木,小枝无毛或稍有柔毛,有钩状皮刺。叶互生,小叶3～5,稀7;托叶线形,与叶柄离生。花多朵或复伞房花序;萼片卵形,常羽状分裂;花瓣白色,先端凹;花柱离生,稍伸出萼筒口,与雄蕊近等长。蔷薇果球形,熟后红至黑褐色,萼片脱落。花期4～6月,果期7～11月。

　　蜜源植物。产于华东、华中、华南及西南等省。贵池区向阳山坡、路旁、灌丛常见。

金樱子 *Rosa laevigata*　　　　　　　　　　蔷薇属　**蔷薇科**

　　常绿攀援灌木。小叶革质,通常3,椭圆状卵形、倒卵形或披针卵形,有锐锯齿;托叶离生或基部与叶柄合生,边缘有细齿,齿尖有腺体,早落。花单生叶腋,径5～7厘米;花瓣白色,先端微凹;心皮多数,花柱离生。蔷薇果梨形或倒卵圆形,熟后紫褐色,密被刺毛,萼片宿存。花期4～6月,果期7～10月。

　　果可入药。我国大部省份均有分布。贵池区向阳的山野、田边、溪畔灌丛常见。

野蔷薇 *Rosa multiflora*   蔷薇属 **蔷薇科**

落叶攀援灌木。小枝无毛,有粗短稍弯曲皮刺。小叶5~9,倒卵形、长圆形或卵形,有尖锐单锯齿;托叶披针形,大部贴生于叶柄。圆锥花序,萼片披针形,花瓣白色,花柱结合成束,稍长于雄蕊。蔷薇果近球形,熟时红褐或紫褐色,有光泽,无毛,萼片脱落。花期4~7月。

根、叶、花及种子入药,可做篱笆及棚架的绿化材料。产于江苏、山东、河南等省。贵池区公园、道路常见栽植,丘陵山区灌丛、林缘常见。

掌叶覆盆子 *Rubus chingii*   悬钩子属 **蔷薇科**

藤状灌木。茎拱曲,小枝绿色,常有白粉,具钩状皮刺。单叶,近圆形,5~7掌状深裂,裂片边缘具重锯齿,两面沿叶脉有白色钩毛;托叶条状披针形,基部与叶柄合生。花单生叶腋,直径2~3厘米,花瓣白色。果近球形,密被白色柔毛,成熟时红色。花期3~4月,果期5~6月。

果可食用,根、果可入药。分布于华中、华东、福建、广西等省区。贵池区山坡灌丛及溪边较常见。

山莓 *Rubus corchorifolius*　　　　　　　　　　　　悬钩子属　**蔷薇科**

　　落叶小灌木。茎直立,散生针状弯刺。单叶,卵形或卵状披针形,边缘具不规则锐尖锯齿或重锯齿,羽状脉;托叶条形,基部与叶柄合生宿存。花先叶开放,单生于叶腋,花萼密被柔毛,花瓣长圆形或椭圆形,白色。果近球形或卵圆形,成熟时红色。花期3~4月,果期4~6月。

　　根、叶入药,果可食用。全国大部省份均有分布。贵池区山坡灌丛、林缘、路旁较常见。

插田藨 *Rubus coreanus*　　插田泡　　　　　　　　　　悬钩子属　**蔷薇科**

　　落叶灌木。枝被白粉,具近直立或钩状扁平皮刺。羽状复叶,小叶(3)5,顶生小叶顶端有时3浅裂。伞房花序顶生,具花数朵;萼片长卵形或卵状披针形,果时反折;花瓣倒卵形,淡红至深红色。果近球形,径5~8毫米,成熟时深红至紫黑色。花期4~6月,果期6~8月。

　　根入药,果可食用。我国大部省份均有分布。贵池区向阳山坡灌丛、路旁、沟边常见。

蓬蘽 *Rubus hirsutus*　　蓬藥　　　　　　　　　　悬钩子属　蔷薇科

落叶小灌木,枝被柔毛和腺毛,疏生皮刺。小叶3～5,卵形或宽卵形,两面疏生柔毛,具不整齐尖锐重锯齿;托叶披针形或卵状披针形。花常单生,顶生或腋生;花径3～4厘米;花萼密被柔毛和腺毛,花后反折;花瓣倒卵形或近圆形,白色。果近球形,径1～2厘米,无毛。花期4月,果期5～6月。

全株入药,果可食用。分布于河南、江西、江苏、浙江、福建、台湾、广东等省区。贵池区山坡、路旁灌丛、河岸常见。

高粱蘽 *Rubus lambertianus*　　高粱泡　　　　　　　悬钩子属　蔷薇科

半落叶藤状灌木,幼枝有柔毛或近无毛,有微弯小皮刺。单叶,宽卵形,稀长圆状卵形,中脉常疏生小皮刺,3～5裂或呈波状,有细锯齿;托叶离生,线状深裂,常脱落。花多数,组成密集的圆锥花序,生于枝条上部叶腋;花瓣白色,雄蕊多数。果实近球形,熟时红色。花期7～8月,果期9～11月。

根、叶入药,果实可食用。产于华中、华东、华南等省区。贵池区山坡灌丛、林缘及路旁常见。

太平莓 *Rubus pacificus*　　　　　悬钩子属　薔薇科

　　常绿矮小灌木。枝细疏生细小皮刺。单叶，互生，革质，宽卵形至长卵形，上面无毛，下面密被灰色绒毛，基部具掌状5出脉。花3～6朵成顶生短总状或伞房状花序，或单生于叶腋，花直径1.5～2厘米，萼片果期常反折，花瓣白色。花期6～7月，果期8～9月。

　　全株入药。分布于湖南、江西、浙江、福建等省区。贵池区丘陵山区路旁或杂木林下较常见。

茅莓 *Rubus parvifolius*　　　　　悬钩子属　薔薇科

　　落叶蔓生灌木。枝呈弓形弯曲，被柔毛和稀疏钩状皮刺。小叶3(5)，菱状圆卵形或倒卵形，上面伏生疏柔毛，下面密被灰白色绒毛。伞房花序顶生或腋生，具花数朵至多朵，花萼密被柔毛和疏密不等的针刺，花瓣粉红或紫红色。花期5～6月，果期7～8月。

　　果可食或酿酒、制醋，根和叶含单宁，全株入药。产于我国大部湿润半湿润地区。贵池区山坡灌丛较常见。

红腺悬钩子 *Rubus sumatranus*　　　悬钩子属　　**蔷薇科**

　　落叶蔓生灌木。小枝密生红色长腺毛及白色短绒毛。小叶(3)5～7,卵状披针形或披针形,两面疏生柔毛。花3朵或数朵成伞房状花序;萼片披针形,果期反折;花瓣长倒卵形或匙状,白色,具爪。果长圆形,橘红色。花期4～6月,果期7～8月。

　　根入药。分布于我国长江流域以南地区。贵池区丘陵山谷疏密下、林缘、竹林下及草丛中偶见。

木莓 *Rubus swinhoei*　　　悬钩子属　　**蔷薇科**

　　落叶或半常绿灌木。幼枝具灰白色绒毛,疏生微弯小皮刺。单叶,宽卵形或长圆状披针形,上面沿中脉有柔毛,下面密被灰白色绒毛或近无毛。花常5～6朵组成总状花序,花直径1～1.5厘米;萼片卵形或三角状卵形,果期反折;花瓣白色,宽卵形或近圆形。果球形,成熟时由绿紫红变黑紫色。花期5～6月,果期7～8月。

　　果可食用,根皮入药。我国大部省份均有分布。贵池区山坡疏林或灌丛中、溪谷及路旁较常见。

长叶地榆 *Sanguisorba officinalis* var. *longifolia* 　　地榆属　蔷薇科

多年生直立草本。茎有棱,无毛或基部有稀疏腺毛。奇数羽状复叶互生,小叶2~6对。穗状花序椭圆形或圆柱形,直立,长2~6厘米;萼片4,紫红色;雄蕊4,花丝丝状,与萼片近等长或稍短;柱头盘形,具流苏状乳头。瘦果包藏宿存萼筒内,有4棱。花期8~10月,果期9~11月。

根部药用。分布于东北、华东、华中、西南、华南等省区。贵池区山谷、林缘湿地中较常见。

粉花绣线菊 *Spiraea japonica*　日本绣线菊　　绣线菊属　蔷薇科

落叶直立灌木。小枝无毛或幼时被短柔毛。叶卵形或卵状椭圆形,具缺刻状重锯齿或单锯齿,上面无毛或沿叶脉微具短柔毛,下面常沿叶脉有柔毛。复伞房花序生于当年生直立新枝顶端,密被短柔毛;花瓣卵形或圆形,粉红色。花期6~7月,果期8~9月。

供观赏,根药用。分布于华东、华中等省。贵池区公园、庭院偶见栽培。

李叶绣线菊 *Spiraea prunifolia*　笑靥花　　　绣线菊属　**蔷薇科**

　　落叶灌木。小枝幼时被细短柔毛。叶卵形或长圆状披针形,上面幼时微被短柔毛,下面被短柔毛,羽状脉。伞形花序,无总梗;花重瓣,径1~1.2厘米,白色;雄蕊短于花瓣。蓇葖果。花期3~5月。

　　根药用,庭院栽培供观赏。分布于陕西、华中、华东、四川、贵州等省。贵池区庭院、公园偶见栽培。

菱叶绣线菊 *Spiraea × vanhouttei*　　　　　绣线菊属　**蔷薇科**

　　本种与李叶绣线菊较相似,主要区别:伞形总状花序,有总梗;叶两面均无毛;叶先端尖,菱状长卵形或菱状倒卵形,中部以上有缺刻状锯齿。花期5~6月。

　　本种为麻叶绣线菊和三裂绣线菊的杂交种,多栽培供观赏。分布于我国中东部及四川、广东、广西等省区。贵池区庭院、公园偶见栽培。

野珠兰 *Stephanandra chinensis* 华空木　　　　小米空木属　**蔷薇科**

落叶灌木。小枝微被柔毛。单叶互生,卵形至长椭圆形,常浅裂,有锯齿。圆锥花序疏散,长5~8厘米;萼片三角卵形;花瓣白色,倒卵形,稀长圆形。蓇葖果近球形,宿存萼片直立。花期5月,果期7~8月。

茎皮可造纸,根药用,可以栽培供观赏。分布于华南、华中、华东、河南、四川等省。贵池区丘陵山区林缘、溪边、疏林中较常见。

木半夏 *Elaeagnus multiflora*　　　　胡颓子属　**胡颓子科**

落叶灌木。常无刺,幼枝密被褐锈色或深褐色鳞片。叶膜质或纸质,上面幼时被白色鳞片或鳞毛,下面密被灰白色和散生褐色鳞片。花白色,被银白色和少数褐色鳞片,常单生新枝基部叶腋;萼筒圆筒状。果椭圆形,熟时红色。花期5月,果期6~7月。

果实和叶可入药。分布于华中、华东、福建、四川、贵州、河北等省。贵池区疏灌木丛、林缘及荒山路旁偶见。

胡颓子 *Elaeagnus pungens*　　　　　胡颓子属　**胡颓子科**

常绿直立灌木。具顶生或腋生棘刺。叶革质,椭圆形或宽椭圆形,上面幼时被银白色和少数褐色鳞片,下面密被鳞片,叶缘波状。花白色,下垂,密被鳞片,1～3花生于叶腋锈色短枝;萼筒圆筒形或近漏斗状圆筒形。花期9～12月,果次年4～6月成熟。

全株入药,果可食用。分布于华东、华中、华南等省区。贵池区向阳山坡、林缘路旁偶见。

牛奶子 *Elaeagnus umbellata*　　　　　胡颓子属　**胡颓子科**

落叶灌木。枝具刺,刺长1～4厘米;小枝甚开展,幼时密被银白色及黄褐色鳞片。叶纸质或膜质,上面幼时具白色星状毛或鳞片,下面密被银白色和少量褐色鳞片,侧脉5～7对;叶柄银白色。先叶开花,芳香,黄白色,密被银白色盾形鳞片;萼筒漏斗形;花丝极短;花柱直立,柱头侧生。果近球形或卵圆形,长5～7毫米,幼时绿色,被银白色或褐色鳞片,熟时红色;果柄粗。花期4～5月,果期7～8月。

果可食用、酿酒,也可栽植供观赏。分布于华北、华东、西南等省区。贵池区向阳丘陵山区疏林和灌丛较常见。

多花勾儿茶 *Berchemia floribunda*

勾儿茶属 **鼠李科**

　　落叶攀援灌木。小枝黄绿色，平滑无毛。叶纸质，卵形或卵状椭圆形，全缘。花常数朵簇生成顶生宽聚伞圆锥花序，花序长达15厘米，萼片三角形，花瓣倒卵形。核果圆柱状椭圆形，宿存花盘盘状，熟时由红变黑。花期7～8月，果期翌年5～7月。

　　根药用，嫩叶可代茶。分布于华东、中南、西南以及河南、陕西、山西、甘肃等省区。贵池区山坡灌丛、山谷沟边、路旁偶见。

长叶冻绿 *Frangula crenata*

裸芽鼠李属 **鼠李科**

　　落叶灌木或小乔木，幼枝带红色，疏被柔毛。叶纸质，倒卵状椭圆形、椭圆形或倒卵形。花单性，淡绿色；萼片三角形与萼筒等长，有疏微毛；花瓣近圆形，顶端2裂；雄蕊与花瓣等长而短于萼片。核果球形或倒卵状球形，绿色或红色，熟时黑或紫黑色。花期5～6月，果期8～9月。

　　根皮及全草入药。分布于陕西、河南、山东以及长江流域以南各省区。贵池区丘陵山区疏林或灌丛中较常见。

枳椇 *Hovenia acerba*　　南枳椇、拐枣　　　　　　　　　　　　枳椇属　**鼠李科**

　　落叶乔木,小枝褐色或黑紫色。叶互生,厚纸质至纸质,宽卵形至心形,常具细锯齿。二歧式聚伞圆锥花序,顶生和腋生;花两性,萼片具网状脉或纵条纹,花瓣椭圆状匙形,具短爪。浆果状核果近球形,成熟时黄褐色或棕褐色,果序轴明显膨大,种子暗褐色或黑紫色。花期6月,果期8~10月。

　　可供用材,果序可食,种子入药。分布于陕甘以南、华东、华中、华南及西南东部各省区。贵池区向阳山坡、山谷、路旁偶见。

铜钱树 *Paliurus hemsleyanus*　　　　　　　　　　　　　　　　马甲子属　**鼠李科**

　　落叶乔木,小枝黑褐色或紫褐色,无毛。叶互生,纸质或厚纸质,基部偏斜,两面无毛,基生三出脉。聚伞花序或聚伞圆锥花序,顶生或兼有腋生;花瓣匙形,雄蕊长于花瓣,花盘5浅裂,花柱3深裂。核果草帽状,周围具革质宽翅,红褐色或紫红色。花期5~6月,果期8~9月。

　　树皮入药,可作为枣树砧木。分布于华北、华东、华中、华南及西南等省区。贵池区丘陵山区天然杂木林中极少见。

猫乳 *Rhamnella franguloides*　　　　　猫乳属　**鼠李科**

　　落叶灌木或小乔木,幼枝被柔毛。叶纸质,倒卵状长圆形、倒卵状椭圆形。花黄绿色,两性,组成腋生聚伞花序;萼片三角状卵形,花瓣与萼片互生;雄蕊包藏于花瓣中。核果柱状椭圆形,红色或橙黄色,干后紫黑色。花期5~7月,果期7~10月。

　　根供药用,茎皮含绿色染料。分布于西北、华中及华东等省。贵池区山坡、林缘路旁偶见。

圆叶鼠李 *Rhamnus globosa*　　　　　鼠李属　**鼠李科**

　　落叶灌木,小枝对生或近对生,顶端具刺。叶纸质或薄纸质,对生或近对生,倒卵状圆形、卵圆形或近圆形。花单性,雌雄异株,常数朵至20簇生短枝或长枝下部叶腋,4基数,有花瓣。核果球形或倒卵状球形,萼筒宿存,熟时黑色。花期5~6月,果期8~9月。

　　果实入药。分布于东北、华北、华中及华东等省区。贵池区山坡、林下或灌丛中偶见。

薄叶鼠李 *Rhamnus leptophylla* 鼠李属 鼠李科

本种与圆叶鼠李较相似,主要区别:本种幼枝无毛,叶仅下面脉腋有簇毛,花梗和花萼均无毛;而圆叶鼠李幼枝、叶两面、花及花梗被短柔毛,花梗和花萼均被短柔毛易区别。

全草入药。分布于华东、华中及西南等省区。贵池区山坡、山谷、路旁或林缘偶见。

雀梅藤 *Sageretia thea* 雀梅藤属 鼠李科

攀援状灌木,小枝具刺,被柔毛。叶纸质,椭圆形或卵状椭圆形。花无梗,黄色,芳香,形成疏散穗状或圆锥状穗状花序;花序轴被绒毛或密柔毛;萼片三角形或三角状卵形;花瓣匙形,顶端2浅裂。核果近球形,黑或紫黑色。花期8~10月,果熟期次年4~5月。

果可食,叶供药用,也可制作盆景供观赏。分布于华东、华中、华南等省区。贵池区山坡灌丛或山谷林缘常见。

枣 *Ziziphus jujuba* 枣树　　　　枣属　鼠李科

落叶小乔木。树皮灰褐色，枝条红褐色，光滑。叶纸质，卵形、卵状椭圆形或卵状矩圆形。花黄绿色，两性，5基数，无毛，具短总花梗，单生或2~8个密集成腋生聚伞花序；花盘厚，肉质，圆形，5裂。核果矩圆形或长卵圆形，成熟时红色，后变红紫色。花期5~6月，果熟期8~9月。

果实为著名干果，花期长，为重要的蜜源植物，同时也是优良用材树种。产于我国大部分省区。贵池区庭院常见栽植。

刺榆 *Hemiptelea davidii*　　　　刺榆属　榆科

落叶小乔木或灌木。小枝被灰白色短柔毛，具长2~10厘米坚硬棘刺。叶互生，椭圆形或椭圆状长圆形。花杂性，具梗，与叶同放，单生或2~4朵簇生叶腋；花被杯状，4~5裂，雄蕊与花被片同数，花柱短，柱头2；花被宿存。小坚果黄绿色，斜卵圆形，两侧扁。花期5月，果熟期9~10月。

分布于吉林、辽宁、河北、陕西、山西、山东以及长江下游等省区。贵池区山坡路旁、沟边偶见。

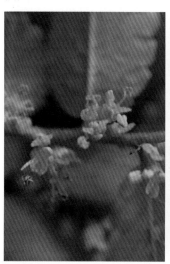 

榔榆 *Ulmus parvifolia*

榆属　榆科

落叶乔木。树皮灰或灰褐色,呈不规则鳞状薄片剥落,内皮红褐色。叶披针状卵形或窄椭圆形,单锯齿。3～6朵成簇状聚伞花序,花被上部杯状,下部管状,花被片4。翅果椭圆形或卵状椭圆形,长1～1.3厘米,果翅较果核窄,果核位于翅果中上部。花期8～9月,果熟期9～10月。

用材树种,也可作四旁绿化树种。我国大部省份均有分布。贵池区公园、绿地、山坡、路边常见。

榆树 *Ulmus pumila* 家榆、榆

榆属　榆科

落叶乔木。树皮暗灰色,不规则深纵裂。单叶互生,椭圆状卵形、长卵形、椭圆状披针形或卵状披针形,具重锯齿或单锯齿。花簇生状聚伞花序,生于去年生枝的叶腋,先叶开放。翅果近圆形,长1.5厘米左右,无毛,顶端凹陷,果核位于翅果中部或中上部。花期3月中下旬,果熟期4月中下旬。

用材树种,也可作四旁绿化树种。分布于东北、华北、西北及西南各省区。贵池区公园、房前屋后、山坡、山谷、路边常见。

大叶榉树 *Zelkova schneideriana*

　　落叶乔木。树皮灰褐色至深灰色,呈不规则的片状剥落。叶厚纸质,卵形至椭圆状披针形,叶背密被柔毛,边缘具圆齿状锯齿;雄花1～3朵簇生于叶腋,雌花或两性花常单生于小枝上部叶腋。核果近无梗,斜卵状圆锥形,具背腹脊,具宿存的花被。花期4月,果期9～11月。

　　用材树种,也可作四旁绿化树种。产于我国中东部、华南及西南等省区。国家二级保护植物。贵池区丘陵山区偶见,公园和绿地偶见栽培。

糙叶树 *Aphananthe aspera*

　　落叶乔木。树皮纵裂,粗糙。叶纸质,卵形或卵状椭圆形,基脉3出,侧生的1对伸达中部边缘,侧脉6～10对,锯齿锐尖,上面被平伏刚毛,下面疏被平伏细毛;托叶膜质,线形。雄聚伞花序生于新枝的下部叶腋,雄花被裂片倒卵状圆形;雌花单生于新枝的上部叶腋,花被裂片条状披针形。核果近球形、椭圆形或卵状球形,长8～13毫米,直径6～9毫米,由绿变黑,被细伏毛,具宿存的花被和柱头。花期3～5月,果期8～10月。

　　可供材用,也作绿化树种。分布于长江以南各省区。贵池区丘陵山区林缘、山谷较常见。

紫弹树 *Celtis biondii* 紫弹朴 朴属 大麻科

　　落叶乔木。树皮暗灰色,幼枝黄褐色,密被柔毛。叶薄革质,宽卵形、卵形至卵状椭圆形,中上部疏生浅齿。果序单生叶腋,常具2果,总梗极短,果柄长1～2厘米,被糙毛;果近球形,径约5毫米,黄色或橘红色。花期5月,果熟期9～10月。

　　可供材用。分布于陕西、甘肃、河南以及长江流域以南各省区。贵池区向阳山坡疏林、路旁偶见。

珊瑚朴 *Celtis julianae* 朴属 大麻科

　　落叶乔木。树皮淡灰色至深灰色,当年生小枝、叶柄、果柄密生褐黄色茸毛。叶宽卵形或卵状椭圆形,上面稍粗糙,下面密被柔毛。果单生叶腋,椭圆形或近球形,无毛,长1～1.2厘米,成熟时金黄或橙黄色果柄粗,长1～3厘米。花期4～5月,果熟期9～10月。

　　用材树种,也可作四旁绿化树种。分布于华东、华中、华北、华南及西南等省。贵池区山坡、沟谷两侧阔叶林、林缘偶见。

朴树 *Celtis sinensis*　　　　　　　　　　　朴属　**大麻科**

　　高大落叶乔木。树皮灰色,一年生枝密被柔毛。叶卵形或卵状椭圆形,近全缘或中上部具圆齿。果单生叶腋,稀2~3集生,近球形,成熟时黄或橙黄色,具果柄,短于至等于邻近的叶柄;果核近球形,白色。花期4~5月,果期9~10月。

　　根皮入药,亦可作绿化树种和供材用。产于山东、河南及以南至四川、贵州大片区域。贵池区丘陵山区林缘、路旁、山坡偶见,亦可见市政绿化栽植。

葎草 *Humulus scandens*　　拉拉藤　　　　　葎草属　**大麻科**

　　一年生或多年生缠绕草本。茎、枝、叶柄均具倒钩刺。叶纸质,肾状五角形,掌状5~7深裂,上面疏被糙伏毛,下面被柔毛及黄色腺体。雄花小,黄绿色,花序长15~25厘米;雌花序径约5毫米,苞片纸质,三角形,被白色绒毛;子房为苞片包被,柱头2,伸出苞片外。瘦果成熟时露出苞片外。花期5~8月,果熟期8~11月。

　　全草入药。我国除新疆、青海外,南北各省区均有分布。贵池区沟边、荒地、林缘常见。

青檀 *Pteroceltis tatarinowii*　　　青檀属　**大麻科**

　　高大落叶乔木。树皮灰或深灰色,不规则长片状剥落。单叶互生,纸质,宽卵形或长卵形,基脉3出。花单性、同株;雄花数朵簇生于当年生枝下部叶腋,花被5深裂,雄蕊5;雌花单生于一年生枝上部叶腋,花被4深裂,花柱短,柱头2。翅果状坚果近圆形或近四方形,黄绿色或黄褐色,翅宽,顶端有凹缺。花期4月,果熟期7~8月。

　　树皮纤维为制宣纸的主要原料,也可供观赏和用材。产于辽宁以南,我国大部湿润半湿润区。省级保护植物。贵池区山谷溪边石灰岩丘陵山区疏林偶见,亦可常见农户栽植。

山油麻 *Trema cannabina* var. *dielsiana*　　　山黄麻属　**大麻科**

　　落叶灌木。小枝紫红色,后渐变棕色,密被斜伸的粗毛。叶薄纸质,叶面被糙毛,叶背密被柔毛。聚伞花序成对腋生,花序通常较叶柄长。小核果球形,径约3毫米,无毛。花期6~7月,果熟期8月。

　　茎皮纤维可供制造人造棉,亦可制作绳索和纸张。分布于江苏、浙江、江西、福建、湖北、湖南、广东、广西、四川和贵州等省。贵池区向阳山坡灌丛较常见。

构 *Broussonetia papyrifera* 构树　　　　构属　桑科

　　高大落叶乔木。树皮暗灰色,小枝密被灰色粗毛。叶宽卵形或长椭圆状卵形,不裂至5裂多型,上面粗糙,基出3脉。花雌雄异株;雄花序圆柱状,长6~8厘米,腋生,下垂,花被4裂;雌花序头状,直径约1厘米。聚花果球形,径1.5~3厘米,熟时橙红色,肉质;瘦果具小瘤。花期5~6月,果熟期8~9月。

　　韧皮纤维可造纸,果、根及皮药用。适应性极强,产我国南北各地。贵池区低山丘陵、住宅区、荒地、公园常见。

楮 *Broussonetia kazinoki* 小构树、葡蟠　　　　构属　桑科

　　本种与构较为相似,主要区别:灌木,叶柄2厘米以内,叶与小枝均无毛;球形聚花果直径不超过1厘米。花期4月,果熟期7月。

　　韧皮纤维可造纸。产于台湾、华中、华南、西南各省区。贵池区低山丘陵山区常见。

水蛇麻 *Fatoua villosa* 桑草 水蛇麻属 **桑科**

一年生草本。枝直立,纤细,小枝微被长柔毛。叶膜质或薄纸质,卵形或宽卵圆形,锯齿三角形,两面被柔毛。花单性,花序腋生,径约5毫米;雄花钟形,雄蕊伸出花被片;雌花花被片宽舟状,子房扁球形,花柱侧生,较子房长约2倍。瘦果稍扁,具3棱。花期5～7月,果熟期9～10月。

分布于浙江、江苏、台湾、福建、河南、河北等省。贵池区路旁、荒地偶见。

薜荔 *Ficus pumila* 凉粉藤 榕属 **桑科**

常绿攀援灌木或藤本。叶两型;营养枝节上生不定根,叶薄革质,卵状心形,长约2.5厘米,叶柄很短;生殖枝上无不定根,叶革质,卵状椭圆形,长5～10厘米,全缘,叶柄长0.5～1厘米,托叶披针形,被黄褐色丝毛。花序托单生叶腋。隐花果梨形或倒卵形,果梗短粗。花期6月,果熟期10月。

根、茎、叶、果入药,果可做凉粉。分布于长江以南及沿岸各省区。贵池区多见攀援于墙壁、树干上。

珍珠莲 *Ficus sarmentosa* var. *henryi* 榕属 桑科

常绿攀援藤本。幼枝被黄褐色柔毛。单叶互生,近革质,矩圆形或矩圆状披针形,全缘,叶缘微反卷。隐头花序单生或成对腋生,近球形,径约1厘米,幼时被黄褐色毛,后渐无毛,无梗或有极短的梗,基部有苞片3。隐花果球形或近球形,熟时无毛。花期4～5月,果熟期8月。

茎皮为纤维原料,根入药,果实可做凉粉。分布于华东、华中、华南及西南等省。贵池区山区溪沟边岩石、灌丛较常见。

柘 *Maclura tricuspidata* 柘树 橙桑属 桑科

落叶灌木或小乔木,小枝略具棱,有棘刺。单叶互生,卵形或菱状卵形,偶三裂。雌雄花序均头状,单生或成对腋生;雄花序径5毫米,雄花具2苞片,花被片4,雄蕊4;雌花序径1～1.5厘米,花被片4,顶端盾形,内卷,内面下部具2黄色腺体。聚花果近球形,径约2.5厘米,肉质,熟时橘红色。花期5～6月,果期6～7月。

可供纤维、用材、作绿篱及染料。分布于华北、华东、华中、西南等省区。贵池区山坡林地、灌丛、路旁向阳处较常见。

桑 *Morus alba* 桑树、家桑   桑属   **桑科**

　　落叶乔木或灌木状。叶卵形或宽卵形,长5～15厘米,锯齿粗钝,有时缺裂,上面无毛,下面脉腋具簇生毛。花雌雄异株;雄花序下垂,密被白色柔毛,雄花淡绿色;雌花序长1～2厘米,雌花无梗,花被倒卵形,无花柱,柱头2裂。聚花果卵状椭圆形,长1～2.5厘米,红色至暗紫色。花期5～6月,果期6～7月。

　　树皮可作纺织原料、造纸原料;根皮、果实、叶及枝条入药;叶为养蚕的主要饲料;果实可食用和酿酒。原产于我国中部和北部,现东北至西南各省区均有栽培。贵池区房前屋后、田埂、坡地常见栽培或逸为野生。

华桑 *Morus cathayana*   桑属   **桑科**

　　落叶小乔木。树皮灰白色,幼枝被毛。叶厚纸质,宽卵形或近圆形,疏生浅齿或钝齿,有时分裂。花雌雄同株异序,雄花序长3～5厘米,雌花序长1～3厘米。聚花果圆筒状,长2～3厘米,径不及1厘米,熟时白、红或紫黑色。花期5月,果期8～9月。

　　根皮、枝、叶及果序穗可入药,果可食用;茎皮可作纤维原料。分布于我国中部、东部及西南地区。贵池区山坡林地、林缘、路旁偶见。

蒙桑 *Morus mongolica* 桑属 桑科

落叶乔木。树皮灰褐色,小枝暗红色。叶长椭圆状卵形,长8~15厘米,具三角形单锯齿,齿尖具长刺芒,两面无毛。雄花序长3厘米,花被暗黄色,外面及边缘被长柔毛;雌花序短圆柱状,长1~1.5厘米,花柱明显,柱头2裂。聚花果长1.5厘米,熟时红至紫黑色。花期4~5月,果熟期6月。

根皮入药,果可食用和酿酒,树皮可供纤维和造纸。分布于东北、华北、华中、华东及西南等省。贵池区林缘、路旁偶见。

海岛苎麻 *Boehmeria formosana* 苎麻属 荨麻科

多年生草本或亚灌木。常不分枝,被伏毛或无毛。叶对生或近对生,长圆状卵形、长圆形或披针形,具牙齿,两面疏被伏毛或近无毛。花单性,雌雄异株;穗状花序不分枝,团伞花序径1~2毫米。花期8~9月,果期11月。

分布于浙江、福建、江西、广东、广西以及台湾等省区。贵池区山坡路旁偶见。

野线麻 *Boehmeria japonica*　大叶苎麻　　　　　　　　　　苎麻属　**荨麻科**

亚灌木或多年生草本。茎高达1.5米,上部被较密糙毛。叶对生,近圆形、圆卵形或卵形。穗状花序单生叶腋,雌雄异株,雄花序长约3厘米,雌花序长7~20(~30)厘米;雄团伞花序径1.5毫米,约有3花,雌团伞花序径2~4毫米,多花。花期6月,果期9月。

分布于秦岭以南至华南之间的亚热带地区。贵池区丘陵或低山灌丛、疏林或溪边较常见。

苎麻 *Boehmeria nivea*　　　　　　　　　　　　　　　　　　苎麻属　**荨麻科**

亚灌木或灌木。茎上部与叶柄均密被开展长硬毛和糙毛。叶互生,圆卵形或宽卵形。圆锥花序腋生,雄团伞花序花少数,雌团伞花序花多数密集。瘦果近球形,基部缢缩成细柄。花期8~9月,果期10月。

可作纤维、药用、饲料等,种子可榨油。产于我国湿润区及中南半岛。贵池区山沟、路旁、宅旁常见。

悬铃叶苎麻 *Boehmeria tricuspis* 悬铃木叶苎麻　　苎麻属　**荨麻科**

亚灌木或多年生草本。茎上部与叶柄及花序轴密被短毛。叶对生,叶纸质,扁五角形或扁圆卵形,叶缘牙齿长1~2厘米,上面被糙伏毛,下面密被柔毛。花单性,雌雄异株或同株;穗状花序单生叶腋,分枝,雄花序长8~17厘米,雌花序长5.5~24厘米。花期7~8月,果期8~9月。

根药用。分布于秦岭南坡至广东、广西各省区。贵池区低山山谷疏林下、沟边或田边较常见。

庐山楼梯草 *Elatostema stewardii*　　楼梯草属　**荨麻科**

多年生草本。茎不分枝,无毛或近无毛,常具珠芽。叶斜椭圆状倒卵形或斜长圆形,上部具牙齿。花雌雄异株;雄花序具短梗,径0.7~1厘米;雌花序无梗,花序托近长方形,苞片多数。花期7~8月,果期8~9月。

全草药用。分布于华东、华中、华南等省。贵池区山谷沟边或林下较常见。

糯米团 *Gonostegia hirta*

糯米团属　**荨麻科**

多年生草本。茎蔓生、铺地或渐升,上部四棱形。叶对生,宽披针形或窄披针形、窄卵形。花雌雄异株;团伞花序,雄花5基数,花被片倒披针形;雌花花被菱状窄卵形,顶端具2小齿。瘦果卵球形。花期5～6月,果期9～10月。

根供药用。分布于长江流域以南各省区。贵池区山坡林下、灌丛、沟边潮湿处较常见。

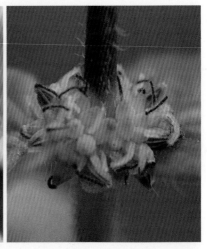

花点草 *Nanocnide japonica*

花点草属　**荨麻科**

多年生草本。茎直立或斜升,基部多分枝,有匍匐茎,被上倾微硬毛。叶三角状卵形或近扇形,具4～7对圆齿或粗牙齿。雄花序为多回二歧聚伞花序,生于枝顶叶腋,具长梗,长于叶;雌花序成团伞花序。花期4～5月,果期5～7月。

全草入药。我国北至山西、陕西、甘肃,南至长江中下游等省均有分布。贵池区山沟林下、溪旁阴湿处较常见。

毛花点草 *Nanocnide lobata*

本种与花点草较相似,主要区别:茎具向下弯曲的毛,无匍匐茎;雄花序短于叶,花黄白色。花期4～5月,果期5～7月。

分布于河南、江苏、浙江、湖北、四川、贵州、广西、广东等省区。贵池区阴湿草丛或岩壁石缝中较常见。

紫麻 *Oreocnide frutescens*

落叶小灌木。小枝褐紫色或淡褐色,上部常有粗毛或近贴生的柔毛。叶常生于枝上部,草质,卵形或窄卵形,有锯齿。雌雄异株,花小,团伞花序生于去年生枝和老枝,几无梗,径3～5毫米。瘦果卵球状,两侧稍扁,宿存花被深褐色,内果皮稍骨质,肉质果托壳斗状,包果大部。花期4～6月,果期6～10月。

茎皮可供纤维,含单宁,根、茎、叶入药。分布于长江流域以南地区及陕甘南部。贵池区密林中或沟旁偶见。

短叶赤车 *Pellionia brevifolia*　　小赤车　　　　　　　　　　　　赤车属　荨麻科

　　多年生草本。茎平卧,被反曲或近开展的短糙毛。叶具短柄,叶片草质,斜椭圆形或斜倒卵形,有稀疏浅钝齿。花序雌雄异株或同株;雄花序有长梗,直径8~15毫米;雌花序具短梗或无梗,具多数密集的花。瘦果狭卵球形,长约1.2毫米,有小瘤状突起。花期5~7月。

　　分布于浙江、江西、福建、广东等省。贵池区丘陵山区林中、山谷溪边或石边较常见。

冷水花 *Pilea notata*　　　　　　　　　　　　　　　　　　　　　冷水花属　荨麻科

　　多年生草本。茎密布线形钟乳体。叶纸质,卵形或卵状披针形,有单锯齿。花雌雄异株;雄花序聚伞总状,团伞花簇疏生于花枝上;雌聚伞花序较短而密集。瘦果宽卵圆形,顶端歪斜,有刺状小疣。花期8~9月,果期9~10月。

　　全草药用。产于我国南部、中东部及华北等省区。贵池区山谷、溪旁或林下阴湿处较常见。

粗齿冷水花 *Pilea sinofasciata*　　　　　冷水花属　**荨麻科**

本种与冷水花相似,主要区别:叶先端长尾尖,无单锯齿,边缘具粗牙齿;雄花花被片顶端圆钝。花期7~8月,果期9~10月。

分布于我国中东部、西南及南部等省。贵池区山坡林下阴湿处较常见。

雾水葛 *Pouzolzia zeylanica*　　　　　雾水葛属　**荨麻科**

多年生草本。茎直立或渐升,被伏毛或兼有开展柔毛。叶对生,卵形或宽卵形,全缘,两面疏被伏毛。花两性;团伞花序径1~2.5毫米;雄花4基数,基部合生;雌花花被椭圆形或近菱形,顶端具2小齿,密被柔毛。瘦果卵球形。花期7~8月,果期8~10月。

产于我国中东部、西南及南部等省区。贵池区草地、田边偶见。

栗 *Castanea mollissima* 板栗   栗属 **壳斗科**

落叶高大乔木。小枝被灰色绒毛。叶椭圆形或长圆形,上面近无毛,下面被星状绒毛或近无毛。雄花序长10～20厘米,花3～5成簇;每总苞具1～3雌花,成熟壳斗具长短、疏密不一的锐刺,含坚果2～3枚。花期5～6月,果熟期9～10月。

可供用材、食用及饲料,为经济树木。我国绝大部省份有栽培或野生。贵池区丘陵山区较常见,亦常见栽培。

茅栗 *Castanea seguinii*   栗属 **壳斗科**

本种与栗相似,主要区别:灌木或小乔木;叶幼时下面沿中脉疏生毛,老时无毛仅有腺鳞;坚果小,直径1.5厘米以下。花期5月,果熟期10～11月。

可供用材,坚果可食用。分布于大别山以南、五岭南坡以北等省区。贵池区丘陵山坡灌木丛中较常见。

甜槠 *Castanopsis eyrei* 　　　　　　　　　　　锥属　**壳斗科**

　　常绿乔木。树皮灰褐色,片状剥落;枝、叶无毛。叶厚革质,卵形,披针形或长椭圆形,长5~13厘米,先端长渐尖或尾尖,基部歪斜,全缘或近顶部疏生浅齿,侧脉8~11对。花序轴无毛,雄花序穗状,雌花单生总苞内。壳斗宽卵圆形,连刺径2~3厘米,不整齐开裂,刺长0.6~1厘米,顶部刺较短,密集;果圆锥状,径1~1.4厘米,无毛;果脐位于坚果底部。花期5~6月,果期翌年9~11月。

　　供材用、药用,种子可作豆腐。分布于长江以南各地。贵池区丘陵山区常绿阔叶或针叶阔叶混交林中较常见。

苦槠 *Castanopsis sclerophylla* 　　　　　　　　　　锥属　**壳斗科**

　　常绿乔木。枝、叶无毛。叶长椭圆形、卵状椭圆形或倒卵状椭圆形,中部以上具锯齿,稀全缘,老叶下面银灰色。雄花序常单穗腋生,雌花序长达15厘米。果序长8~15厘米,壳斗有坚果1颗,圆球形或半圆球形,几全包果,壳斗小苞片突起连成脊肋状圆环,不规则瓣裂。花期5~6月,果熟期10月。

　　供材用,种子为橡栎豆腐的原材料。分布于长江以南等省。贵池区丘陵山区低海拔区域较常见。

包果柯 *Lithocarpus cleistocarpus*　包石栎　　　　　　柯属　**壳斗科**

常绿乔木。芽鳞干后常被树脂;枝叶无毛。叶卵状椭圆形或长椭圆形,长9~16厘米,全缘。雄花序单穗或呈圆锥状。果序长10~12厘米。壳斗3~5成簇,近球形,高2~2.5厘米,顶部平,被三角状鳞片,稍下鳞片环渐不明显;果近球形,顶部近平,稍突尖或微凹,疏被伏毛,果脐凸起,占果面1/2~3/4。花期7~8月,果翌年11月成熟。

供材用,种仁可供制粉做豆腐。分布于长江北岸山区向南至南岭以北等省区。贵池区山区天然林中偶见。

柯 *Lithocarpus glaber*　石栎　　　　　　　　　　　柯属　**壳斗科**

常绿乔木。小枝、芽、叶柄、嫩叶背面及上面中脉、花序轴均密被灰黄色细绒毛。叶片革质,椭圆形或长椭圆状披针形。雄穗状花序多个组成圆锥花序或单穗腋生;雌花常3朵1簇。壳斗浅碗状,包被坚果基部;苞片三角形,密被灰白色细柔毛。坚果椭球形,有光泽,略被白粉;果脐内陷。花期8~9月,果期次年9~11月。

供材用,种仁可供制粉做豆腐。产秦岭南坡以南各地。贵池区山区阴湿沟谷杂木林内较常见。

麻栎 *Quercus acutissima* 栎属 壳斗科

高大落叶乔木。树皮暗灰褐色,不规则深纵裂;幼枝被灰黄色柔毛。叶长椭圆状披针形,具刺芒状锯齿。壳斗杯状,包着坚果约1/2,连线形苞片径2~4厘米,高约1.5厘米,苞片外曲;果卵圆形或椭圆形,长1.7~2.2厘米,径1.5~2厘米,顶端圆。花期3~4月,果期翌年9~10月。

供材用。分布于辽宁以南的广大地区。贵池区山坡或沟谷较常见。

小叶栎 *Quercus chenii* 栎属 壳斗科

落叶乔木。树皮黑褐色,纵裂,小枝紫褐色。叶披针形或卵状披针形,长7~12厘米,宽2~3.5厘米,具刺芒状锯齿。雄花序长4厘米,花序轴被柔毛。壳斗杯状,包着坚果约1/3,小苞片线形,直伸或反曲,下部小苞片三角状,紧贴;果椭圆形,长1.5~2.5厘米,径1.3~1.5厘米,顶端被微毛。花期4月,果期翌年10月。

供材用。分布于我国中东部及华南等省区。贵池区低山丘陵地区的落叶阔叶混交林中偶见。

槲树 *Quercus dentata*　　　栎属　壳斗科

落叶乔木。树皮暗灰褐色,深纵裂;小枝粗壮,有沟槽,密被灰黄色星状绒毛。叶片倒卵形或长倒卵形,叶缘波状裂片或粗锯齿,叶面深绿色,叶背面密被灰褐色星状绒毛。花序生于新枝叶腋;雌花序生于新枝上部叶腋。总苞苞片狭披针形,反曲;坚果卵形至宽卵形,直径1.2～1.5厘米,有宿存花柱。花期4～5月,果期9～10月。

树叶可供饲养柞蚕。分布于东北、华北、华中、华东、西南等省区。贵池区山区杂木林偶见。

白栎 *Quercus fabri*　　　栎属　壳斗科

本种与槲树较相似,主要区别:总苞苞片卵形披针形,紧贴;坚果圆柱形。花期4月,果期10月。

总苞在花期形成的虫瘿可入药。分布于淮河至长江流域和华南、西南等省区。贵池区丘陵山区杂木林中偶见。

青冈 *Quercus glauca* 青冈栎 栎属 壳斗科

常绿乔木。树皮粗糙不裂,常有白色斑块。叶倒卵状椭圆形或长椭圆形,长6~13厘米,中部以上具锯齿,前面常被灰白色粉霜。壳斗碗状,包围坚果1/3~1/2,具5~6环带。果长卵圆形或椭圆形,径0.9~1.4厘米。花期4月,果熟期9~10月。

供材用。分布于秦岭以南各省区。贵池区山坡或沟谷常见。

尖叶栎 *Quercus oxyphylla* 栎属 壳斗科

常绿乔木,树皮黑褐色,纵裂,小枝密被苍黄色星状绒毛,常有细纵棱。叶卵状披针形或长椭圆形,上部具浅齿或全缘,幼叶两面被星状绒毛。壳斗杯状,包着坚果约1/2,小苞片线形,先端反曲。坚果长椭圆形或卵形,长2~2.5厘米,径1~1.4厘米。花期5~6月,果期翌年9~10月。

分布于陕西、甘肃、华东及西南等省区。国家二级保护植物。贵池区丘陵山区林缘沟边少见。

乌冈栎 *Quercus phillyreoides*　　　　栎属　壳斗科

常绿小乔木。幼枝被短柔毛。叶革质,倒卵形或窄椭圆形,具锯齿。壳斗杯状,高6~8毫米,径1~1.2厘米,包围坚果1/3~1/2。坚果卵状椭圆形,长1.5~1.8厘米,径约8毫米。花期5月,果熟期10月。

分布于长江流域以南及四川、贵州、云南、陕西等省区。贵池区山脊向阳矮林中偶见。

短柄枹栎 *Quercus serrata* **var.** *brevipetiolata*　枹栎、短柄枹　　栎属　壳斗科

落叶乔木,树皮灰褐色,深纵裂,幼枝被柔毛。叶倒卵形或倒卵状椭圆形,具腺齿,幼叶被平伏毛,老叶下面疏被平伏毛或近无毛。壳斗杯状,高5~8毫米,径1~1.2厘米,壳斗杯状,包着坚果1/4~1/3。坚果卵圆形或宽卵圆形,长1.7~2厘米,径0.8~1.2厘米。花期4月,果熟期9~10月。

分布于华东、华中等省区。贵池区丘陵向阳山坡较常见。

细叶青冈 *Quercus shennongii*　青栲、小叶青冈栎　　栎属　**壳斗科**

常绿乔木。小枝幼时被绒毛,后渐脱落。叶片长卵形至卵状披针形,长4.5~9厘米,宽1.5~3厘米,叶缘1/3以上有细尖锯齿,侧脉每边7~13条;叶面亮绿色,叶背灰白色,有伏贴单毛。雄花序长5~7厘米;雌花序长1~1.5厘米,顶端着生2~3朵花,花序轴及苞片被绒毛。坚果椭圆形,直径约1厘米,有短柱座,顶端被毛,果脐微凸起。花期3~4月,果期10~11月。

供材用。分布于华北、华中、华东及华南等省区。贵池区丘陵山区杂木林中较常见。

栓皮栎 *Quercus variabilis*　　栎属　**壳斗科**

高大落叶乔木。树皮有较厚的木栓层。叶卵状披针形或长椭圆状披针形,先端渐尖,基部宽楔形或近圆,具刺芒状锯齿。壳斗杯状,连条形小苞片高约1.5厘米,径2.5~4厘米,小苞片反曲果宽卵圆形或近球形,长约1.5厘米,顶端平圆。花期3~4月,果期翌年9~10月。

可供用材,生产软木,栎实含淀粉,壳斗、树皮可提取栲胶。分布于辽宁以南,我国大部湿润半湿润区。贵池区丘陵山区天然林中偶见。

杨梅 *Moreua rubra*

杨梅属 **杨梅科**

常绿乔木,树皮灰色,老时纵向浅裂。叶革质,楔状倒卵形或长椭圆状倒卵形,全缘。雄花序单生或数条丛生于叶腋,圆柱状;雌花序单生叶腋,长0.5~1.5厘米;雌花具4卵形小苞片。核果球形,具乳头状凸起,径1~1.5厘米,外果皮肉质,多汁液及树脂,味酸甜,熟时深红或紫红色,内果皮极硬,木质。花期3~4月,果期6~7月。

果实为著名水果,木材可供细木工,也可作绿化树种。分布于华东、华中、华南及西南等省。贵池区绿地、路旁较常见栽培。

青钱柳 *Cyclocarya paliurus*

青钱柳属 **胡桃科**

落叶乔木。树皮灰色。枝条黑褐色,具灰黄色皮孔,髓部薄片状分隔。奇数羽状复叶,具(5)7~9(11)小叶,小叶长椭圆状卵形或宽披针形,具锐锯齿,上面被腺鳞,下面被灰色及黄色腺鳞。雌雄同株,雌、雄花序均葇荑状。果序长25~30厘米;果实扁球形,中部围有水平方向的径达2.5~6厘米的革质圆盘状翅,顶端具4枚宿存的花被片及花柱。花期5月,果熟期8~9月。

可供材用,园林绿化观赏,叶具清热消渴解毒之效。分布于我国中东部、西南及华南地区。省级保护植物。贵池区山谷两侧坡地及山麓阔叶林中偶见。

胡桃楸 *Juglans mandshurica*　　山核桃、华东野核桃　　胡桃属　**胡桃科**

　　落叶乔木,树皮灰色,具浅纵裂;幼枝被有短茸毛。奇数羽状复叶长40～50厘米,具15～23小叶,具细锯齿。雄荑花序长9～20厘米,雄蕊常12,药隔被灰黑色细柔毛;雌穗状花序具4～10花,花序轴被茸毛。果序长10～15厘米,俯垂,具5～7果;果核具8纵棱,2条较显著,棱间具不规则皱曲及凹穴,顶端具尖头。花期4月,果熟期8～9月。

　　供材用,果仁可食用和榨油。分布于我国中东部等省。贵池区山谷两侧疏林中偶见。

化香树 *Platycarya strobilacea*　　化香　　化香树属　**胡桃科**

　　高大落叶乔木,树皮灰色,老时则不规则纵裂。奇数羽状复叶,具(3～)7～23小叶;小叶卵状披针形或长椭圆状披针形,具锯齿。两性花序常单生,雌花序位于下部,雄花序位于上部。果序卵状椭圆形或长椭圆状圆柱形,苞片宿存。种子卵圆形,种皮黄褐色,膜质。花期5月,果熟期9～10月。

　　树皮、根皮、叶和果序均含鞣质,树皮提供纤维,叶可作农药,根及老木含芳香油,种子可榨油。产于秦岭以南及西南等省。贵池区丘陵向阳山坡杂木林中常见。

枫杨 *Pterocarya stenoptera*

高大落叶乔木,树皮浅灰色,老时则深纵裂;幼树平滑。偶数稀奇数羽状复叶,叶轴具窄翅;小叶长椭圆形或长椭圆状披针形,具内弯细锯齿。雄性荑荑花序单独生于去年生枝条上叶痕腋内,雌荑荑花序顶生。果序长20～45厘米,果长椭圆形,果翅条状长圆形,斜上开展。花期5月,果熟期8～9月。

供材用,也可作绿化树种。分布于陕西、华东、华中、华南及西南东部,华北和东北仅有栽培。贵池区沟谷、河边、河滩湿地、村庄边常见。

枫杨，三级保护古树，位于贵池区马衙街道碧山村，树龄约200年，胸围828厘米，树高约30米。(方再能 摄)

江南桤木 *Alnus trabeculosa*

桤木属　　**桦木科**

落叶乔木。树皮灰色或灰褐色。叶倒卵状长圆形,倒披针状长圆形或长圆形,长6～16厘米,先端尖、渐尖或尾状,基部近圆、近心形或宽楔形,下面被树脂腺点,脉腋具髯毛,疏生细齿,侧脉6～13对;叶柄长2～3厘米。雌花序6～13成总状,长圆状球形,长1～2.5厘米,序梗长1～2厘米,无毛。果苞长5～7毫米;小坚果宽卵形,翅纸质。

供材用,也是优良的造林树种。分布于华东、华中、华南等省区。贵池区山谷、村落附近常见栽培。

雷公鹅耳枥 *Carpinus viminea*

鹅耳枥属　　**桦木科**

落叶乔木。树皮深灰色或灰褐色,光滑不开裂;小枝带紫色。叶厚纸质,宽椭圆形至卵状披针形,先端尖至尾状,基部近心形,边缘具重锯齿。雌花序长5～15厘米;苞片半卵状披针形,常3裂,外侧基部裂片卵形,内侧基部裂片内折。果序下垂,序轴纤细,果苞内外侧基部均具裂片;小坚果宽卵球形。

供材用。分布于长江流域各省及浙江、福建、云贵和西藏等省区。贵池区丘陵山区天然林中少见。

华榛 *Corylus chinensis*　　榛属　桦木科

　　高大落叶乔木。树皮灰褐色,纵裂;小枝疏被长柔毛及刺状腺体。叶卵形、卵状椭圆形或倒卵状椭圆形,具不规则重锯齿,下面脉腋具髯毛。雄花序4~6簇生,雌花序2~6成头状。果苞管状,长2~6厘米,具多数纵肋,在坚果以上缢缩,裂片线形,顶端分叉;坚果内藏,卵球形,无毛。果期9~10月。

　　木材供建筑及制作器具,种子可食。分布于云南、四川西南部。省级保护植物。贵池区老山天然落叶林中极少见。

盒子草 *Actinostemma tenerum*　　盒子草属　葫芦科

　　一年生纤细攀援草本。叶心状戟形,心状窄卵形、宽卵形或披针状三角形,边缘微波状或疏生锯齿,两面疏生疣状凸起;卷须细,二叉,稀单一。雌雄同株,雄花序总状或圆锥状,雌花单生、双生或雌雄同序。果卵形,疏生暗绿色鳞片状凸起,近中部盖裂,果盖锥形,种子2~4。花期7~9月,果期9~11月。

　　全草和种子药用。几遍全国。贵池区水边草丛、芦苇丛及沟边灌丛较常见。

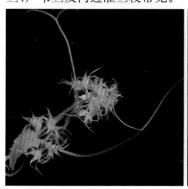

光叶绞股蓝 *Gynostemma laxum* 三叶绞股蓝 绞股蓝属 **葫芦科**

多年生攀援草本。叶鸟足状,具3小叶,中央小叶长圆状披针形,两面无毛或上面中脉有毛。雌雄异株;雄圆锥花序顶生或腋生,被柔毛,花萼5裂,花冠黄绿色;雌花序同雄花,花冠裂片狭三角形。浆果球形,直径8~10毫米,黄绿色,无毛,不开裂。花果期8~11月。

分布于广东、海南、广西和云南东南部。贵池区沟边灌木林和路边草丛中偶见。

绞股蓝 *Gynostemma pentaphyllum* 绞股蓝属 **葫芦科**

本种与光叶绞股蓝较相似,主要区别:鸟足状叶具小叶5~7枚,侧生小叶较小,形状多变。花果期6~11月。

可供药用。产于陕西南部和长江以南各省区。贵池区阔叶林下、山坡灌丛、沟边谷地和村边宅旁较常见。

喙果绞股蓝 *Gynostemma yixingense* 绞股蓝属 葫芦科

本种与光叶绞股蓝较相似,主要区别:鸟足状叶具小叶5～7枚,果为蒴果,钟状,顶端具3枚长喙状物,成熟后沿顶端腹缝线3裂。花果期8～11月。

分布于华东地区。贵池区阳坡灌丛和草地偶见。

南赤瓟 *Thladiantha nudiflora* 赤瓟属 葫芦科

多年生草质藤本。全株密生柔毛状硬毛。叶质稍硬,卵状心形、宽卵状心形或近圆心形,卷须二歧。雌雄异株;雄花为总状花序,多花集生花序轴上部,花序轴及花梗纤细;雌花单生,子房窄长圆形。果长圆形,干后红或红褐色。春、夏开花,秋季果熟。

产于我国秦岭及长江中下游以南各省区。贵池区沟边、林缘、宅边和山坡灌丛较常见。

栝楼 *Trichosanthes kirilowii*　　瓜蒌　　　　　　　　　　栝楼属　　**葫芦科**

多年生攀援藤本。叶纸质,近圆形,常3～5浅至中裂,基出掌状脉5;卷须被柔毛,3～7歧。雌雄异株;雄总状花序单生,顶端具5～8花,花冠白色,具丝状流苏;雌花单生,裂片和花冠同雄花。果椭圆形或圆形,长7～10.5厘米,黄褐或橙黄色。花期6～8月,果期8～11月。

果实、种子和果皮入药。我国大部省份均有分布。贵池区山坡林下、灌丛、草地和村旁田边偶见。

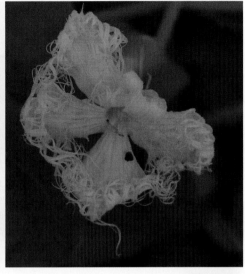

马㼎儿 *Zehneria japonica*　　　　　　　　　　　　　　　马㼎儿属　　**葫芦科**

攀援或平卧草本。叶片膜质,多型,不分裂或3～5浅裂,脉掌状。雌雄同株;雄花单生,稀2～3朵成短总状花序,花冠淡黄色,裂片长圆形或卵状长圆形;雌花与雄花同一叶腋内单生或稀双生,花冠阔钟形,裂片披针形。果柄纤细,果长圆形或窄卵形,成熟后橘红或红色;种子灰白色。花期6～8月,果期8～11月。

全草药用。分布于我国中部、东部、华南及西南等省区。贵池区林缘、路旁、田边及灌丛偶见。

中华秋海棠 *Begonia grandis subsp. sinensis* 秋海棠属 **秋海棠科**

多年生肉质草本,细弱多汁。单叶互生,椭圆状卵形至三角状卵形。花序较短,呈伞房状至圆锥状二歧聚伞花序;花小,雄蕊多数,短于2毫米,整体呈球状;花柱基部合生或微合生,有分枝。蒴果具3不等大之翅。花期8~9月,果期9~10月。

可供观赏,块茎及全草入药。分布于陕西、山西、河北及长江流域各省区。贵池区山谷阴湿岩石上、石灰岩边、荒坡阴湿处偶见。

大芽南蛇藤 *Celastrus gemmatus* 南蛇藤属 **卫矛科**

藤状灌木。小枝散生显著皮孔。单叶互生,具浅锯齿。圆锥状聚伞花序腋生,有时顶生,具3~7花;花黄绿色,花瓣长圆状倒卵形;花盘浅杯状;雄蕊与花冠等长,在雌花中退化;雌花子房球状。蒴果球形,径1~1.3厘米;种子宽椭圆形,红棕色。花期5~6月,果期8~9月。

根、藤、果可入药。我国特有,产黄河以南至华南、云南的大片区域。贵池区丘陵山区林缘灌丛较常见。

窄叶南蛇藤 *Celastrus oblanceifolius*　　　南蛇藤属　卫矛科

藤状灌木。小枝密被棕褐色短毛。叶倒披针形，边缘具疏浅锯齿。聚伞花序腋生或侧生，有1～3花；花瓣长圆状倒披针形，边缘具短睫毛；花盘肉质，不裂；雄蕊与花瓣近等长。蒴果球形，种子新月形。花期3～4月，果期6～10月。

分布于华东、华中、华南等省。贵池区丘陵山坡或灌丛偶见。

南蛇藤 *Celastrus orbiculatus*　　　南蛇藤属　卫矛科

藤状灌木。小枝无毛，具明显皮孔。单叶，宽倒卵形、近圆形或椭圆形，长5～13厘米，先端圆，具小尖头或短渐尖，基部宽楔形或近圆，具锯齿，两面无毛或下面沿脉疏被柔毛，侧脉3～5对。聚伞花序腋生，间有顶生，花序长1～3厘米，有1～3花；花黄绿色；花瓣倒卵状椭圆形或长圆形；花盘浅杯状，裂片浅；雌花花冠较雄花窄小。蒴果近球形，黄色。花期5月，果期9月。

全株入药，茎皮可供造纸。分布于东北、华北、华中及华东等省区。贵池区山坡荒地、路边灌丛偶见。

卫矛 *Euonymus alatus*　　　　　卫矛属　**卫矛科**

　　落叶灌木。全株无毛。小枝绿色,具2～4列宽木栓翅。叶对生,纸质,卵状椭圆形或窄长椭圆形,稀倒卵形,具细锯齿,先端尖,基部楔形或钝圆。聚伞花序有1～3花;花4数,白绿色;花瓣近圆形;花盘近方形,雄蕊生于边缘,花丝极短。蒴果1～4深裂,裂瓣椭圆形;种子红棕色。花期5～6月,果期9～10月。

　　枝翅入药,木材可供材用,也作庭院观赏树种。全国除新疆等少数地区,均有分布。贵池区山区灌丛中较常见。

肉花卫矛 *Euonymus carnosus*　　　　　卫矛属　**卫矛科**

　　半常绿灌木或小乔木。单叶对生,近革质,长圆状椭圆形、宽椭圆形、窄长圆形或长圆状倒卵形,边缘具圆锯齿。聚伞花序1～2次分枝,花4数黄白色,花萼稍肥厚,花瓣宽倒卵形,雄蕊花丝较短。蒴果近球形,4棱有时成翅状,种子具盔状红色肉质假种。花期5～7月,果期9～10月。

　　树皮入药,种子可榨油。分布于我国中东部等省区。贵池区沟谷、林缘较常见。

扶芳藤 *Euonymus fortunei*　　　　卫矛属　卫矛科

常绿匍匐或攀援灌木,下部枝有须状气生根。叶对生,薄革质,椭圆形、长圆状椭圆形或长倒卵形,边缘齿浅不明显。聚伞花序3~4次分枝,每花序有4~7花,分枝中央有单花;花4数,白绿色,花盘方形。蒴果近球形,熟时粉红色。种子假种皮鲜红色,全包种子。花期5~7月,果熟期10月。

茎藤入药,也可用作庭院绿化和绿篱植物。分布于华中、华东及四川、陕西等省区。贵池区公园绿地、山坡丛林中常见。

白杜 *Euonymus maackii*　　　丝绵木　　　　卫矛属　卫矛科

落叶小乔木,树皮灰褐色,纵裂,小枝圆柱形,灰绿色。单叶对生,卵状椭圆形、卵圆形或窄椭圆形,边缘具细锯齿。聚伞花序有3至多花;花4数,淡白绿或黄绿色;雄蕊生于4圆裂花盘上,花药紫红色。蒴果倒圆心形,4浅裂,熟时粉红色;假种皮橙红色,全包种子。花期5~6月,果期8~9月。

枝叶、花入药,木材供材用,果实可做染料。全国分布广泛,长江以南常以栽培为主。贵池区低山丘陵及公园偶见。

酢浆草 *Oxalis corniculata*　　　　　　　　　　　酢浆草属　**酢浆草科**

多年生草本。茎细弱，直立或匍匐，全株被柔毛。叶基生，茎生叶互生，小叶3，倒心形，先端凹下。花单生或数朵组成伞形花序状，花序梗与叶近等长；萼片披针形或长圆状披针形；花瓣5，黄色，长圆状倒卵形；雄蕊10，基部合生，长、短互间。蒴果长圆柱形，5棱。花果期4～9月。

全草入药。全国广布。贵池区绿地、旷野、路旁、耕地、沟边常见。

红花酢浆草 *Oxalis corymbosa*　　铜锤草　　　　　　酢浆草属　**酢浆草科**

本种与酢浆草较相似，主要区别：无地上茎，叶基生；小叶较大，长1.2～1.5厘米，宽2.5～3厘米；花大，花瓣长1.5～2厘米，淡紫或紫红色。花果期5～10月。

供观赏，亦可入药。原产南美热带地区，中国长江以北各地作为观赏植物引入，南方各地已逸为野生。贵池区公园、绿地、庭院内常见栽培。

山酢浆草 *Oxalis griffithii* 　　　　　　　酢浆草属　**酢浆草科**

　　本种与酢浆草较相似,主要区别:无地上茎,叶基生;小叶倒三角形,上端二角钝圆;花白色。花期3~4月。

　　全草入药。分布于长江流域及各省区。贵池区林下阴湿处偶见。

杜英 *Elaeocarpus decipiens* 　　　　　　　杜英属　**杜英科**

　　常绿乔木。单叶互生,革质,披针形或倒披针形,两面无毛,边缘有小钝齿;叶柄长1厘米。总状花序生于叶腋及无叶老枝上,花序轴细,有微毛;花梗长4~5毫米;花白色;萼片披针形,长3.5毫米;花瓣倒卵形,与萼片等长,上半部撕裂,裂片14~16;雄蕊25~30。花期6~7月。

　　四旁绿化树种。分布于华南、华东及西南等省区。贵池区公园、庭院、市政道路两侧常见栽植。

金丝桃 *Hypericum monogynum*

灌木。茎红褐色，圆柱形，高达1.3米。单叶对生，倒披针形、椭圆形或长圆形，近无柄。花序近伞房状，具1~15(~30)花；花大，黄色，花瓣5，雄蕊基部合生成5束；花柱纤细，合生，先端5裂。蒴果宽卵圆形。花期6~7月，果熟期8~9月。

我国大部省份均有分布。贵池区山坡、路旁偶见，绿地、庭院、公园常见栽植。

黄海棠 *Hypericum ascyron*

本种与金丝桃较相似，主要区别：多年生草本；茎有4条突起的纵肋；花瓣宿存。花期7~8月，果熟期9~10月。

全草入药。除新疆及青海外，全国各地均产。贵池区山坡林下、林缘、灌丛间、草丛或草甸中、溪旁及河岸湿地等处偶见。

赶山鞭 *Hypericum attenuatum*

金丝桃属　**金丝桃科**

多年生草本,茎疏被黑色腺点。单叶对生,卵状长圆形、卵状披针形或长圆状倒卵形。近伞房状或圆锥状花序顶生;萼片卵状披针形,散生黑色腺点;花瓣宿存,淡黄色,长圆状倒卵形,疏被黑腺点;雄蕊3束,每束具雄蕊约30枚;花柱3,基部离生。蒴果卵球形或长圆状卵球形,具条状腺斑。花果期8~11月。

全草入药。我国大部省份均有分布。贵池区田野、半湿草地、山坡草地及林缘较常见。

小连翘 *Hypericum erectum*

金丝桃属　**金丝桃科**

多年生草本。茎单一,通常不分枝,有时上部分枝,圆柱形,无毛,无腺点。叶无柄,叶片长椭圆形至长卵形,边缘全缘,坚纸质,近边缘密生腺点。花序顶生,多花,伞房状聚伞花序;苞片和小苞片与叶同形。萼片卵状披针形,先端锐尖;花瓣黄色,倒卵状长圆形,上半部有黑色点线。蒴果卵珠形,具纵向条纹。种子绿褐色。花期7~8月,果期8~9月。

产于华中、华东等省区。贵池区山坡草地及林缘偶见。

地耳草 *Hypericum japonicum*　　　金丝桃属　**金丝桃科**

一年生或多年生小草本。单叶对生,卵形、卵状三角形、长圆形或椭圆形,无柄。花径4~8毫米,平展;萼片窄长圆形、披针形或椭圆形;花冠白、淡黄至橙黄色,花瓣椭圆形,无腺点,宿存;雄蕊5~30,不成束,宿存;子房1室,花柱(2)3,离生。蒴果短圆柱形或球形。花期6~8月,果熟期7~9月。

全株药用。分布于长江以南各省区。贵池区田边、沟边、草地较常见。

元宝草 *Hypericum sampsonii*　　　金丝桃属　**金丝桃科**

多年生草本。叶披针形、长圆形或倒披针形,边缘密生黑色腺点,侧脉4对。伞房状花序顶生,多花组成圆柱状圆锥花序;雄蕊基部合生成3束,花柱3。蒴果1~3室,宽卵球形或卵球状圆锥形,被黄褐色囊状腺体。花期5~6月,果熟期8~9月。

全草入药。分布于秦岭以南各地。贵池区路旁、山坡、草地、沟边等偶见。

鸡腿堇菜 *Viola acuminata*　　　堇菜属　**堇菜科**

多年生草本。茎直立，全株有白色短柔毛。叶互生，茎生叶心形或卵状心形，托叶草质，边缘有羽裂状长齿，基部与叶柄合生。花梗细长，中上部有2线形苞片；萼片绿色，被白色细毛，基部附属物短而截形；花瓣淡紫色或白色，下瓣内面中下部具数条紫脉纹，距长3~4毫米。蒴果长椭圆形。花期3~4月，果期5~9月。

全草入药，嫩茎作野菜。我国大部省份均有分布。贵池区山坡林下、路旁、林缘、溪谷湿地较常见。

南山堇菜 *Viola chaerophylloides*　　　堇菜属　**堇菜科**

多年生草本。无地上茎。叶基生，2~6枚，叶3全裂，侧裂片2深裂，中裂片2~3深裂，托叶膜质，1/2与叶柄合生，疏生细齿或全缘。花较大，白色或淡紫色，下瓣具紫色条纹；柱头前段具稍向上的短喙。蒴果大，长椭圆状，无毛。花期4~6月，果期5~9月。

分布于东北、华北，南至江西、浙江、江苏等省区。贵池区山谷林下、溪谷阴湿处偶见。

七星莲 *Viola diffusa* 蔓茎堇菜 董菜属 **堇菜科**

一年生草本。匍匐枝先端具莲座状叶丛。叶基生,莲座状,或互生于匍匐枝上;叶卵形或卵状长圆形,叶柄具翅。花较小,淡紫或浅黄色;花梗纤细,中部有1对小苞片;侧瓣倒卵形或长圆状倒卵形,长6~8毫米,下瓣连距长约6毫米,距极短;柱头两侧及后方具肥厚的缘边,中央部分稍隆起,前方具短喙。花期3~5月,果期7~9月。

全草入药。分布于华东、华中、华南、西南等省区。贵池区草地、山坡路旁、沟谷林下阴湿处石缝上较常见。

紫花堇菜 *Viola grypoceras* 董菜属 **堇菜科**

多年生草本。全株无毛,茎高约20厘米,1至数条,直立或稍倾斜。基生叶心形或宽心形,具钝锯齿;茎生叶三角状心形或卵状心形。花淡紫色,萼片披针形,花瓣倒卵状长圆形,先端圆,有褐色腺点,下瓣距下弯。蒴果椭圆形,密生褐色腺点。花期4月,果期7~8月。

全草入药。产东北以南我国大部湿润半湿润区。贵池区山坡林下、路旁、溪谷、草地偶见。

犁头草 *Viola japonica* 董菜属 **董菜科**

多年生草本。无地上茎。叶片通常呈圆心形或卵状心形,边缘具浅钝锯齿,托叶大部与叶柄合生。花梗花时长于叶,果时短于叶,苞片位于花梗中下部到中上部;花瓣淡紫色,侧瓣内侧无须毛,下瓣长于侧瓣;距粗筒状,长5~8毫米。蒴果椭球形。花期11月至次年4月,果期5~10月。

分布于我国中东部及贵州、四川等省。贵池区丘陵山区林缘及林下偶见。

紫花地丁 *Viola philippica* 董菜属 **董菜科**

多年生草本。无地上茎。基生叶莲座状;下部叶较小,上部叶较大,果期叶长达10厘米。花紫董色或淡紫色,稀白色或侧方花瓣粉红色,喉部有紫色条纹;花梗与叶等长或高于叶,中部有2线形小苞片;下瓣有紫色脉纹。蒴果长圆形,无毛。花果期4~9月。

全草供药用,嫩叶可作野菜,也可作早春观赏花卉。广布于国内大多数省区。贵池区田间、荒地、山坡草丛、林缘或灌丛中较常见。

山桐子 *Idesia polycarpa*　　　　　山桐子属　**杨柳科**

　　落叶乔木。树皮灰白色,平滑;小枝红褐色,具明显皮孔。叶互生,卵圆形或卵形,掌状5出脉,疏生锯齿,下面常被白粉。圆锥花序顶生或腋生;花单性,雌雄异株;无花瓣,雄花雄蕊多数,退化子房极小,雌花退化雄蕊多数。浆果红色,球形,径0.7~1厘米;种子卵圆形。花期5~6月,果期9~10月。

　　可供用材、蜜源、观赏,果实、种子含油。分布于华东、华中、华南及西南等省区。贵池区丘陵山区阔叶林中偶见。

加杨 *Populus × canadensis*　　　　　杨属　**杨柳科**

　　落叶大乔木。小枝稍有棱角,无毛。叶三角形或三角状卵形,长7~10厘米,无或有1~2枚腺体,边缘半透明,有圆锯齿,近基部较疏;叶柄侧扁而长,带红色。雄花序长7~15厘米,每花有雄蕊15~40,苞片淡绿褐色,丝状深裂;雌花序有45~50花,柱头4裂。果序长达27厘米;蒴果长圆形,顶端尖,2~3瓣裂。花期4月,果期5月。

　　可供材用,又为良好的绿化树种。我国大部省区均有引种栽培。贵池区长江沿岸防护林、市政道路旁、绿地内常见栽植。

垂柳 *Salix babylonica*　　　　　　　　　　柳属　**杨柳科**

落叶乔木。枝细长下垂,无毛。叶窄披针形或线状披针形。花序先叶开放,或与叶同放;雄花序长1.5~2厘米,有短梗,轴有毛;雄蕊2,花丝与苞片近等长或较长,药红黄色;雌花序长2~5厘米,有梗,基部有3~4小叶;花柱短,柱头2~4深裂。蒴果黄褐色,2瓣裂。花期3~4月,果期4~5月。

可供材用,绿化树种。分布于黄河流域以南各地。贵池区公园水边常见栽植。

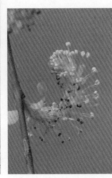

旱柳 *Salix matsudana*　　　　　　　　　　柳属　**杨柳科**

落叶乔木。枝细长,直立或斜展。叶披针形,长5~10厘米,基部窄圆或楔形,下面苍白或带白色,有细腺齿,幼叶有丝状柔毛;叶柄长5~8毫米,上面有长柔毛,托叶披针形或缺,有细腺齿。花序与叶同放;雄花序圆柱形;雄蕊2;雌花序长达2厘米;无花柱或很短,柱头卵形,近圆裂。花期3~4月。

可供材用,亦可作绿化及防护林树种。分布于东北、华北、西北及长江流域等省区。贵池区公园、村落常见栽培。

腺柳 *Salix chaenomeloides* 河柳 柳属 **杨柳科**

　　本种与旱柳较相似,主要区别有:叶柄近顶端具腺点,托叶半圆形或肾形,有腺锯齿;雄蕊5。花期4月,果期5月。

　　可供材用,枝条可编筐篓。分布于华东、华中、华北等省区。贵池区丘陵山区河岸、河滩较常见。

银叶柳 *Salix chienii* 柳属 **杨柳科**

　　落叶灌木或小乔木。小枝有绒毛,后近无毛;芽有柔毛。叶长椭圆形、披针形或倒披针形,幼叶两面有绢状柔毛,侧脉8~12对,具细腺齿;叶柄长约1毫米,有绢状毛。花序与叶同时开放或稍先叶开放;雄花序圆柱状,长1.5~2厘米,轴有长毛;雌花序长1.2~1.8厘米,轴有毛。花期3月,果期5月。

　　可供材用,绿化树种,树皮纤维可制绳索。分布于华东、华中等省区。贵池区丘陵山区溪流旁灌丛少见。

柞木 *Xylosma congesta*

柞木属   **杨柳科**

常绿灌木或小乔木,有刺,刺长10~15毫米。单叶互生,革质,卵形至长椭圆状卵形,两面无毛。雌雄异株;总状花序腋生,有细柔毛;花小,具短梗,萼片淡黄色或黄绿色;雄花的雄蕊多数,花丝长于花萼数倍;雌花的花柱极短。浆果球形,直径3~5毫米,成熟时黑色。花期5月,果期9~10月。

叶入药,也栽培供观赏。分布于华中、华东及西南等省区。贵池区丘陵山区疏林中偶见。

铁苋菜 *Acalypha australis*

铁苋菜属   **大戟科**

一年生草本。小枝被平伏柔毛。叶长卵形、近菱状卵形或宽披针形,具圆齿,基脉3出。花序长1.5~5厘米,雄花集成穗状或头状,生于花序上部,下部具雌花;雌花苞片1~2,卵状心形,具齿;雌花1~3朵生于苞腋。蒴果绿色,疏生毛和小瘤体。花期5~7月,果期8~11月。

全草药用。除西部高原或干燥地区外,大部分省区均产。贵池区山坡、田野、沟边、路旁常见。

泽漆 *Euphorbia helioscopia*　　大戟属　**大戟科**

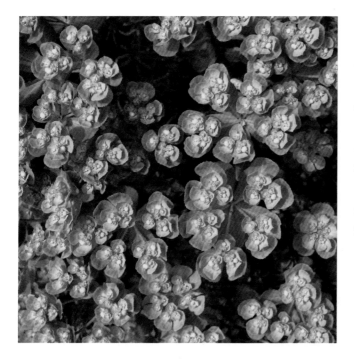

多年生草本。叶互生,倒卵形或匙形,先端具牙齿。花序单生,有梗或近无梗;总苞钟状,无毛,边缘5裂,裂片半圆形,腺体4,盘状,盾状着生于总苞边缘;雄花数枚,伸出总苞;雌花1,子房柄微伸出总苞边缘。蒴果二棱状宽圆形,无毛,具3纵沟。花期4~5月,果期7~10月。

全草药用,有毒。除新疆、西藏外,几乎遍及全国。贵池区山沟、路旁、荒野和山坡较常见。

月腺大戟 *Euphorbia ebracteolata*　　大戟属　**大戟科**

多年生草本。全株无毛,茎单一直立,高20~60厘米。叶互生,长圆形、线形、线状披针形或倒披针形,无柄。雄花多枚,伸出总苞;雌花1,子房伸出总苞。蒴果三角状球形,具微皱纹,无毛;花柱宿存。种子三棱状卵圆形,光滑,腹面具条纹;种阜具柄。花果期4~6月。

分布于我国中西部及中东部等省区。贵池区沟谷、灌丛或林缘偶见。

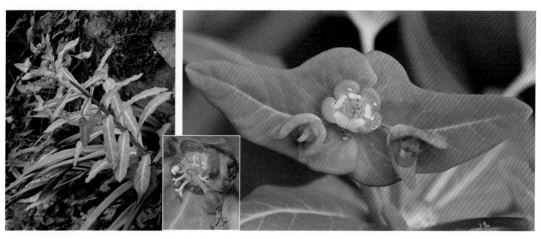

大地锦草 *Euphorbia nutans*   大戟属 **大戟科**

一年生草本。茎直立,自基部分枝或不分枝,高15～30厘米。叶对生,狭长圆形或倒卵形,边缘全缘或基部以上具细锯齿,两面被稀疏的柔毛。苞叶2枚,与茎生叶同形;雄花数枚,微伸出总苞外;雌花1枚,子房柄长于总苞。蒴果三棱状,无毛。花果期8～12月。

全草入药。分布于长江以南等省区。贵池区旷野荒地、路旁、灌丛及田间较常见。

小叶大戟 *Euphorbia makinoi*   大戟属 **大戟科**

本种与地锦草较相似,主要区别:叶较小,长3～5毫米,全缘;蒴果也较小,1～1.3毫米。花果期5～10月

分布于江苏、浙江、福建、广东、台湾等省区。贵池区山坡、路旁较常见。

斑地锦 *Euphorbia maculata* 大戟属 **大戟科**

一年生草本。具白色乳汁。茎匍匐，被白色疏柔毛。叶2列对生，叶片长椭圆形至肾状长圆形，上面绿色，中部常具紫色斑点。花序单生于叶腋，具长1～2mm的柄；总苞狭杯状；雄花4或5，微伸出总苞外；雌花1，子房密被柔毛。蒴果三棱状卵球形，全面密被柔毛，成熟时完全伸出总苞外。种子卵状四棱形。花果期4～9月。

分布于江苏、江西、浙江、湖北、河南、河北和台湾等省。贵池区平原或低山坡的路旁较常见。

匍匐大戟 *Euphorbia prostrata* 大戟属 **大戟科**

本种与斑地锦较相似，主要区别：叶中部无紫色斑点，子房和蒴果仅棱上疏被长柔毛。

原产美洲热带和亚热带，目前江苏、湖北、广东、海南等省已归化。贵池区路旁、荒地较常见。

钩腺大戟 *Euphorbia sieboldiana*　　　　　　　大戟属　**大戟科**

　　多年生草本。根状茎较粗壮。茎单一或自基部多分枝。叶互生，椭圆形、倒卵状披针形、长椭圆形，全缘；总苞叶3～5枚，伞幅3～5；苞叶2枚，常呈肾状圆形。花序单生于二歧分枝的顶端，基部无柄；总苞杯状，腺体4，新月形，两端具角。蒴果三棱状球状，光滑；种子近长球状，种阜无柄。花果期4～9月。

　　根状茎入药。全国大部省份均有分布。贵池区山坡、林缘路旁、荒地及疏林内偶见。

白背叶 *Mallotus apelta*　野桐　　　　　　　野桐属　**大戟科**

　　落叶小乔木或灌木状。叶互生，卵形或宽卵形，疏生齿，下面被灰白色星状绒毛，散生橙黄色腺体。穗状花序或雄花序有时为圆锥状，长15～30厘米；雄花苞片卵形，雄蕊50～75；雌花苞片近三角形。蒴果近球形，密生长0.5～1厘米线形软刺，密被灰白色星状毛。花期6～9月，果期8～11月。

　　树皮、枝、叶药用，木材供材用，茎皮可供编织。分布于河南、浙江、江西、湖南、湖北、广西、广东等省区。贵池区山坡、路边较常见。

野桐 *Mallotus tenuifolius*　野梧桐　　　　　　　　　　　　　野桐属　**大戟科**

　　本种与白背叶较相似，主要区别：叶下面带绿色，脉上被较密的星状毛，其余较稀疏，具黄色腺点。花果期4～11月。

　　用途同白背叶。分布于我国中部、东部、南部及西南等省。贵池区山坡杂木林种较常见。

粗糠柴 *Mallotus philippensis*　　　　　　　　　　　　　　　野桐属　**大戟科**

　　常绿小乔木。小枝、嫩叶和花序均密被黄褐色短星状柔毛。叶互生或有时小枝顶部的对生，近革质，上面无毛，下面被灰黄色星状短绒毛，基出脉3条。花雌雄异株，花序总状，顶生或腋生，单生或数个簇生；雄花序长5～10厘米，雌花序长3～8厘米，果序长达16厘米。蒴果扁球形，密被红色颗粒状腺体和粉末状毛。花期4～5月，果期5～8月。

　　供材用，果实的红色颗粒状腺体可作染料和驱虫药。产于我国中部、东部、南部及西南等省区。贵池区丘陵山区杂木林或林缘偶见。

石岩枫 *Mallotus repandus*

野桐属　**大戟科**

攀援灌木。幼枝被锈色星状毛或绒毛。单叶互生,纸质,卵形或椭圆状卵形,全缘或波状,老叶下面脉腋被毛及散生黄色腺体,基脉3出。花雌雄异株,总状花序或下部有分枝;雄花序顶生,稀腋生,雄花有雄蕊40~75枚;雌花序顶生,花萼裂片5,卵状披针形。蒴果具2(~3)分果爿,径约1厘米,密被黄色粉状毛及腺体。花期6~7月,果期8~9月。

种子油可作为工业原料。产于华南各省及台湾。贵池区山区向阳荒山灌木丛中较常见。

杠香藤 *Mallotus repandus* var. *chrysocarpus*

野桐属　**大戟科**

攀援状灌木。叶互生,纸质或膜质,卵形或椭圆状卵形,边全缘或波状。雌雄异株,总状花序或下部有分枝;雄花序顶生,稀腋生,花萼裂片3~4,卵状长圆形,雄蕊40~75枚;雌花序顶生,花序梗粗壮,花萼裂片5,卵状披针形;花柱3枚。蒴果具3个分果爿;种子卵形,黑色,有光泽。花期4~6月,果期8~11月。

根茎叶入药。产于我国中东部及西南等省区。贵池区山地疏林中或林缘偶见。

山靛 *Mercurialis leiocarpa*　　山靛属　**大戟科**

草本。高达1米,根茎平卧。叶薄纸质,卵状长圆形或卵状披针形,被疏毛,具浅圆齿。雌雄同株;雄花序长5～12厘米,无毛;雌花序总状,具雌花3～5,雌花两侧常有数朵雄花。蒴果双球形,分果爿背部具2～4个小瘤或短刺。花期12月至翌年4月,果期4～7月。

分布于我国中东部及西南等省。贵池区林下、溪边阴湿处偶见。

白木乌桕 *Neoshirakia japonica*　白乳木　　白木乌桕属　**大戟科**

灌木或乔木,带灰褐色。叶互生,纸质,叶卵形或椭圆形,全缘,背面中上部常于近边缘的脉上有散生的腺体,侧脉8～10对;托叶膜质,线状披针形。花单性,雌花生于花序轴基部,雄花生于花序轴上部,有时整个花序全为雄花。蒴果三棱状球形,直径10～15毫米;分果爿脱落后无宿存中轴。种子扁球形,无蜡质的假种皮。花期5～6月,果期7～9月。

药用或材用。广布于我国中东部及西南、华南等省份。贵池区林缘或溪涧边少见。

蓖麻 *Ricinus communis*　　　　蓖麻属　**大戟科**

　　一年生粗壮草本或草质灌木。叶互生,近圆形,径15～60厘米,掌状7～11裂,裂片卵状披针形或长圆形,具锯齿;叶柄顶端具2盘状腺体。雌雄同株,无花瓣,无花盘;总状或圆锥花序顶生,后与叶对生;雄花生于花序下部,雌花生于上部,均多朵簇生苞腋。蒴果卵球形或近球形,具软刺或平滑。花期7～9月,果期10～11月。

　　种子可生产蓖麻油,工业用途广;种子及叶可入药。我国大部省份均有栽培。贵池区偶见农户栽植。

乌桕 *Triadica sebifera*　　　　乌桕属　**大戟科**

　　落叶乔木。树皮灰色,浅裂,具乳状汁液。叶互生,纸质,叶片菱形、菱状卵形,全缘;叶柄纤细,顶端具2腺体。花单性,雌雄同株,聚集成顶生、长6～12厘米的总状花序;雌花通常生于花序轴下部,雄花生于花序轴上部或有时整个花序全为雄花。蒴果木质,种子外被有白蜡层。花期5～7月,果期8～11月。

　　木材供材用,叶和皮药用,亦可作绿化树种。在我国主要分布于黄河以南各省区。贵池区路旁、村边、田埂、山坡常见。

油桐 *Vernicia fordii*

油桐属 **大戟科**

落叶乔木。树皮灰色,近光滑。叶卵圆形,全缘,叶柄与叶近等长,顶端有2枚腺体。花雌雄同株,先叶或与叶同放;花萼2(3)裂,花瓣白色,有淡红色脉纹,倒卵形;雄花雄蕊8~12;雌花子房3~5(~8)室。核果近球形,果皮平滑。花期4~5月,果期5~10月。

重要的工业油料植物,其果皮可制活性炭或提取碳酸钾。产于秦岭以南各省区。贵池区低山丘陵偶见。

一叶萩 *Flueggea suffruticosa*

白饭树属 **叶下珠科**

落叶灌木。叶纸质,椭圆形或长椭圆形,托叶卵状披针形,宿存。雌雄异株;雄花3~18朵簇生,萼片5,雄蕊5,花盘腺体5;雌花萼片5,花盘盘状。蒴果三棱状扁球形,熟时淡红褐色,具宿存萼片。花期7~8月,果期9月。

叶、花供药用。全国大部省份均有分布。贵池区山坡灌丛或山沟、路边偶见。

算盘子 *Glochidion puberum*　　　　　　　　算盘子属　**叶下珠科**

　　直立灌木。全株大部密被柔毛。叶长圆形、长卵形或倒卵状长圆形。花雌雄同株或异株，2~5朵簇生叶腋；雄花束常生于小枝下部，雌花束在上部，有时雌花和雄花同生于叶腋。蒴果扁球状，熟时带红色，花柱宿存。花期5~6月，果期7~11月。

　　种子含油，根、茎、叶和果实均可药用。产于陕甘南部、华东、华中、华南及西南等省区。贵池区山坡、溪旁灌木丛中或林缘较常见。

落萼叶下珠 *Phyllanthus flexuosus*　　　　　　　叶下珠属　**叶下珠科**

　　灌木，枝条弯曲，小枝长褐色，全株无毛。叶片纸质，椭圆形至卵形，下面稍带白绿色；托叶卵状三角形，早落。雄花数朵和雌花1朵簇生于叶腋；雄花花盘腺体5，雄蕊5；雌花花盘腺体6，子房卵圆形。蒴果浆果状，扁球形，直径约6毫米，基部萼片脱落；种子近三棱形。花期4~5月，果期6~9月。

　　产中东部及西南、华南等省份。贵池区疏林下、沟边、路旁或灌丛中偶见。

叶下珠 *Phyllanthus urinaria*

叶下珠属 **叶下珠科**

一年生草本。高达60厘米,基部多分枝。叶纸质,长圆形或倒卵形。雌雄同株;雄花2~4朵簇生叶腋,常仅上面1朵开花,萼片6,雄蕊3,花盘腺体6;雌花单生于小枝中下部的叶腋内。蒴果球形,径1~2毫米,红色,具小凸刺,花柱和萼片宿存。花期6~8月,果期9~10月。

全草药用。产于华东、华中、华南、西南等省区。贵池区山坡、草地、路旁、村边较常见。

野老鹳草 *Geranium carolinianum*

老鹳草属 **牻牛儿苗科**

一年生草本。茎直立或仰卧,具棱角。基生叶早枯,茎生叶互生或最上部对生;叶片圆肾形,掌状5~7裂近基部,上部羽状深裂,小裂片条状矩圆形。花序腋生和顶生,长于叶,每花序梗具2花;花瓣淡紫红色,稍长于萼,先端圆。蒴果被糙毛。花期5~6月,果期6~7月。

全草药用。原产美洲,我国为逸生,现分布于华东、湖南、湖北、四川和云南等省区。贵池区平原和低山荒坡杂草丛中常见。

水苋菜 *Ammannia baccifera* 水苋菜属 千屈菜科

一年生直立草本。茎直立,分枝多,略呈4棱,具窄翅,无毛。茎下部叶对生,上部的或侧枝叶有时近对生,长椭圆形、长圆形或披针形。花梗长1.5毫米;花长约1毫米,绿或淡紫色;花萼蕾期钟形,裂片4,短于萼筒,附属体褶叠状或小齿状;无花瓣;雄蕊4,贴生萼筒中部。蒴果球形,成熟时紫红色。花期8~10月,果期9~12月。

农田常见杂草。我国大部省份均有分布。贵池区湿地、水田等潮湿区域较常见。

紫薇 *Lagerstroemia indica* 痒痒树 紫薇属 千屈菜科

落叶灌木或小乔木。树皮平滑,灰或灰褐色;小枝具4棱,略呈翅状。叶互生或有时对生,纸质,椭圆形、宽长圆形或倒卵形。花淡红、紫色或白色,常组成顶生圆锥花序;花萼无棱或脉纹;花瓣6,皱缩,具长爪;雄蕊多数,6枚着生于花萼上,显著较长,其余着生于萼筒基部。蒴果幼时绿色至黄色,成熟时或干后呈紫黑色。花期6~9月,果期9~12月。

为常见绿化树种,也可入药。分布于华东、华南、中南及西南以及华北南部区域。贵池区常见栽培。

南紫薇 *Lagerstroemia subcostata*　　　紫薇属　千屈菜科

　　本种与紫薇较相似,主要区别:花萼有棱10～12条,花较小,白色,萼长不及5毫米。花期6～8月,果期7～10月。

　　可作庭院观赏,花药可入药。分布于我国东南部、南部、中部及四川、青海等省区。贵池区老山自然保护区天然林中极少见,庭院偶见栽培。

千屈菜 *Lythrum salicaria*　　　千屈菜属　千屈菜科

　　多年生草本。叶对生或3片轮生,披针形或宽披针形,有时稍抱茎,无柄。聚伞花序,簇生;花梗及花序梗甚短,花枝似一大型穗状花序,苞片宽披针形或三角状卵形;花瓣6,红紫色或淡紫色。雄蕊12,6长6短,伸出萼筒之外;子房2室,花柱长短不一。蒴果扁圆形。花果期7～10月。

　　栽培供观赏,全草也可入药。全国各地有栽培。贵池区河岸、湖畔常见栽培。

石榴 *Punica granatum* 石榴属 **千屈菜科**

　　落叶灌木或乔木。枝顶常成尖锐长刺,幼枝具棱角,老枝近圆柱形。叶通常对生,长圆状披针形,上面光亮。花大,1～5生于枝顶或腋生;萼筒通常红或淡黄色,顶端5～7裂,外面近顶端有一黄绿色腺体;花瓣与萼裂片同数,红、黄或白色。浆果近球形,径5～12厘米。种子多数,肉质外种皮淡红色至乳白色。花期5～6月,果熟期9～10月。

　　可作观赏植物,果实可食用及入药。我国大部省份均有栽培。贵池区公园、庭院常见栽植。

小花柳叶菜 *Epilobium parviflorum* 柳叶菜属 **柳叶菜科**

　　多年生粗壮草本,直立。茎在上部常分枝。叶对生,茎上部的互生,狭披针形或长圆状披针形。总状花序直立,常分枝;苞片叶状。花直立,子房长1～4厘米,密被直立短腺毛;花瓣粉红色至鲜玫瑰紫红色,稀白色,宽倒卵形,先端凹缺深1～3.5毫米;柱头4深裂,与雄蕊近等长。蒴果长3～7厘米,被毛同子房;种缨长5～9毫米,深灰色或灰白色,易脱落。花期6～9月,果期7～10月。

　　全株供药用。广布于我国温带与热带省区。贵池区农田沟边或沼泽地带偶见。

假柳叶菜 *Ludwigia epilobioides*　　　　　丁香蓼属　**柳叶菜科**

一年生草本。茎多分枝,具纵棱,常带红紫色,无毛或近无毛。叶互生;叶片披针形或长圆状披针形。花瓣4枚,黄色,狭匙形,无毛,基部具2苞片。蒴果四棱柱形,5室,稍带紫色,近无柄,不规则室背开裂。种子斜嵌埋于内果皮中,种脐狭,条形。花期8~10月,果期9~11月。

分布于华东、华中、华南、华北、东北等省区。贵池区山沟边、水边、田边、湿地中较常见。

月见草 *Oenothera biennis*　　　　　月见草属　**柳叶菜科**

二年生直立草本。茎高达2米,被曲柔毛与伸展长毛,在茎枝上端常混生有腺毛。基生莲座叶丛紧贴地面;茎下部叶有柄,上部叶几无柄,叶长椭圆状披针形或长圆状卵形,边缘微波状而有细锯齿。花瓣黄色,单生枝端叶腋,密集成穗状。蒴果圆筒状,向上渐尖;种子有明显棱角。花期6~9月。

原产南美,我国各地引种作观赏植物,常逸为野生。贵池区开旷荒坡、路旁偶见。

赤楠 *Syzygium buxifolium*　　蒲桃属　桃金娘科

常绿灌木或小乔木。幼枝有棱。叶椭圆形、倒卵形或宽倒卵形，长1.5~3厘米，宽1~2厘米，先端圆或钝，有时具钝尖头，侧脉多而密，在上面不明显，下面稍突起。聚伞花序顶生，有花数朵；花瓣4，白色，离生；花柱与雄蕊等长。浆果球形，径5~7毫米，成熟时紫黑色。花期5月，果熟期9月。

分布于长江以南各省区。贵池区山区天然林下、林缘偶见。

野鸦椿 *Euscaphis japonica*　　野鸦椿属　省沽油科

落叶小乔木或灌木。小枝及芽红紫色，枝叶揉碎后有气味。奇数羽状复叶，对生；小叶5~9枚。圆锥花序顶生，花序梗长，花黄白色，萼片与花瓣均5，萼片宿存。蓇葖果果皮软革质，紫红色；种子近圆形，假种皮肉质，黑色，有光泽。花期5~6月，果熟期9~10月。

种子含油，树皮可提栲胶，根及干果入药。我国绝大部省份均有分布。贵池区山坡、沟谷阔叶林中或山麓林缘较常见。

省沽油 *Staphylea bumalda*　　　　省沽油属　**省沽油科**

　　落叶灌木。枝条淡绿色,具皮孔。三出复叶,对生,有长柄;小叶卵圆形或椭圆形,边缘具细锯齿。圆锥花序顶生,直立,花白色;萼片长椭圆形,浅黄白色;花瓣5,白色,倒卵状长圆形;雄蕊5,与花瓣略等长。蒴果膀胱状,扁平,2室,先端2裂;种子黄色,有光泽。花期4～5月,果熟期8～9月。

　　种子含油,可制肥皂及油漆。分布于华东、华中、华北及东北等省区。贵池区丘陵山区灌木林、路旁偶见。

中国旌节花 *Stachyurus chinensis*　　旌节花　　　　旌节花属　**旌节花科**

　　落叶灌木,树皮紫褐色,光滑。单叶互生,纸质,边缘具锯齿或圆状疏锯齿。总状花序具花15～20朵,长4～8厘米,花黄色,先叶开放;苞片1,三角状卵形,小苞片2,卵形;萼片4,黄绿色,卵形;花瓣4,卵形;雄蕊8,与花瓣等长。浆果球形,具多数种子。花期3～4月,果熟期7～8月。

　　茎髓供药用。产于秦岭以南各省区。贵池区山坡林缘、沟谷旁及路边较常见。

黄连木 *Pistacia chinensis*　　　　黄连木属　漆树科

　　落叶乔木,树皮暗褐色,呈鳞片状剥落。偶数羽状复叶具10~14小叶,叶轴及叶柄被微柔毛;小叶近对生,纸质,披针形或窄披针形。雌雄异株,圆锥花序腋生,先叶开放;雄花序紧密,长10~18厘米;雌花序疏松,长18~24厘米。核果倒卵状球形。花期3~4月,果熟期9~11月。

　　园林绿化优良树种,种子含油,树皮入药,木材供材用。分布于长江以南各省区及华北、西北。贵池区散生于丘陵及平原。

盐麸木 *Rhus chinensis*　　盐肤木、五倍子　　　　盐麸木属　漆树科

　　落叶小乔木或灌木状。小枝被锈色柔毛。奇数羽状复叶,互生,具7~13小叶,叶轴具叶状宽翅,小叶椭圆形或卵状椭圆形,具粗锯齿。圆锥花序顶生,被锈色柔毛;雄花序较雌花序长;花白色,花萼被微柔毛,裂片长卵形,花瓣倒卵状长圆形,外卷。核果红色,被柔毛及腺毛。花期8~9月,果熟期10月。

　　叶、叶轴长生瘤状虫瘿,入药,为五倍子。我国大部省份均有分布。贵池区丘陵山区杂木林或灌丛中常见。

野漆 *Toxicodendron succedaneum*　　　漆树属　**漆树科**

落叶乔木或小乔木。小枝粗壮,无毛。奇数羽状复叶互生,常集生小枝顶端,无毛;小叶对生或近对生,坚纸质至薄革质,长圆状椭圆形、阔披针形或卵状披针形,全缘,两面无毛,叶背常具白粉。圆锥花序长;花黄绿色;花萼无毛;花瓣长圆形,开花时外卷。核果大,偏斜,径7～10毫米,压扁,先端偏离中心,外果皮薄,淡黄色,无毛,中果皮厚,蜡质,白色,果核坚硬,压扁。

根、叶及果入药。分布于华北至长江以南等省区。贵池区丘陵山区林缘偶见。

木蜡树 *Toxicodendron sylvestre*　　野漆树　　　漆树属　**漆树科**

落叶乔木,树皮灰褐色。芽及小枝被黄褐色绒毛。奇数羽状复叶,小叶7～13枚,对生,卵形或卵状椭圆形。花黄色,花梗长1.5毫米,被卷曲微柔毛;花萼无毛,裂片卵形;花瓣长圆形,具暗褐色脉纹;雄蕊伸出,花丝线形。核果极偏斜,侧扁,无毛,有光泽。花期5～6月,果熟期10月。

种子含油。分布于长江以南各省区。贵池区丘陵山区天然杂木林中偶见。

三角槭 *Acer buergerianum*　　三角枫　　　　　　　　　　　槭属　**无患子科**

落叶乔木。树皮灰褐色,裂成薄条片剥落。叶纸质,卵形或倒卵形,3裂或不裂,全缘或上部疏生锯齿,基脉3出。花多数常成顶生伞房花序,开花在叶长大以后;萼片5,黄绿色,卵形,花瓣5,淡黄色。翅果黄褐色;小坚果特别凸起,翅张开成锐角或近于直立。花期5月,果熟期9月。

常作园林绿化树种,木材供材用,种子可榨油。分布于我国中东部及贵州和广东等省区。贵池区阔叶林中、宅旁可见生长,亦常见绿地栽植。

蜡枝槭 *Acer ceriferum*　　安徽槭　　　　　　　　　　　槭属　**无患子科**

落叶乔木。树皮平滑,灰色或深灰色;当年生枝淡紫色或淡紫绿色,密被淡灰色长柔毛,多年生枝褐色或灰褐色。叶纸质,常7裂,稀5裂;裂片长圆卵形稀披针形,边缘具尖锐的细锯齿。果实紫黄色,常成小的伞房果序;小坚果凸起,被长柔毛,翅镰刀形,连同坚果长2~2.4厘米,宽8毫米,张开近于水平;宿存的萼片长圆形或长圆披针形。花期5月,果期9月。

分布于湖北、浙江。省级保护植物。贵池区丘陵山区天然林中极少见。

青榨槭 *Acer davidii*　　　　　　　　　　槭属　**无患子科**

　　落叶乔木。树皮暗褐或灰褐色,纵裂成蛇皮状;小枝绿色。单叶对生,纸质,卵形或长卵形,具不整齐锯齿。总状花序顶生,下垂;雄花与两性花同株;雄花序长4~7厘米,具9~12花,花梗长3~5毫米;雌花序长7~12厘米,具15~30花,花瓣倒卵形,子房被红褐色柔毛。翅果黄褐色,两翅成钝角或近水平。花期6月,果期9月。

　　绿化和造林树种,树皮可作工业原料。分布于华北、华东、华南、西南等省区。贵池区山区沟谷、杂木林较常见。

建始槭 *Acer henryi*　　三叶槭　　　　　　槭属　**无患子科**

　　落叶乔木。树皮灰褐色,幼枝被柔毛,后无毛。3小叶复叶,薄纸质,小叶椭圆形,全缘或顶端具3~5对钝齿。穗状花序下垂,常侧生于2~3年生老枝上;花单性,雌雄异株;花梗极短或无;萼片卵形,花瓣短小或不发育。幼果紫色,熟后黄褐色。花期4月,果期9月。

　　可作绿化树种。分布于我国中东部、华北及四川、贵州等省区。贵池区山谷溪边、山坡阔叶林中偶见。

鸡爪槭 *Acer palmatum* 槭属 无患子科

落叶小乔木。树皮深灰色。单叶对生,近圆形,薄纸质,掌状7~9深裂,裂深常为全叶片的1/2~1/3,裂片卵状长椭圆形至披针形,有细锐重锯齿,背面脉腋有白簇毛。伞房花序径约6~8毫米,萼片暗红色,花瓣紫色。果长1~2.5 cm,两翅开展成钝角。花期5月,果期9月。

作园林绿化树种。产华东、华中至西南等省区。贵池区公园、庭院常见栽植。

苦条槭 *Acer tataricum* subsp. *theiferum* 苦茶槭 槭属 无患子科

落叶灌木或小乔木。小枝灰色或灰褐色,冬芽细小。单叶对生,卵形或卵圆形,3裂或为不明显的5裂,中间裂片大,边缘具不规则锐尖锯齿。花杂性,雄花和两性花同株;顶生伞房花序,花序梗长3厘米,有白色疏柔毛。翅果幼时黄绿色,熟后紫红色,两翅近直立或开展成锐角;小坚果略凸起。花期4~6月,果熟期9~10月。

嫩叶代茶,种子榨油,树皮纤维为人造棉和造纸原料。分布于我国中东部等省区。贵池区山坡林缘较常见。

黄山栾树 *Koelreuteria bipinnata* 'integrifoliola' 栾属 无患子科

落叶乔木。树皮灰暗色,小枝棕红色,密生皮孔。二回奇数羽状复叶,复叶有羽片4对,第二回羽片通常有小叶7~9,叶厚纸质,通常全缘,偶有锯齿。花黄色,萼片5,边缘有睫毛;花瓣5,瓣爪有长柔毛;雄蕊8,花丝有毛。蒴果肿胀,椭圆形,由膜质3枚萼片组成,嫩时紫红色;种子近圆形,黑色。花期7~8月,果期9~10月。

为常见的四旁绿化树种。分布于长江流域以南及西南各省区。贵池区绿地、路旁常见栽植。

无患子 *Sapindus saponaria* 无患子属 无患子科

落叶大乔木。树皮灰褐色或黑褐色,嫩枝绿色。小叶5~8对,常近对生,叶薄纸质,长椭圆状披针形或稍镰形。圆锥花序顶生;花小,辐射对称,花梗短;萼片卵形或长圆状卵形,外面基部被疏柔毛;花瓣5,披针形,有长爪,鳞片2,小耳状;花盘碟状,无毛;雄蕊8,伸出,中部以下密被长柔毛。花期春季,果期夏秋。

果皮可作肥皂代用品,木材可作木梳,也是常见的四旁绿化树种。分布于东部、南部至西南部各省区。贵池区绿地、路旁常见栽培。

楝叶吴萸 *Tetradium glabrifolium*   臭辣吴茱萸、臭辣树   吴茱萸属 | 芸香科

落叶乔木。树皮平滑,暗灰色,嫩枝紫褐色,散生小皮孔。叶有小叶5~9片,小叶斜卵形至斜披针形,叶缘波纹状或有细钝齿。花序顶生,花甚多;花小,白色或淡青色,单性,5基数;成熟心皮4~5、紫红色。蓇葖果紫红色至淡红色,表面有油点;种子褐黑色,有光泽。花期6~8月,果期8~10月。

根及果入药。产于约北纬24°以南等省区。贵池区在山谷较湿润的地方偶见。

吴茱萸 *Tetradium ruticarpum*   吴茱萸属 | 芸香科

落叶灌木或小乔木。小枝紫褐色,幼枝被锈色长柔毛。奇数羽状复叶对生,小叶5~9枚,近无柄或有短柄,全缘或有不明显的钝锯齿,有粗大的油点。顶生聚伞圆锥花序,花轴密被锈色长柔毛;花白色,5基数,雌雄异株;花瓣长圆形。果序松散,熟时紫红色,有粗大油点;种子卵球形,黑色而有光泽。花期6~7月,果熟期9~10月。

果入药,种子榨油,叶可提取芳香油。分布于长江流域及其以南各省区。贵池区疏林及林缘路边偶见。

竹叶花椒 *Zanthoxylum armatum*　　竹叶椒　　　　　　　花椒属　**芸香科**

常绿小乔木或灌木状。枝无毛,基部具宽而扁锐刺。奇数羽状复叶,叶轴、叶柄具翅,下面有时具皮刺;小叶3～11,对生,疏生浅齿,或近全缘,齿间或沿叶缘具油腺点,下面中脉常被小刺。聚伞状圆锥花序腋生或兼生于侧枝之顶,具花约30朵。果紫红色,疏生微凸油腺点。花期4～5月,果熟期8～9月。

果皮作调味品,果、根、叶入药,果实和枝叶可提取芳香油。分布于我国东南部至西南部,北至陕西、甘肃等省区。贵池区山坡疏林、灌丛、溪边、路旁较常见。

朵花椒 *Zanthoxylum molle*　　　　　　　　　　　　　　花椒属　**芸香科**

落叶乔木。树干具锥形鼓钉状锐刺,花枝具直刺,小枝髓心中空。奇数羽状复叶,互生,小叶13～19,对生,厚纸质,全缘或具细圆齿,叶缘有粗大的油点。伞房状聚伞花序顶生,多花;花梗密被柔毛;花小,单性;花瓣5,白色;雌花心皮5,成熟心皮2～3。果瓣淡紫红色,油点多而细小,干后凹下。花期7～8月,果熟期9～10月。

果、叶入药,种子含油脂,叶与果实可提取芳香油。分布于华中、华东及贵州等省区。贵池区丘陵疏林或灌木丛中偶见。

野花椒 *Zanthoxylum simulans* 花椒属 芸香科

落叶灌木。枝干散生基部宽扁锐刺,幼枝被柔毛或无毛。奇数羽状复叶,叶轴具窄翅,小叶5～12,对生,卵圆形、卵状椭圆形或菱状宽卵形,长2.5～7厘米,密被油腺点,疏生浅钝齿。聚伞状圆锥花序顶生;花被片5～8,1轮,大小近相等,淡黄绿色;雄花具5～8雄蕊,雌花具2～3心皮。果红褐色。花期4～5月,果熟期8～9月。

果皮、叶作调味料,果实、根及叶入药和提取芳香油。分布于华东、甘肃、河南、湖北、湖南及贵州等省区。贵池区丘陵疏林下偶见,也可见庭院栽培。

臭椿 *Ailanthus altissima* 臭椿属 苦木科

落叶乔木。嫩枝被黄或黄褐色柔毛,后脱落。奇数羽状复叶,长40～60厘米,叶柄长7～13厘米;小叶13～27片,对生或近对生,纸质,卵状披针形,全缘,具1～3对粗齿,齿背有腺体。圆锥花序长达30厘米,花小。翅果长椭圆形,扁平。花期5～6月,果期8～10月。

供材用,根皮入药。分布于华北、西北、华中、华南及华东等省区。贵池区丘陵山区、村落附近常见。

楝 *Melia azedarach*　苦楝树　　　　　　　　　　楝属　棟科

落叶乔木,树皮灰褐色,纵裂。二至三回奇数羽状复叶,小叶卵形、椭圆形或披针形,具钝齿。花芳香;花萼5深裂,裂片卵形或长圆状卵形;花瓣淡紫色,倒卵状匙形,两面均被毛;花丝筒紫色,花药10,着生于裂片内侧;子房5~6室。核果球形或椭圆形。花期4~5月,果期10月,果经冬不落,宿存至翌年春季。

树皮可入药,木材供材用。分布于黄河以南等省区。贵池区低山、丘陵四旁绿化习见树种。

香椿 *Toona sinensis*　　　　　　　　　　　　香椿属　棟科

落叶乔木。树皮浅纵裂,片状剥落。偶数羽状复叶,小叶16~20,卵状披针形或卵状长圆形,全缘或疏生细齿,两面无毛,下面常粉绿色。聚伞圆锥花序疏被锈色柔毛或近无毛;花萼5齿裂或浅波状,被柔毛;花瓣5,白色,长圆形;雄蕊10,5枚能育,5枚退化;花盘无毛,近念珠状。蒴果窄椭圆形;种子上端具膜质长翅。花期5~6月,果期8月。

木材供材用,根皮、果入药,嫩叶可食。分布于华北至西南各省。贵池区宅旁、村边常见。

瘿椒树 *Tapiscia sinensis* 银鹊树   瘿椒树属 **瘿椒树科**

    落叶乔木,树皮灰黑色或灰白色。奇数羽状复叶,小叶5~9,窄卵形或卵形,具锯齿,下面灰白色,密被近乳头状白粉点。圆锥花序腋生,雄花与两性花异株,雄花序长达25厘米,两性花花序长约10厘米;花长约2毫米,有香气;两性花花萼钟状,花柱长于雄蕊;雄花有退化雌蕊,雄蕊5,伸出花外。核果近球形或椭圆形。花期5月,果熟期9~10月。

    木材供材用,也可作观赏树种。分布于华中、华东及西南等省区。省级保护植物。贵池区丘陵山区沟谷两侧疏林或山麓林缘偶见。

黄蜀葵 *Abelmoschus manihot*   秋葵属 **锦葵科**

    一年生或多年生草本,疏被长硬毛。叶掌状5~9深裂,裂片长圆状披针形,具粗钝锯齿,两面疏被长硬毛。花单生于枝端叶腋;萼佛焰苞状,5裂,近全缘,果时脱落;花大,淡黄色,内面基部紫色;雄蕊柱长1.5~2厘米,花药近无柄。蒴果卵状椭圆形,被硬毛;种子多数,肾形,被柔毛组成的条纹多条。花期8~10月。

    栽培供园林观赏用,种子、根和花作药用。我国大部省份均有分布。贵池区偶见栽培。

苘麻 *Abutilon theophrasti* 苘麻属 锦葵科

一年生亚灌木状直立草本,茎枝被柔毛。单叶互生,圆心形,具细圆锯齿,两面密被星状柔毛,托叶披针形,早落。花单生叶腋;花萼杯状,密被绒毛,裂片5;花冠黄色,花瓣5,倒卵形。分果半球形,径约2厘米,顶端具2长芒。花期6~9月,果期7~10月。

茎皮可提取纤维,种子含油。我国绝大部省份均有分布。贵池区村旁、路边、田边、荒地、河堤上常见。

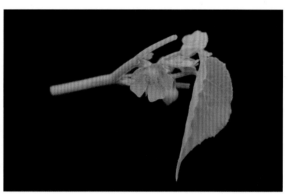

田麻 *Corchoropsis crenata* 田麻属 锦葵科

一年生草本。茎高约50厘米,枝被星状柔毛。叶卵形或窄卵形,边缘有钝齿。花单生于叶腋,有细梗;萼片5,窄披针形;花瓣5,黄色,倒卵形;发育雄蕊15,退化雄蕊5枚;子房被星状柔毛。蒴果角状圆筒形,被星状柔毛。花期8~9月,果熟期10~11月。

茎皮纤维可代麻用。除西北外遍布全国。贵池区坡地、林缘、路旁、沟边较常见。

甜麻 *Corchorus aestuans* 黄麻属 锦葵科

一年生草本。单叶互生,卵形,两面疏被长毛,边缘有锯齿,基部有1对线状小裂片。花单生或数朵组成聚伞花序,生叶腋;花瓣5,倒卵形,黄色;雄蕊多数,黄色;子房长圆柱形,柱头喙状,5裂。蒴果长筒形,具纵棱6条,3~4条呈翅状,顶端有3~4长角,角2分叉;成熟时开裂,果爿有横隔,具多数种子。花期7月,果熟期9月。

全草药用,茎皮纤维可造纸。分布于长江以南各省区。贵池区路旁、沟边或田边较常见。

梧桐 *Firmiana simplex* 青桐 梧桐属 锦葵科

落叶乔木。树皮青绿色,平滑。叶心形,掌状3~5裂,宽15~30厘米,裂片三角形,两面无毛或微被柔毛,基生脉7。圆锥花序顶生,花淡黄绿色;花萼5深裂,萼片线形外卷;花药15枚不规则聚集在雌雄蕊柄的顶端。蓇葖果膜质,成熟前开裂成叶状,每蓇葖果有种子2~4个;种子圆球形,表面有皱纹。花期6月,果熟期9~10月。

作庭院绿化树种。分布于南北各省区。贵池区广泛栽培。

扁担杆 *Grewia biloba*　　　扁担杆属　**锦葵科**

　　落叶灌木或小乔木。叶薄革质,椭圆形或倒卵状椭圆形,边缘有细锯齿。聚伞花序腋生,多花;萼片狭长圆形,花瓣短小,约为花萼1/4;雌雄蕊具短柄,花柱与萼片平齐,柱头扩大,盘状,有浅裂。核果橙红色,有2~4分核。花期6~7月,果熟期9月。

　　枝叶入药,茎皮可提取纤维。分布于华东、广东至四川等省区。贵池区沟谷、路边或山麓林缘较常见。

木槿 *Hibiscus syriacus*　　　木槿属　**锦葵科**

　　落叶灌木。小枝密被黄色星状绒毛。叶菱形或三角状卵形,基部楔形,具不整齐缺齿,基脉3。花单生枝端叶腋;花萼钟形,裂片5;花冠钟形,淡紫色,花瓣5;雄蕊柱长约3厘米,花柱分枝5。蒴果卵圆形,密被黄色星状绒毛,具短喙;种子肾形,背部被黄白色长柔毛。花期7~10月,果期9~11月。

　　作庭院观赏树种,茎皮入药。分布于华东、华南、西南、华中等省区。贵池区绿地、庭院常见栽培。

马松子 *Melochia corchorifolia*

马松子属 锦葵科

落叶亚灌木状草本。高不及1米,黄褐色,略被星状柔毛。叶薄纸质,卵形、长圆状卵形或披针形,稀不明显3浅裂,有锯齿,基生脉5。花无柄,排列成密集的顶生或腋生头状花序;花瓣5,白色,后淡红色;雄蕊5,下部连合成筒;子房无柄,5室,花柱5,线状。蒴果球形,有5棱,径5~6毫米,被长柔毛,每室1~2种子。花期8~9月。

茎皮富含纤维。广泛分布于长江以南各省区。贵池区田野间或低丘陵较常见。

南京椴 *Tilia miqueliana*

椴属 锦葵科

落叶乔木。幼枝及顶芽均被黄褐色星状柔毛。叶卵圆形,长9~12厘米,先端骤尖,基部心形,稍偏斜;侧脉6~8对。聚伞花序长6~8厘米,有3~12花;苞片窄倒披针形,长8~12厘米,宽1.5~2.5厘米,两面被星状柔毛,下半部4~6厘米与花序梗合生;退化雄蕊花瓣状,较短小,雄蕊稍短于萼片。果球形,无棱,被星状柔毛,有小突起。花期7月,果熟期9月。

可供材用,茎皮纤维可作造纸原料。分布于浙江、江西、广东等省区。省级保护植物。贵池区山区天然林中极少见。

糯米椴 *Tilia henryana* var. *subglabra*　　　椴属　　**锦葵科**

　　落叶乔木,树皮灰褐色,富含柔软纤维及黏液。单叶互生,卵圆形或阔卵形,边缘具粗锯齿,上面沿中脉及侧脉有细毛,下面淡褐色星状毛,脉腋有簇生毛。聚伞花序长8~14厘米,具多数花;萼片5,被褐色毛;花瓣5,白色,退化雄蕊呈花瓣状。核果椭圆形,有5纵棱。花期6~7月,果熟期9月。

　　树皮供纤维,木材供材用。分布于陕西、河南、华中、华东等省区。贵池区山坡或沟谷两侧阔叶林中偶见。

单毛刺蒴麻 *Triumfetta annua*　　　刺蒴麻属　　**锦葵科**

　　一年生草本或亚灌木,嫩枝被黄褐色茸毛。单叶互生,纸质,卵状或卵状披针形,两面有稀疏单长毛,基出脉3~5条,边缘有锯齿。聚伞花序腋生,花序柄极短;萼片长5毫米,先端有角;花瓣比萼片稍短,倒披针形;雄蕊10枚;子房被刺毛,3~4室,花柱短。蒴果扁球形,刺长5~7毫米,先端弯钩。花果期8~11月。

　　茎皮纤维可制麻绳、麻袋。分布于我国长江以南等省区。贵池区荒野路旁偶见。

地桃花 *Urena lobata*　　　　　梵天花属　**锦葵科**

直立亚灌木,小枝被星状绒毛。茎下部的叶近圆形,先端浅3裂,边缘具锯齿;中部叶卵形;上部叶长圆形至披针形。花单生或近簇生叶腋;花萼杯状,5裂,被星状柔毛;花冠淡红色,花瓣5,被星状柔毛;雄蕊柱长约1.5厘米,无毛。分果扁球形,径0.5~1厘米,分果爿被星状柔毛和锚状刺。花期8~10月。

可供纤维,根作药用。产于长江以南各省区。贵池区空旷地、草坡、疏林下偶见。

芫花 *Daphne genkwa*　　药鱼草　　　　　瑞香属　**瑞香科**

落叶灌木。幼枝纤细,密被淡黄色丝状毛;老枝褐色或带紫红色,无毛。叶对生,纸质,全缘。花3~7朵簇生叶腋,淡紫红或紫色,先叶开花;萼筒长0.6~1厘米,外面被丝状柔毛;裂片4,卵形或长圆形;雄蕊8,2轮,分别着生于萼筒中部和上部。果肉质,白色,椭圆形,包于宿存花萼下部。花期4~5月,果期5~6月。

根皮、花蕾入药,全株可作土农药。分布于华东、华中、河北、陕西、甘肃、四川等省区。贵池区山坡、路边或疏林下较常见。

毛瑞香 *Daphne kiusiana* var. *atrocaulis*　　　瑞香属　**瑞香科**

常绿灌木。幼枝深紫或紫红色,无毛,老枝紫褐或淡褐色。叶互生,稀对生,有时簇生枝顶,薄革质全缘,两面无毛。花5～13组成顶生头状花序,无花序梗;花白、黄或淡紫色;萼筒外被丝状毛,裂片4;雄蕊8,2轮,分别生于花萼筒上部及中部。花期11月至翌年2月,果期4～5月。

根入药,花可观赏和提取芳香油。分布于我国中部、东部及广东、广西等省区。贵池区林缘或疏林中较阴湿处偶见。

细轴荛花 *Wikstroemia nutans*　　　荛花属　**瑞香科**

灌木。枝暗灰色,小枝纤细,红褐色,圆柱形,无毛。叶对生,纸质或膜质,卵形、卵状椭圆形或卵状披针形,先端长渐尖,基部楔形或钝,两面均无毛,下面具白粉,侧脉7～14对,纤细。花序为顶生或腋生短总状花序,有花3～8朵,黄绿色,几无梗;萼筒筒状,裂片4;雄蕊8,2轮,上轮着生于萼筒喉部,下轮生于萼筒中部以上。果椭圆形或近球形,熟时红色。花期春季至初夏,果期夏秋间。

可入药。分布于广东、海南、广西、湖南、福建、台湾等省区。贵池区山区林下偶见。

黄花草 *Arivela viscosa* 黄花草属 **白花菜科**

　　一年生直立草本。茎被黏质腺毛,有异味。掌状复叶,小叶3~7,薄草质,中间1片最大,侧生小叶渐小。总状花序顶生,具3裂的叶状苞片;花梗长1~2厘米,被毛;萼片披针形,花瓣黄色,雄蕊10~30,着生花盘上;花柱长2~6毫米,子房圆柱形,密被腺毛。果圆柱形,长4~10厘米,被黏质腺毛。花果期几全年,花期6~9月,果期10月。

　　全草入药。分布于华东、华中、海南及云南等省区。贵池区荒地、路旁及田野间偶见。

匍匐南芥 *Arabis flagellosa* 南芥属 **十字花科**

　　多年生匍匐草本。全株被单毛、具柄2~3叉毛及星状毛,有时近无毛;茎基部分枝,匍匐茎鞭状。基生叶簇生,基部下延成翅状窄叶柄;茎生叶疏散,有时顶端3~6片轮生。总状花序顶生;萼片长椭圆形,上部边缘白色;花瓣匙形,白色,基部具长爪。长角果线形,长2~4厘米,顶端尖;果瓣扁平或缢缩呈念珠状,中脉明显。花期3~4月,果期4~5月。

　　分布于浙江、江苏。贵池区石灰岩地区林缘、山坡岩旁偶见。

荠 *Capsella bursa-pastoris*　荠菜　　　　　　荠属　**十字花科**

　　一年或二年生草本。基生叶丛生呈莲座状,大头羽状分裂,顶裂片卵形至长圆形,侧裂片长圆形至卵形;茎生叶窄披针形或披针形,基部箭形,抱茎,边缘有缺刻或锯齿。总状花序顶生及腋生,花瓣白色有短爪。短角果倒三角形或倒心状三角形,扁平,顶端微凹;种子2行,长椭圆形,浅褐色。花期3~5月,果期4~7月。

　　嫩茎叶作蔬菜,亦可入药。几遍全国。贵池区山坡、田边及路旁常见。

碎米荠 *Cardamine occulata*　碎米荠　　　　碎米荠属　**十字花科**

　　一年生或两年生草本。茎直立或斜上,下部有时呈淡紫色。奇数羽状复叶;基生叶有柄,小叶1~5对,顶生小叶宽卵形;茎生叶具小叶2~4对,狭倒卵形至线性。总状花序开花时呈伞房状,果时渐伸长;花瓣白色,花柱圆形,与花瓣等长。长角果线性,果梗纤细,与总梗几成直角展开;种子长方形。花期3~4月,果期4~6月。

　　全草可作野菜食用,也供药用。分布于西南、中南、华东及西北等省区。贵池区山坡、路边、田边及沟边湿地常见。

白花碎米荠 *Cardamine leucantha*

碎米荠属 **十字花科**

　　多年生草本。有匍匐根状茎,茎直立。奇数羽状复叶,小叶2～3对,膜质,边缘有不规则锯齿,顶生小叶有柄,侧生小叶无柄。总状花序顶生,花后伸长;萼片卵形,边缘膜质,被疏毛;花瓣白色,狭长圆形。长角果线性,扁平,不开裂,先端有宿存花柱;种子长圆形。花期4～5月,果期5～7月。

　　全草及根状茎入药,嫩苗可作野菜食用。分布于东北、华东以及河北、山西、湖北、陕西、甘肃等省区。贵池区路边、山坡湿草地、杂木林下及山谷沟边阴湿处较常见。

诸葛菜 *Orychophragmus violaceus* 二月兰

诸葛菜属 **十字花科**

　　一年生或二年生草本。茎直立,单一或上部分枝。基生叶心形,锯齿不整齐;下部茎生叶大头羽状深裂或全裂;上部叶长圆形或窄卵形,基部耳状抱茎。总状花序顶生,有花5～20枚,花大;花瓣紫或白色;萼片紫色;花瓣宽倒卵形,基部爪长达1.5厘米。长角果线形,长7～10厘米,具4棱。花期3～5月,果期4～6月。

　　供观赏。分布于华东、辽宁、河北、山西、湖北、陕西、甘肃、四川等省区。贵池区公园、绿地、路旁可见栽培,常逸为野生状态。

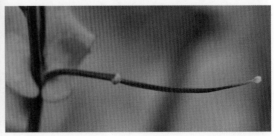

风花菜 *Rorippa globosa*　　球果蔊菜 蔊菜属 十字花科

一年生或二年生草本。茎单一,下部被白色长毛。基生叶早枯;茎下部叶具柄,上部叶无柄,叶片长圆形或倒卵状披针形,两面被疏毛。总状花序多数,顶生或腋生,圆锥状排列,无叶状苞片;花瓣黄色,与萼片等长或稍长。短角果近球形,果瓣隆起,果柄纤细。花期4～6月,果期6～9月。

种子含油。分布于东北、华北、西北、华东、华南等地。贵池区河岸、路旁、沟边或草丛偶见。

蔊菜 *Rorippa indica*　　印度蔊菜 蔊菜属 十字花科

一年生或二年生直立草本。单叶互生,基生叶及茎下部叶具长柄,常大头羽状分裂,顶裂具不整齐牙齿,侧裂片1～5对;茎上部叶宽披针形或近匙形,疏生齿,具短柄或基部耳状抱茎。总状花序顶生或侧生,花小,多数,具细花梗;萼片4,卵状长圆形;花瓣4,黄色,匙形,基部渐狭成短爪,与萼片近等长;四强雄蕊。长角果线状圆柱形,短而粗。花期3～7月,果期4～8月。

全草药用。产东南沿海、华中、四川、贵州,北至陕西、甘肃等省区。贵池区山坡、荒地、田埂等处较常见。

华葱芥 *Sinalliaria limprichtiana*　　心叶诸葛菜　　　华葱芥属　**十字花科**

多年生草本。茎和叶均被白色柔毛。叶片膜质,基生叶为羽状复叶,顶生小叶大,心形,侧生小叶很小,1～3对;茎生叶具较长的叶柄,顶生小叶通常为三角状心形,边缘锯齿钝或略尖锐;茎上部叶常为单叶,三角状披针形。总状花序疏松,出自叶腋;花瓣白色,长圆形或倒卵状楔形,顶端微凹,基部有极短的爪。长角果细长,果瓣微凸,种子间稍缢缩;种子长卵形,暗褐色。花果期3～6月。

分布于江苏、浙江等省区。贵池区路边、林下及山坡岩旁偶见。

黎川阴山荠 *Yinshania lichuanensis*　　　　　阴山荠属　**十字花科**

一年生或多年生草本。茎直立,具槽。基部和最下部茎生叶3～5小叶,小叶披针形,顶生的通常较大,边缘有锯齿或不规则齿状;最上部叶单叶或很少3小叶,在形态上类似于下部叶的小叶。总状花序顶生和侧生,在果期显著伸长;花瓣白色,匙形基部爪。果倒卵形、长圆形或椭圆形;种子棕色到黑褐色。花期5～6月,果期6～8月。

分布于福建、广东、江西、浙江等省区。贵池区石灰岩地区潮湿的山谷、林下及路旁偶见。

黟县阴山荠 *Yinshania yixianensis*　黟县泡果荠　　　　阴山荠属　**十字花科**

一年生或二年生草本。茎直立,具槽,高40~90厘米。羽状复叶互生;基生叶和茎中下部叶具5~7小叶,顶生小叶长椭圆形或卵状披针形,侧生小叶卵形或卵状椭圆形;茎上部叶具3~5小叶,小叶长圆状披针形或卵形。总状花序顶生和腋生,长约4厘米,果期长6~22厘米,花序轴"之"字形曲折;花瓣白色,基部具短爪。短角果椭圆状卵形或长圆形;种子红褐色。花期5~6月,果期6~8月。

分布于安徽。贵池区山区林缘及路边极少见生长。

金荞麦 *Fagopyrum dibotrys*　　　　　　　　荞麦属　**蓼科**

多年生草本。主根块状,茎直立,具纵棱,有时一侧沿棱被柔毛。叶三角形,两面被乳头状突起,托叶鞘无缘毛。花序伞房状,苞片卵状披针形,花梗与苞片近等长,中部具关节;花被片椭圆形,白色;雄蕊较花被短,花柱3。瘦果宽卵形,具3锐棱,伸出宿存花被,长为花被的2~3倍。花果期9~11月。

块根药用。分布于陕西、华东、华中、华南及西南等省区。国家二级保护物种。贵池区山谷湿地、山坡灌丛偶见,也有农户栽培。

何首乌 *Pleuropterus multiflora*

多年生草本。块根肥厚,长椭圆形。茎缠绕,多分枝,具纵棱,无毛,下部木质化。叶互生,卵形或长卵形,两面粗糙,边缘全缘;托叶鞘膜质,偏斜。花序圆锥状,顶生或腋生,分枝开展;苞片三角状卵形,每苞具2~4花;花梗细弱,下部具关节,果时延长;花被5深裂,白色或淡绿色。瘦果卵形,具3棱。花果期9~11月。

全株药用。分布于华南、华东、华中、西南等地。贵池区山坡灌丛、路旁常见。

萹蓄 *Polygonum aviculare*

一年生草本。叶椭圆形、窄椭圆形或披针形,全缘,无毛;叶柄短,基部具关节,托叶鞘膜质,撕裂。花单生或数朵簇生叶腋;苞片薄膜质;花梗细,顶部具关节;花被5深裂,花被片椭圆形,绿色,边缘白或淡红色。瘦果卵形,具3棱,无光泽。花果期5~10月。

全草药用。全国各省区广布。贵池区路旁、田边常见。

蓼子草 *Persicaria criopolitanum*   蓼属   **蓼科**

  一年生草本。茎平卧,丛生,被平伏长毛及稀疏腺毛。叶窄披针形或披针形,两面被糙伏毛,边缘具缘毛及腺毛;叶柄极短或近无柄,托叶鞘密被糙伏毛,顶端平截,具长缘毛。头状花序顶生,花序梗密被腺毛;苞片卵形,密生糙伏毛,具长缘毛;花梗较苞片长,密被腺毛;花被5深裂,淡红色,花被片卵形,长3~5毫米;雄蕊5,花药紫色。花果期7~11月。

  可供观赏。分布于华东、华中、陕西、广东、广西等省区。贵池区河滩地、沟边湿地、水塘边较常见。

稀花蓼 *Persicaria dissitiflorum*   蓼属   **蓼科**

  一年生草本。茎直立,疏被倒生皮刺和星状毛。叶卵状椭圆形;托叶鞘膜质,长三角形状披针形,具缘毛。花序圆锥状,花稀疏,间断,花序梗细,紫红色,密被紫红色腺毛;苞片漏斗状,长2.5~3毫米;花梗无毛;花被5深裂,花被片椭圆形;雄蕊7~8。瘦果近球形,顶端微具3棱。花果期6~10月。

  分布于东北、华东、华中、华北及西南等省区。贵池区河边湿地、山谷草丛较常见。

 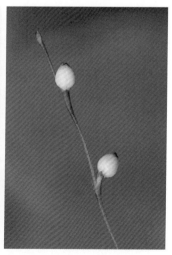

水蓼 *Persicaria hydropiper*　辣蓼　　　　　　　　　　蓼属　**蓼科**

　　一年生草本。茎直立,多分枝,无毛。叶披针形或椭圆状披针形,两面密布腺点,具辛辣叶;托叶鞘内通常藏花簇而显肿胀,顶端具缘毛。穗状花序下垂,花稀疏,花被(4)5深裂,绿色,上部白或淡红色,具腺点,椭圆形;雄蕊较花被短,花柱2~3。瘦果卵形,扁平,两面凸起或具三棱。花果期4~10月。

　　全草入药。分布于我国南北各省区。贵池区河滩、水沟边、山谷湿地常见。

蚕茧草 *Persicaria japonica*　　　　　　　　　　　　　蓼属　**蓼科**

　　多年生草本。茎直立,无毛或疏被平伏硬毛。叶近薄革质,披针形,两面疏被平伏硬毛,具刺状缘毛;托叶鞘长1.5~2厘米,被平伏硬毛,缘毛长1~1.2厘米。穗状花序长6~12厘米;苞片漏斗状,具缘毛;花单性,雌雄异株;花被5深裂,白或淡红色,花被片长椭圆形;雄花具8雄蕊,雌蕊花柱2~3,中下部连合。瘦果卵形,具3棱或双凸,有光泽。花果期8~11月。

　　全草药用。分布于华东、华南、西南等省区。贵池区路边、林下湿地边较常见。

愉悦蓼 *Persicaria jucundum*　　　　蓼属　蓼科

　　一年生草本。茎直立,基部近平卧。叶椭圆状披针形,两面疏生硬伏毛或近无毛,全缘,具短缘毛;托叶鞘膜质,淡褐色,筒状,疏生硬伏毛,顶端截形。总状花序呈穗状,顶生或腋生,花排列紧密;苞片漏斗状,每苞内具3~5花;花被5深裂;雄蕊7~8;花柱3,下部合生,柱头头状。瘦果卵形,具3棱,黑色,有光泽。花果期7~11月。

　　分布于华东、华中、四川、贵州和云南等省区。贵池区山坡草地、山谷路旁及沟边湿地较常见。

绵毛酸模叶蓼 *Persicaria lapathifolium var. salicifolia*　　　　蓼属　蓼科

　　一年生草本。茎直立,无毛,节部膨大。叶披针形或宽披针形,上面绿色,常有一个大的黑褐色新月形斑点,下面密生白色绵毛,全缘;托叶鞘筒状,顶端截形,无缘毛,稀具短缘毛。总状花序呈穗状,顶生或腋生,近直立,花紧密,花序梗被腺体;花被淡红色或白色,4(5)深裂;雄蕊通常6。瘦果宽卵形,双凹,黑褐色,有光泽。花果期6~10月。

　　全草药用。广布于我国南北各省区。贵池区田边、路旁、水边、荒地或沟边湿地较常见。

尼泊尔蓼 *Persicaria nepalensis*　头状蓼　　　　　蓼属　**蓼科**

　　一年生草本。茎外倾或斜上,无毛或节部疏被腺毛。茎下部叶卵形或三角状卵形,沿叶柄下延成翅,疏生黄色透明腺点;茎上部叶较小,近无柄或抱茎;托叶鞘筒状,无缘毛,基部被刺毛。花序头状单生,基部常具1叶状总苞片;花被4裂,淡红或白色,长圆形;雄蕊5~6,花药暗紫色;花柱2,中上部连合。瘦果扁平,双凸。花果期4~10月。

　　全草药用。全国绝大部省份均有分布。贵池区山坡草地、耕地及路旁常见。

红蓼 *Persicaria orientalis*　荭草　　　　　蓼属　**蓼科**

　　一年生草本。茎直立,粗壮,高达2米,密被长柔毛。叶宽卵形或宽椭圆形,两面密被柔毛;托叶鞘长1~2厘米,被长柔毛,常沿顶端具绿色草质翅。穗状花序长3~7厘米,微下垂,数个花序组成圆锥状;花梗较苞片长;花被5深裂,淡红或白色;雄蕊7,较花被长;花柱2,中下部连合。瘦果近球形,扁平,双凹。花果期6~10月。

　　全草药用。全国各地广布。贵池区沟边湿地、村边路旁常见。

扛板归 *Persicaria perfoliata*　　　　蓼属　**蓼科**

　　一年生攀援草本。茎具纵棱,沿棱疏生倒刺。叶三角形,盾状着生,下面沿叶脉疏生皮刺;托叶鞘叶状,穿茎。花序短穗状,顶生或腋生,花被5深裂,白绿色,花被片椭圆形,果时增大,深蓝色。瘦果球形,黑色。花果期6~10月。

　　全草药用,叶可制取靛蓝作染料。我国南北各省区广布。贵池区田边、路旁、山谷湿地常见。

刺蓼 *Persicaria senticosa*　　　　蓼属　**蓼科**

　　一年生攀援草本。茎四棱形,沿棱被倒生皮刺。叶三角形或长三角形,两面被柔毛,下面沿叶脉疏被倒生皮刺;托叶鞘筒状,具叶状肾圆形翅,具缘毛。小头状的总状花序数个集成伞房状或圆锥状,花序梗密被腺毛;花梗粗,较苞片短;花被5深裂,淡红色,花被片椭圆形;雄蕊8,2轮,较花被短;花柱3,中下部连合。花果期6~9月。

　　全草药用。分布于东北、华东、华中、贵州和云南等省区。贵池区山坡、山谷及林下、河滩湿地较常见。

香蓼 *Persicaria viscosa*

蓼属　**蓼科**

一年生草本。茎高达90厘米,密被长糙硬毛及腺毛。叶卵状披针形或宽披针形,两面被糙硬毛,密生缘毛;托叶鞘长密被腺毛及长糙硬毛,顶端平截,具长缘毛。总状花序呈穗状,顶生或腋生,花紧密;花梗较苞片长,花被5深裂,淡红色,花被片椭圆形。瘦果宽卵形,具3棱,黑褐色,有光泽。花期7~9月,果期8~10月。

产于东北、陕西、华东、华中、华南、四川等省区。贵池区路旁湿地、沟边草丛偶见。

伏毛蓼 *Persicaria pubescens*

蓼属　**蓼科**

一年生草本。茎疏被平伏硬毛。叶卵状披针形或宽披针形,上面中部具黑褐色斑点,两面密被平伏硬毛,具缘毛;托叶鞘长被平伏硬毛,顶端平截,具粗长缘毛。穗状花序下垂;花被5深裂,绿色,上部红色,密生淡紫色透明腺点;雄蕊较花被短。瘦果卵形,具3棱,黑色,密生小凹点。花期8~9月,果期9~10月。

产于辽宁、陕西、甘肃、华东、华中、华南及西南等省区。贵池区沟边、水旁、田边湿地偶见。

虎杖 *Reynoutria japonica*　　　　　　　　　虎杖属　蓼科

多年生草本。茎直立,丛生,基部木质化,散生红色或紫红色斑点。叶互生,质厚,宽卵形或卵状椭圆形;托叶鞘膜质,褐色,早落。花单性,雌雄异株,成腋生的圆锥状花序;花梗细长,中部有关节,上部有翅;花黄白色,花被5深裂。瘦果椭圆形,有3棱,黑褐色。花果期6~10月。

根及根茎药用。分布于河南、陕西、湖北、华东及西南等省区。贵池区山坡灌丛、山谷、路旁、田边较常见。

齿果酸模 *Rumex dentatus*　　　　　　　　　酸模属　蓼科

一年生草本。茎下部叶长圆形或长椭圆形,茎生叶较小。花两性,穗状的总状花序腋生或顶生,每一花簇具多花,成轮状排列;花梗中下部具关节;花被片6,2轮,黄绿色,外花被片椭圆形,内花被片果时增大,三角状卵形,两侧边缘通常各生3枚长短不一的针刺。瘦果卵形,具3锐棱。花果期5~7月。

根、叶药用。分布于华北、西北、华东、华中、西南等省区。贵池区沟边湿地、山坡路旁常见。

羊蹄 *Rumex japonicus*　　　　　　　　　　　　　酸模属　| 蓼科

多年生草本。茎直立,具棱槽。基生叶长圆形或披针状长圆形,长8~25厘米,基部圆或心形,边缘微波状,叶柄长4~12厘米;茎上部叶窄长圆形,叶柄较短;托叶鞘膜质,易开裂,早落。花两性,顶生圆锥花序较紧密而狭长,长达25厘米;花梗细长,中下部具关节,外花被片椭圆形,内花被片果时增大,宽心形,长4~5毫米,先端渐尖,基部心形,具不整齐小齿。瘦果宽卵形,具3锐棱。花果期4~6月。

全草入药。分布于东北、华北、华东、华中、华南等省区。贵池区田边路旁、河滩湿地常见。

无心菜 *Arenaria serpyllifolia*　　蚤缀、鹅不食草　　　　无心菜属　| 石竹科

一年生草本。茎丛生,全株密被白色柔毛。单叶对生,卵圆形,两面疏被柔毛,具缘毛。聚伞花序顶生,花梗密被柔毛或腺毛;萼片5,卵状披针形;花瓣5,白色,倒卵形,短于萼片,全缘;雄蕊10,短于萼片;花柱3。蒴果卵圆形,与宿存萼等长,顶端6裂;种子小,肾形,淡褐色。花期4~6月,果期7~9月。

全草药用。产于全国各地。贵池区沙质荒地、田野、园圃较常见。

球序卷耳 *Cerastium glomeratum*　　　卷耳属　**石竹科**

二年生草本。茎密被长柔毛,上部兼有腺毛。单叶对生,下部叶匙形,上部叶倒卵状椭圆形,两面被长柔毛,具缘毛。聚伞花序密集成头状,花序梗密被腺柔毛;萼片5,披针形;花瓣5,白色,长圆形,先端2裂。蒴果长圆筒形,长于宿萼,具10齿。花期3~5月,果期4~6月。

全草药用。分布于华东、华中、云南及西藏等省区。贵池区山坡草地、绿地常见。

鄂西卷耳 *Cerastium wilsonii*　　　卷耳属　**石竹科**

多年生草本。茎直立,钝四棱,近无毛。单叶对生,基生叶匙形,基部渐窄成长柄状;茎生叶卵形或卵状椭圆形,无柄。聚伞花序顶生,花序梗细长,具腺柔毛;萼片5,披针形或宽披针形;花瓣5,白色,狭倒卵形,长为萼片的2倍,2裂至中部;雄蕊稍长于萼片,无毛;花柱5,线形。花期4~5月,果期6~7月。

叶入药。分布于华北、华中、华东等省区。贵池区山坡、林缘、路边草丛可见生长。

孩儿参 *Pseudostellaria heterophylla*

孩儿参属 **石竹科**

多年生草本。块根长纺锤形，白色，稍带灰黄。茎单生，被2列短毛。叶二型，顶端叶卵形、卵状披针形，近轮生状，基部叶渐狭。开花受精花1~3朵，腋生或呈聚伞花序，花梗长1~2厘米；萼片5，披针形；花瓣5，白色，长圆形或倒卵形；雄蕊10，花柱3。闭花受精花具短梗，萼片4，无花瓣，雄蕊2，花柱3。蒴果宽卵形，种子褐色，扁圆形。花期4~5月，果期5~6月。

根入药。分布于东北、华北、西北、华东、华中等省区。贵池区山谷林下林缘阴湿处偶见。

漆姑草 *Sagina japonica*

漆姑草属 **石竹科**

一至二年生小草本。茎纤细，丛生，上部疏被腺柔毛。叶线形，具1条脉，基部合生，无毛。花小，单花顶生或腋生；萼片5，卵状椭圆形；花瓣5，白色，卵形；雄蕊5，短于花瓣；花柱5，短线性。蒴果球形，稍长于宿存萼；种子褐色，圆肾形，具尖疣。花期5~4月，果期5~6月。

全草入药。产东北、华北、西北、华东、华中和西南等省份。贵池区林下、沙地、荒芜农田较常见。

鹤草 *Silene fortunei* 野蚊子草 蝇子草属 石竹科

多年生草本。茎丛生,被短柔毛,分泌黏液。基生叶倒披针形,中上部叶披针形,基部渐窄成柄状,具缘毛。聚伞圆锥花序,小聚伞花序对生,具1~3花;花萼长筒状,萼齿三角状卵形,具短缘毛;花瓣粉红色,爪微伸出花萼,瓣片平展,2裂达1/2或更深,裂片撕裂状条裂。蒴果长圆形,种子圆肾形。花期6~8月,果期7~9月。

全草药用。分布于华东、华南、四川、陕西等省区。贵池区山坡草丛、林下砾石间偶见。

雀舌草 *Stellaria alsine* 繁缕属 石竹科

二年生矮小草本。茎丛生,无毛。叶无柄,对生,披针形至长圆状披针形,半抱茎。聚伞花序通常具3~5花,顶生或花单生叶腋;萼片5,披针形;花瓣5,白色,2深裂几达基部,裂片条形,钝头;雄蕊5,微短于花瓣;花柱3,短线形。蒴果卵圆形,与宿存萼等长或稍长。花期5~6月,果期7~8月。

分布于华东、华南、陕西、湖北、内蒙古、甘肃、西藏等省区。贵池区山坡路旁、溪沟边、农田附近较常见。

鹅肠菜 *Stellaria aquaticum* 牛繁缕 繁缕属 石竹科

多年生草本。茎外倾或上升，上部被腺毛。叶对生，卵形，边缘波状；叶柄长0.5～1厘米，上部叶常无柄。花白色，二歧聚伞花序顶生或腋生，苞片叶状，边缘具腺毛；萼片5，卵状披针形；花瓣5，2深裂至基部。蒴果卵圆形。花期5～9月，果期6～9月。

全草药用。分布于我国南北各省。贵池区林缘、山坡湿地、沟边及田埂常见。

中国繁缕 *Stellaria chinensis* 繁缕属 石竹科

多年生草本。茎细铁丝状，直立或匍匐。叶卵形或卵状披针形，全缘，无毛。聚伞花序腋生，疏散，花序梗细长；萼片5，披针形；花瓣5，短于萼片，2深裂；雄蕊10，与花瓣近等长。蒴果卵圆形，稍长于宿萼，6齿裂。花期4～7月，果期7～9月。

分布于我国中东部、河北、河南、四川、甘肃及陕西等省区。贵池区丘陵山区石缝、溪沟边、路边偶见。

繁缕 *Stellaria media*

繁缕属 　石竹科

一至二年生草本。茎细弱、叉状分枝,茎侧有一列短柔毛。单叶对生,叶卵形,全缘,下部叶具柄,上部叶常无柄。聚伞花序顶生或单花腋生;萼片5,卵状披针形,先端钝圆;花瓣5,白色,2深裂近基部;雄蕊3~5,短于花瓣;花柱短线形,3~4枚。蒴果卵圆形,稍长于宿萼,顶端6裂;种子多数,红褐色。花期3~4月,果期5~8月。

全草药用。几遍全国。贵池区平原及丘陵沟边湿地、农田周边常见。

牛膝 *Achyranthes bidentata*

牛膝属 　苋科

多年生草本。茎有棱角或四方形,几无毛,节部膝状膨大。单叶对生,叶片椭圆形或椭圆状披针形,全缘。穗状花序顶生或腋生,花后总梗伸长,花下折,贴近总梗;花被片5,绿色,披针形;雄蕊5,基部合生。胞果矩圆形,黄褐色,光滑。花期7~9月,果期9~11月。

全草药用。除东北外,几遍全国。贵池区山坡林下、田野、路边常见。

喜旱莲子草 *Alternanthera philoxeroides*　　　　莲子草属　　苋科

　　多年生水生或湿生宿根草本。茎匍匐，上部上升，幼茎及叶腋被白或锈色柔毛，老时无毛。叶长圆形、长圆状倒卵形或倒卵状披针形，全缘。头状花序具花序梗，单生叶腋，白色花被片长圆形，花丝基部连成杯状，子房倒卵形。花果期6～10月。

　　全草药用。分布于长江以南各省区，原产于巴西，我国引种后逸为野生。贵池区水池、水沟等浅水和近水区域常见。

莲子草 *Alternanthera sessilis*　　　　莲子草属　　苋科

　　本种与喜旱莲子草相似，主要区别：头状花序1～4，无总花梗，雄蕊3。花期6～9月，果期8～10月。

　　全株药用。分布于长江以南各省区。贵池区长江、水沟、田边的沼泽和潮湿地常见。

绿穗苋 *Amaranthus hybridus*　　　　　苋属　苋科

一年生草本。茎分枝,上部近弯曲,被柔毛。叶卵形或菱状卵形,叶缘波状或具不明显锯齿。穗状圆锥花序顶生,细长,有分枝,中间花穗最长;苞片钻状披针形,中脉绿色,伸出成尖芒;花被片长圆状披针形,雄蕊和花被片近等长或稍长。花期7~8月,果期9~10月。

分布于我国中东部及陕西、四川、贵州等省区。贵池区田野、山坡、路旁较常见。

刺苋 *Amaranthus spinosus*　　　　　苋属　苋科

一年生草本。茎直立,无毛或稍有柔毛。叶片菱状卵形或卵状披针形,全缘;叶柄无毛,在其旁有2刺,刺长5~10毫米。圆锥花序腋生及顶生;苞片在腋生花簇及顶生花穗的基部者变成尖锐直刺;小苞片狭披针形;花被片绿色,顶端急尖,具凸尖,边缘透明。花果期5~11月。

全草药用。分布于陕西、河南、华东、华南及西南各省区。贵池区旷野、路边及耕地边较常见。

青葙 *Celosia argentea*

青葙属　　**苋科**

　　一年生草本。全株无毛,茎直立,具明显条纹。叶长圆状披针形、披针形或披针状条形,绿色常带红色。塔状或圆柱状穗状花序不分枝,长3～10厘米;苞片及小苞片披针形,具中脉;花被片长圆状披针形,白色或顶端带红色。胞果卵形。花期6～9月,果期8～10月。

　　种子入药。几遍全国。贵池区田野、丘陵、山坡荒地常见。

鸡冠花 *Celosia cristata*

青葙属　　**苋科**

　　本种与青葙较相似,主要区别:穗状花序多分枝呈鸡冠状、卷冠状或羽毛状,花红、紫、黄、橙色。花果期7～9月。

　　栽培供观赏,花和种子供药用。我国南北各地均有栽培。贵池区各地常见栽培。

藜 *Chenopodium album*　　　　　藜属　**苋科**

　　一年生草本。茎直立,粗壮,具条棱及色条,多分枝。叶菱状卵形或宽披针形,具不整齐锯齿。多数花簇排成腋生或顶生圆锥状花序;花被5深裂,裂片宽卵形或椭圆形;雄蕊5,外伸;柱头2。胞果果皮与种子贴生;种子横生,双凸镜形,黑色,有光泽。花期6~8月,果熟期7~10月。

　　全草药用。我国各地均产。贵池区路旁、荒地及田间常见。

土荆芥 *Dysphania ambrosioides*　　　　腺毛藜属　**苋科**

　　一年生或多年生草本,被椭圆形腺体,有香味。叶长圆状披针形或披针形,具小整齐大锯齿。花被常5裂,淡绿色,果时常闭合;雄蕊5,花药长0.5毫米;花柱不明显,柱头3~4,丝形。胞果扁球形;种子横生或斜生,黑或暗红色,有光泽。花期6~8月,果期7~10月。

　　全草药用。分布于华东、华南、西南等省区。贵池区村旁、路边、河岸等处常见。

垂序商陆 *Phytolacca americana* 美洲商陆 商陆属 **商陆科**

多年生草本。高可达2米,茎圆柱形,有时带紫红色。叶椭圆状卵形或卵状披针形,全缘。总状花序顶生或与叶对生,纤细;花白色,微带红晕,花被片5,雄蕊、心皮及花柱均为10。果序下垂,浆果扁球形,紫黑色;种子肾圆形。花期7~8月,果期8~10月。

根和种子药用。原产北美,现我国多省逸为野生。贵池区耕地、路旁、村边、荒地常见。

紫茉莉 *Mirabilis jalapa* 洗澡花 紫茉莉属 **紫茉莉科**

一年生草本。高达1米,茎多分枝,节稍肿大。叶卵形或卵状三角形,全缘。花常数朵簇生枝顶,总苞钟形,5裂,花被紫红、黄或杂色,花被筒高脚碟状,檐部5浅裂,午后开放,有香气,次日午前凋萎。瘦果球形,黑色,革质,具皱纹。花期6~9月,果期8~10月。

供观赏,根、叶及种子白粉可供药用。原产拉丁美洲,我国各地常栽培。贵池区公园、庭院常见栽培。

土人参 *Talinum paniculatum*　　　　　土人参属　**土人参科**

一年生或多年生草本。主根粗壮,圆锥形;茎肉质,基部近木质。叶互生或近对生,倒卵形或倒卵状长椭圆形,全缘,稍肉质。圆锥花序顶生或腋生,常二叉状分枝;萼片卵形,紫红色,早落;花瓣粉红或淡紫红色,倒卵形或椭圆形;雄蕊15~20,较花瓣短。蒴果近球形,3瓣裂;种子多数,扁球形,黑褐或黑色,有光泽。花期5~7月,果期8~10月。

供观赏,也有将根作强壮药。原产热带美洲,我国中部和南部均有栽植。贵池区可见盆栽或住宅边常见逸生。

粟米草 *Trigastrotheca stricta*　　　　　粟米草属　**粟米草科**

一年生铺散草本。茎纤细,多分枝,具棱,无毛。叶3~5近轮生或对生,茎生叶披针形或线状披针形,全缘。花小,聚伞花序梗细长,顶生或与叶对生;花被片5,淡绿色,椭圆形或近圆形;雄蕊3,花丝基部稍宽;子房3室,花柱短线形。蒴果近球形,与宿存花被等长;种子多数,肾形,深褐色。花果期7~10月。

全草药用。分布于秦岭、黄河以南。贵池区空旷荒地、耕地较常见。

马齿苋 *Portulaca oleracea*　　　　　　　　　马齿苋属　**马齿苋科**

　　一年生草本。全株无毛,茎平卧或斜倚,铺散,多分枝,圆柱形。叶互生或近对生,扁平肥厚,倒卵形,全缘。花无梗,径4~5毫米,常3~5簇生枝顶,午时盛开;叶状膜质苞片2~6,近轮生;萼片2,对生,绿色;花瓣(4)5,黄色;雄蕊8或更多,花药黄色。蒴果圆锥形,盖裂;种子多数,细小,褐色。花期6~8月,果期6~9月。

　　全草药用,也可作蔬菜。我国南北各地均产。贵池区菜园、农田、路旁常见。

匍地仙人掌 *Opuntia humifusa*　　　　　　　仙人掌属　**仙人掌科**

　　低矮肉质灌木,匍匐或稍上升,常密集群生或丛生。叶状茎圆形或椭圆形,具多数分枝,深绿色,无白霜。小窠疏生,具短棉毛和倒刺刚毛多数。叶深绿色,肉质,早落。花常生于叶状茎顶端边缘处,黄色。浆果倒卵球形,成熟时红色橙红色或紫红色。花期5~6月,果期8月至翌年3月。

　　供观赏,全株入药,果实可食用。原产于中美洲,我国南方常见栽培。贵池区各处常见栽植。

喜树 *Camptotheca acuminata*

喜树属 **蓝果树科**

高大落叶乔木。树皮灰色,浅纵裂;小枝皮孔长圆形或圆形。叶互生,长圆形或椭圆形,全缘。花杂性同株,头状花序生于枝顶及上部叶腋;花萼杯状,齿状5裂;花瓣5,卵状长圆形;雄蕊10,着生花盘周围,不等长;子房下位,花柱顶端2~3裂。头状果序具15~20枚瘦果,顶端具宿存花盘。花期5~7月,果熟期8~10月。

作绿化树种,木材可供材用,根药用。分布于华东至云贵一带。贵池区公路边、公园及庭院常见栽培。

宁波溲疏 *Deutzia ningpoensis*

溲疏属 **绣球花科**

落叶灌木。小枝红褐色,疏生星状毛。叶对生,厚纸质,卵状长圆形或卵状披针形,边缘具疏离锯齿或近全缘。圆锥花序较密而长,疏生星状毛;花萼密生白色星状毛;花瓣5,白色,外面有星状毛;雄蕊10,外轮较花瓣稍短,花丝上部有2齿裂;子房下位,花柱3~4。蒴果近球形。花期5~6月,果期9~10月。

具观赏价值,根叶入药。主要分布于长江流域中下游等省区。贵池区山谷、林缘、溪沟边较常见。

中国绣球 *Hydrangea chinensis* 伞形绣球 绣球属 **绣球花科**

落叶灌木。老枝皮有薄片状剥落。单叶对生,纸质,长圆形、窄椭圆形,有时近倒披针形,近中部以上具钝齿或小齿。伞形状聚伞花序,无总梗;不孕性花具4~5枚萼片;两性花白色,花柱3~4。蒴果卵球形;种子淡褐色,略扁,无翅。花期5~6月,果期9~10月。

可供观赏。分布于长江流域以南各省区。贵池区山谷溪边疏林较常见。

圆锥绣球 *Hydrangea paniculata* 绣球属 **绣球花科**

落叶灌木或小乔木。幼枝疏被柔毛,具圆形浅色皮孔。叶纸质,2~3片对生或轮生,卵形或椭圆形,密生小锯齿。圆锥状聚伞花序长达26厘米,密被柔毛;不育花白色,萼片4;孕性花萼筒陀螺状,萼齿三角形;花瓣分离,白色,卵形或披针形;雄蕊不等长;子房半下位,花柱3。蒴果椭圆形;种子褐色,两端具翅。花期6~8月,果期9~10月。

根入药。主要分布于长江流域以南各省区。贵池区山谷、山坡疏林下较常见。

蜡莲绣球 *Hydrangea strigosa*　　　　绣球属　**绣球花科**

　　直立落叶灌木。小枝被贴生粗伏毛,老枝灰褐色。叶纸质,长圆形、卵状披针形、倒披针形或长卵形,有锯齿。伞房状聚伞花序分枝扩展;不育花萼片4~5,宽卵形或近圆形,全缘或具数齿;孕性花淡紫红色,萼筒钟状,花瓣分离,长卵形;雄蕊不等长,花柱2。蒴果坛状;种子褐色,两端各具翅。花期8~9月,果期9~10月。

　　根入药。主要分布于长江流域以南各省区。贵池区山沟密林下阴湿处偶见。

绢毛山梅花 *Philadelphus sericanthus*　　　　山梅花属　**绣球花科**

　　灌木。二年生小枝黄褐色,表皮纵裂,片状脱落,无毛或疏被毛。叶纸质,椭圆形或椭圆状披针形,边缘具锯齿,齿端具角质小圆点。总状花序有花7~15朵;花萼褐色,外面疏被糙伏毛;花冠盘状,花瓣白色。蒴果倒卵形,长约7毫米,直径约5毫米;种子长3~3.5毫米,具短尾。花期5~6月,果期8~9月。

　　供观赏。产于我国中东部西南及陕西、甘肃等省区。贵池区沟边、林缘灌木林中偶见。

八角枫 *Alangium chinense*

八角枫属 **山茱萸科**

落叶乔木或灌木。小枝微呈"之"字形,无毛或被疏柔毛。叶纸质,近圆形或椭圆形、卵形,不分裂或3~7裂。聚伞花序腋生;花萼具齿状萼片6~8;花瓣与萼齿同数,线形,白或黄色;雄蕊与瓣同数而近等长,花丝被短柔毛;子房2室,花柱无毛或疏生短柔毛。核果卵圆形,顶端宿存萼齿及花盘。花期5~7月,果熟期9~10月。

根、茎皮入药。产于华中、华东至西南各省区。贵池区山麓坡地林缘或沟边较常见。

灯台树 *Cornus controversa*

山茱萸属 **山茱萸科**

落叶乔木。小枝紫红色,皮孔及叶痕显著。叶纸质,互生,宽椭圆形或卵状椭圆形,全缘。顶生伞房状聚伞花序长约15厘米,微被伏生柔毛;花白色,径约8毫米;花萼具三角状裂片4;花瓣4,长圆状披针形;雄蕊4,伸出花外;花盘垫状,柱头头状。核果圆球形,成熟时紫红或蓝黑色。花期5~6月,果期8~9月。

木材供材用,种子含油。产于辽宁、河北、陕西、甘肃及长江以南各省区。贵池区山坡杂木林中偶见。

四照花 *Cornus kousa* subsp. *chinensis*　　　山茱萸属　**山茱萸科**

落叶小乔木。幼枝被白色柔毛,后渐脱落。单叶对生,卵状椭圆形,下面粉绿色,密被白色柔毛。头状花序球形,具花20~30朵;总苞苞片卵形或卵状披针形,白色;萼4裂,花瓣4,黄色,花盘垫状。果序球形,熟时橙红或紫红色,径1.5~2.5厘米。花期5~6月,果期9~10月。

果可生食或酿酒,也作庭院观赏树木。分布于华东、华中、华南、西南、西北等省区。贵池区山区沟谷落叶阔叶林中偶见。

山茱萸 *Cornus officinalis*　　　山茱萸属　**山茱萸科**

落叶乔木或灌木。单叶对生,纸质,卵状披针形或卵状椭圆形,全缘。伞形花序生于枝侧;总苞片4,卵形,开花后脱落;花小,两性,先叶开放;花萼裂片;花瓣4,舌状披针形,黄色,向外反卷;雄蕊4,花盘垫状。核果长椭圆形,红色至紫红色;核骨质。花期5~4月,果熟期8~10月。

果实入药。分布于华东、西北、华南、西南等省区。贵池区山沟、溪旁偶见,也可偶见农户栽植。

光皮梾木 *Cornus wilsoniana* 山茱萸属 山茱萸科

　　落叶乔木。树皮灰色至青灰色,块状剥落;幼枝灰绿色,略具4棱,被灰色平贴短柔毛。冬芽长圆锥形,密被灰白色平贴短柔毛。叶对生,纸质,椭圆形或卵状椭圆形,边缘波状,微反卷。顶生圆锥状聚伞花序;花小,白色,花瓣4,长披针形。核果球形,直径6～7毫米,成熟时紫黑色至黑色,被平贴短柔毛或近于无毛;核骨质,球形。花期5月;果期10～11月。

　　木本油料植物,优良的用材和绿化树种。产于华北、华中、华东、华南及西南等省区。贵池区山区杂木林、沟谷偶见。

凤仙花 *Impatiens balsamina* 指甲花 凤仙花属 凤仙花科

　　一年生草本。茎粗壮,肉质,直立,下部节常膨大。叶互生,披针形、狭椭圆形或倒披针形,边缘有锐锯齿,叶柄两侧具数对具柄的腺体。花单生或2～3朵簇生于叶腋,无总花梗;花白色、粉红色或紫色,单瓣或重瓣;侧生萼片2。蒴果宽纺锤形,两端尖,密被柔毛;种子多数,圆球形,黑褐色。花期6～9月,果期8～10月。

　　全草入药,也作观赏花卉。我国各地庭园广泛栽培。贵池区常见栽培。

浙江凤仙花 *Impatiens chekiangensis* 凤仙花属 **凤仙花科**

一年生草本，无毛。茎直立或上部略弯，不分枝或疏分枝。叶互生，具柄，下部叶在花期凋落，中部和上部叶片卵状长圆形，膜质，顶端短渐尖，基部楔形，具2～3对具柄腺体，边缘有圆齿状齿。总花梗单生于叶腋，短于或有时长于叶柄。花粉紫色，唇瓣狭漏斗状，有长20～25毫米内弯的距。蒴果纺锤形，长15毫米；种子7～8粒，卵状长圆形。

产于华东。贵池区山谷河边林下或阴湿岩石上偶见。

牯岭凤仙花 *Impatiens davidii* 凤仙花属 **凤仙花科**

一年生草本。茎粗壮，肉质，下部节膨大。叶互生，膜质，卵状长圆形或卵状披针形，边缘有粗圆齿状齿。总花梗连同花梗长约1厘米，果时长可达2厘米，仅具1花，中上部有2枚苞片；苞片草质，宿存；花淡黄色；侧生2萼片膜质，全缘；旗瓣背面中肋具绿色鸡冠状突起；唇瓣囊状，具黄色条纹。花期7～8月。

全草药用。分布于浙江、江西、福建、湖南、湖北等省区。贵池区山谷林下、林缘阴湿处偶见。

红淡比 *Cleyera japonica*

红淡比属　**五列木科**

常绿小乔木。嫩枝有棱，顶芽显著。叶革质，互生，长圆形、长圆状椭圆形或椭圆形，全缘。花2～4朵腋生，卵圆形或圆形；萼片5；白色花瓣5，倒卵状长圆形；雄蕊多枚，花柱顶端2浅裂。果球形，径0.8～1厘米；种子每室数个至10多个，扁圆形。花期5～6月，果期10～11月。

可供观赏。主要分布于长江流域以南各省区。省级保护植物。贵池区丘陵山区天然疏林中偶见。

格药柃 *Eurya muricata*

柃属　**五列木科**

常绿小乔木或灌木状。幼枝圆，全株无毛。叶革质，长圆状椭圆形或椭圆形，具细钝齿。花1～5朵簇生叶腋。雄花：小苞片2，近圆形；萼片5，革质，近圆形；花瓣5，白色，长圆形或长圆状倒卵形；雄蕊15～20，花药具多分格。雌花：花瓣白色，卵状披针形，长约3毫米，子房3室。果球形，径4～5毫米，紫黑色；种子肾圆形，有光泽。花期9～11月，果期翌年6～8月。

分布于华东、湖南、福建、广东等地区。贵池区山谷林中较常见。

柿 *Diospyros kaki*　　柿属　柿科

　　落叶乔木。树皮方块状深裂,小枝暗褐色。单叶互生,纸质,卵状椭圆形至倒卵形或近圆形,全缘。花雌雄异株,稀雄株有少数雌花,雌株有少数雄花;聚伞花序腋生。雄花序弯垂,有3(～5)花;花萼钟状,4深裂;花冠,黄白色,4裂;雄蕊16～24。雌花单生叶腋,长约2厘米,花萼绿色,深4裂;花冠淡黄白色或黄白色而带紫红色。浆果卵球形或扁球形,直径2.5～7厘米,橙黄色或深橙红色,萼宿存。花期5～6月,果期9～11月。

　　果实供食用,也可作绿化树种。分布于华北、华中、西北以及东南地区。贵池区常见栽培。

野柿 *Diospyros kaki* var. *silvestris*　　柿属　柿科

　　本变种是山野自生柿树,小枝及叶柄常密被黄褐色柔毛,叶较栽培柿树的叶小,叶片下面的毛较多,花较小,果亦较小,直径2～5厘米。

　　果实可食用,植株可作柿树嫁接的砧木。分布于中部、云南、广东和广西北部、江西、福建等省区的山区。贵池区山坡、灌丛中偶见。

君迁子 *Diospyros lotus* 牛奶柿 柿属 **柿科**

本种与柿较相似,主要区别:叶下面灰白色,干后带粉白色;浆果球形,直径1~3.5厘米,熟时黄色,失水风干后变黑。花期5月,果期10月。

果可食用,种子入药,植株可作柿树嫁接的常用砧木。产于我国辽宁以南大部省区。贵池区丘陵山区、林缘、宅旁偶见。

老鸦柿 *Diospyros rhombifolia* 柿属 **柿科**

本种与柿较相似,主要区别:落叶灌木或小乔木;枝有刺;叶片较小,长3~8厘米;宿萼片狭椭圆形或针形,有直脉纹;浆果卵球形,直径约5厘米。花期5~6月,果期7~10月。

可盆栽观赏。分布于江浙、江西、福建等地。省级保护植物。贵池区丘陵山区沟谷旁偶见。

朱砂根 *Ardisia crenata*

紫金牛属　报春花科

常绿灌木。茎无毛,无分枝。叶革质或坚纸质,椭圆形、椭圆状披针形或倒披针形,叶缘具皱波状或波状齿,具边缘腺点。伞形花序或聚伞花序,常生于侧枝顶端;花萼片绿色,长约1.5毫米,具腺点;花白色而微带粉红。果球形,鲜红色,具腺点,花柱、花萼宿存。花期5~7月,果期10~12月。

全株入药,也作盆景。产于我国藏东南至台湾,湖北至海南等地区。贵池区丘陵山区林下偶见,也可常见盆栽。

紫金牛 *Ardisia japonica*

紫金牛属　报春花科

常绿小灌木,近蔓生。叶对生或轮生,椭圆形或椭圆状倒卵形,具细齿,稍具腺点。花序近伞形,有花2~5朵;花梗长0.7~1厘米,常下弯;萼片卵形,无毛,具缘毛,有时具腺点;花瓣粉红或白色,无毛,具密腺点;花药背部具腺点。果径5~6毫米,鲜红至黑色,稍具腺点。花期5~6月,果期9~11月。

全株药用,也常作为园艺观赏盆栽。产于陕西及长江流域以南各省区。贵池区山间林下、竹林下常小面积成片生长。

泽珍珠菜 *Lysimachia candida*　　　珍珠菜属　**报春花科**

　　一年生或二年生草本。全株无毛,茎直立。基生叶匙形或倒披针形;茎叶互生,稀对生,倒卵形、倒披针形或线形,两面有深色腺点。总状花序顶生;花萼裂片披针形,背面有黑色腺条;花冠白色,裂片长圆形;雄蕊稍短于花冠,花丝贴生花冠中下部,花药近线形,背着纵裂。花期3~4月,果期4~5月。

　　全草药用。分布于陕西、河南、山东以及长江以南各省区。贵池区田边、溪边和山坡路旁潮湿处常见。

细梗香草 *Lysimachia capillipes*　　　珍珠菜属　**报春花科**

　　多年生草本。茎直立,具棱或有窄翅,常簇生,干后有浓香。叶互生,卵形或卵状披针形,无毛或上面疏被小刚毛。花单生叶腋;萼裂片卵形或披针形;花冠黄色深裂,裂片窄长圆形或线形,先端钝;花丝基部合生成环。蒴果瓣裂。花期7~9月,果期8~10月。

　　全草药用。产于我国中东部及贵州、四川、广东、福建等省区。贵池区山区林缘或林下偶见。

过路黄 *Lysimachia christiniae* 珍珠菜属 **报春花科**

　　多年生草本。茎柔弱,平卧延伸,幼嫩部分密被褐色无柄腺体。叶对生,卵圆形、近圆形以至肾圆形,透光可见密布的透明腺条,干时腺条变黑色。花单生叶腋;花萼,分裂近达基部;花冠黄色,具黑色长腺条;花丝下半部合生成筒。蒴果球形,直径4～5毫米。花期5～7月,果期7～10月。

　　全草入药,产于我国中东部、西南、华南等省。贵池区沟边、路旁阴湿处和山坡林下较常见。

矮桃 *Lysimachia clethroides* 珍珠菜 珍珠菜属 **报春花科**

　　多年生草本。全株多少被黄褐色卷曲柔毛。叶互生,椭圆形或宽披针形,两面散生黑色腺点。总状花序顶生,花密集;花萼裂片卵状椭圆形,有腺状缘毛;花冠白色,筒部长约1.5毫米,裂片窄长圆形;雄蕊内藏,花丝下部1毫米贴生花冠基部。蒴果近球形。花期5～7月,果期7～9月。

　　全草药用。分布于东北、华中、西南、华南、华东等省区。贵池区荒野、草地、山坡、林缘较常见。

临时救 *Lysimachia congestiflora*　　　珍珠菜属　**报春花科**

　　多年生草本。茎下部匍匐,圆柱形,密被多细胞卷曲柔毛。叶对生,茎端的2对间距短,近密聚,叶片卵形、阔卵形以至近圆形,两面多少被具节糙伏毛。花2~4朵集生茎端和枝端成近头状的总状花序;花冠黄色,内面基部紫红色,散生暗红色或变黑色的腺点。蒴果球形。花期5~6月;果期7~10月。

　　全草入药。产于我国长江以南各省区以及陕西、甘肃南部和台湾地区。贵池区田边、林缘、草地等湿润处较常见。

星宿菜 *Lysimachia fortunei*　　　珍珠菜属　**报春花科**

　　多年生草本。全株无毛,具横走根茎。叶互生,长圆状披针形、浅状披针形或窄椭圆形,两面均有黑色腺点,干后呈粒状突起。顶生总状花序长10~20厘米,花梗与苞片近等长或稍短;花萼裂片卵状椭圆形,有黑色腺点;雄蕊内藏,花丝贴生花冠裂片下部。蒴果近球形。花期6~7月,果期8~10月。

　　全草入药。分布于中南、华南、华东等省区。贵池区沟边、田边等低湿处较常见。

縫瓣珍珠菜 *Lysimachia glanduliflora*　　珍珠菜属　**报春花科**

　　多年生草本。全体无毛,茎直立,四棱形,通常不分枝。叶对生,叶片卵形至卵状披针形,两面近边缘有暗紫色或黑色粒状粗腺点和短腺条;叶柄短,具翅,基部耳状抱茎。总状花序顶生,疏花;花萼裂片三角状披针形,背面有褐色粗腺条;花冠白色,阔钟形,分裂达中部,裂片近圆形或略呈扇形,先端有啮蚀状小齿,两面均具红色小腺体。蒴果球形。花期5~7月,果期6~8月。

　　分布于河南、湖北及江西等省。贵池区林缘、溪边、草地及灌丛中偶见。

点腺过路黄 *Lysimachia hemsleyana*　　珍珠菜属　**报春花科**

　　多年生草本。茎平铺地面,先端伸长成鞭状。叶对生,卵形或阔卵形,两面有褐色或黑色粒状腺点,极少为透明腺点。花单生于茎中部或短枝叶腋;花冠黄色,散生暗红色或褐色腺点;花丝下部合生成高约2毫米的筒。蒴果近球形,直径3.5~4毫米。花期4~6月;果期5~7月。

　　全草入药。分布于我国中东部及陕西、四川、河南等省区。贵池区林缘路边较常见。

长梗过路黄 *Lysimachia longipes*

一年生草本。全株无毛,茎通常单生,除花序外不分枝。叶对生,卵状披针形,两面均有暗紫或黑色腺点及短腺条,无柄或近无柄。4~11朵花组成顶生和腋生疏散总状花序;花序梗纤细,丝状,长1~3厘米;花萼裂片披针形,有暗紫色腺条和腺点;花冠黄色,上部常有暗紫色短腺条;花丝下部合生成高2~2.5毫米的筒。蒴果球形,褐色。花期5~7月,果期6~8月。

分布于浙江、江西、福建等省区。贵池区山谷溪边、山坡林下偶见。

杜茎山 *Maesa japonica*

常绿灌木。直立,有时呈匍匐状,全株无毛;小枝疏生皮孔。叶革质,椭圆形、披针状椭圆形、倒卵形或披针形,两面无毛。总状或圆锥花序;花萼长2毫米;花冠白色,长钟形;雄蕊生于冠筒中部,花丝与花药等长。果球形,径4~6毫米,肉质,宿萼包果顶端,花柱宿存。花期1~3月,果期7~10月。

全株入药。分布于长江以南各省区。贵池区丘陵山区林缘或疏林下偶见。

秋浦羽叶报春 *Primula qiupuensis* 报春花属 **报春花科**

　　二年生草本。矮小植株,无毛。叶10～30簇生,叶片羽状全裂,羽片3～7对,椭圆形,边缘羽状浅裂到深裂(常浅裂)。伞形花序1～2轮,每轮常有3朵花;花二型花或长柱同型。花冠粉红或淡紫色。蒴果球形,瓣片开裂。花期3～4月,果期4～5月。

　　供观赏。安徽省特有种。贵池区山区阴坡阔叶落叶林下湿润处偶见。

皖南羽叶报春 *Primula wannanensis* 报春花属 **报春花科**

　　与秋浦羽叶报春相似,主要区别:叶片羽状浅裂至深裂,常深裂,伞形花序1层,花粉散孔型,短柱同型花。

　　安徽省特有种。贵池区山区阴坡阴湿石壁上极少见。

毛柄连蕊茶 *Camellia fraterna* 毛花连蕊茶 山茶属 **山茶科**

灌木或小乔木。高1~5米，嫩枝密生柔毛或长丝毛。叶革质，椭圆形，侧脉5~6对，边缘有相隔1.5~2.5毫米的钝锯齿，叶柄长3~5毫米，有柔毛。花常单生于枝顶；苞片阔卵形；萼杯状，长4~5毫米，萼片5片，卵形，有褐色长丝毛；花冠白色，长2~2.5厘米，基部与雄蕊连生达5毫米，花瓣5~6片；雄蕊长1.5~2厘米，无毛，花丝管长为雄蕊的2/3；子房无毛。蒴果圆球形，直径1.5厘米，1室，种子1个，果壳薄革质。花期4~5月。

供观赏。产华东及福建等省区。贵池区山区天然林下或林缘可见生长。

油茶 *Camellia oleifera* 山茶属 **山茶科**

常绿小乔木或灌木状。叶革质，椭圆形或倒卵形，长5~7厘米，先端钝尖，基部楔形，下面中脉被长毛，侧脉5~6对，具细齿。花顶生，白色，直径5~10厘米；苞片及萼片约10，革质，宽卵形；花瓣白色，5~7片，倒卵形，先端四缺或2裂；雄蕊花丝近离生，或具短花丝筒；花柱顶端3裂。蒴果球形，径2~5厘米，(1)3室，每1~2种子。花期10月至翌年2月，果期翌年2~10月。

为重要的食用油料树种。分布于秦岭、淮河以南的广大地区。贵池区山区可见栽植。

茶 *Camellia sinensis* 茶树 　　　　　　　　　　　　　　　山茶属 **山茶科**

　　常绿小乔木或灌木状。叶薄革质,长圆形或椭圆形,具锯齿,侧脉明显而下凹。花1~3朵腋生,白色;萼片5,卵形或圆形,宿存;花瓣5~6片,宽卵形,基部稍连合;雄蕊花丝基部连合,花柱顶端3裂。蒴果球形;3室,每室1~2种子,近球形,淡褐色。花期8~11月,果期翌年10月。

　　种子含油,根、叶入药,叶制茶。分布于我国长江流域以南各省区。贵池区丘陵山区常见栽植。

木荷 *Schima superba* 　　　　　　　　　　　　　　　　　　木荷属 **山茶科**

　　常绿乔木。树皮深灰色,纵裂成不规则的长块。叶革质,椭圆形,两面无毛,具钝齿。花白色,芳香,径3厘米,生枝顶叶腋,常多花成总状花序;苞片2,贴近萼片,早落;萼片半圆形,无毛,内面被绢毛;花瓣长1~1.5厘米,最外1片风帽状,边缘稍被毛;子房5室,被毛。蒴果扁球形。花期5~7月,果熟期9~10月。

　　用材树种,也可栽培供观赏。分布于浙江、福建、台湾、江西、湖南、广东、海南、广西、贵州等省区。贵池区丘陵山区天然林中偶见,亦常见栽培。

天目紫茎 *Stewartia gemmata* 紫茎属 山茶科

　　小乔木。嫩枝有柔毛；顶芽长卵形，有苞片5～7片，被茸毛。叶纸质，椭圆形，边缘有疏而钝的锯齿。花单生；苞片2，卵圆形，叶状，基部与花柄均有长丝毛；萼片5，卵圆形；花瓣倒卵形。蒴果长卵形，被毛，宿存花柱伸长；种子长圆形。花期5～6月，果期9～10月。

　　木材供材用。分布于华东地区。贵池区山区林下少见。

白檀 *Symplocos tanakana* 山矾属 山矾科

　　落叶灌木或小乔木。单叶互生，阔倒卵形、椭圆状倒卵形或卵形，边缘有细尖锯齿。圆锥花序长5～8厘米，通常有柔毛；苞片早落，有褐色腺点；萼筒无毛或有疏柔毛，裂片半圆形或卵形；花冠白色，5深裂几达基部；雄蕊40～60枚，子房2室，花盘具5凸起的腺点。核果熟时蓝色，卵状球形，稍偏斜。花期5月，果期6～7月。

　　木材供材用，种子含油，全株药用。分布于长江以南各省区。贵池区林下、林缘或灌丛中常见。

老鼠屎 *Symplocos stellaris*　　　　山矾属　山矾科

　　常绿乔木。小枝粗,髓心中空,具横隔。叶厚革质,上面有光泽,叶下面粉褐色,披针状椭圆形或窄长圆状椭圆形,通常全缘,稀有细齿。花萼长约3毫米,裂片长不及1毫米;花冠白色,5深裂几达基部,裂片椭圆形;雄蕊18～25枚,花丝基部合生成5束;花盘圆柱形;子房3室。核果窄卵状圆柱形,宿萼裂片直立;核具6～8纵棱。花期4月,果期6月。

　　可作绿化树种,种子含油,木材可供材用。分布于长江以南及台湾各省区。贵池区丘陵、山区、路旁、疏林中较常见。

山矾 *Symplocos sumuntia*　　　　山矾属　山矾科

　　常绿乔木。叶薄革质,卵形、窄倒卵形、倒披针状椭圆形,具浅锯齿或波状齿,有时近全缘。总状花序长2.5～4厘米;萼筒倒圆锥形,裂片三角状卵形,与萼筒等长或稍短于萼筒;花冠白色,5深裂几达基部,裂片背面有微柔毛;雄蕊25～35,花丝基部稍合生;花盘环状;子房3室。核果卵状坛形,宿萼裂片直立。花期4月,果期8月。

　　根入药,种子含油,木材供材用。分布于长江流域以南各省区。贵池区丘陵山区杂木林或灌丛中常见。

光亮山矾 *Symplocos lucida* 棱角山矾 山矾属 **山矾科**

本种山矾较相似,主要区别:常绿小乔木;小枝略有棱;叶中脉在上面隆起;穗状花序宿短呈团伞状;子房顶端有毛,稀无毛。花期3~4月,果期5~6月。

分布于我国中东部及福建、四川、云南和贵州等省份。贵池区山坡杂木林中偶见。

赤杨叶 *Alniphyllum fortunei* 拟赤杨 赤杨叶属 **安息香科**

落叶乔木。树干通直,树皮灰褐色,有不规则细纵皱纹。单叶互生,纸质,椭圆形或倒卵状椭圆形,具锯齿。总状花序或圆锥花序顶生或腋生;萼齿卵状披针形,较萼筒长;花冠裂片长椭圆形;花丝筒长约8毫米。果长圆形或长椭圆形,成熟时黑色,5瓣裂;种子多数,两端有不等大膜质翅。花期4~5月,果期10~11月。

木材供材用。分布于华东、华中、华南及西南等省区。贵池区天然阔叶林中偶见。

小叶白辛树 *Pterostyrax corymbosus*

　　落叶乔木。幼枝密被星状柔毛。叶纸质,倒卵形、宽倒卵形或椭圆形,长6～14厘米,先端渐尖或尾尖,基部楔形,具锐锯齿,老叶下面绿色,疏被星状柔毛,侧脉7～9对。花序长3～8厘米;花白色;花萼钟状;花冠裂片长圆形,长约1厘米,基部稍合生;雄蕊较花冠稍长,花丝宽扁,膜质,中部以下连合成筒,膜质,内面被星状柔毛。花期4～5月,果期7～9月。

　　木材供材用,亦可庭院观赏。分布于江浙、江西、福建、湖南、广东等省区。贵池区山区林下、沟谷偶见。

狭果秤锤树 *Sinojackia rehderiana*

　　小乔木或灌木,嫩枝被星状短柔毛。叶纸质,倒卵状椭圆形或椭圆形,边缘具硬质锯齿。总状聚伞花序疏松,有花4～6朵,生于侧生小枝顶端;花梗和花序梗均纤细而弯垂,疏被灰色星状短柔毛;花萼倒圆锥形,萼齿三角形;花冠白色,5～6裂,裂片卵状椭圆形;花柱线形,子房3室。果实椭圆形,圆柱状,具长渐尖的喙。连喙长2～2.5厘米,径1～1.2厘米。花期4～5月,果期7～9月。

　　供观赏。产我国中东部等省区。国家二级保护植物。在贵池丘陵区山区溪边、沟谷林缘偶见。

细果秤锤树 *Sinojackia microcarpa*　　　　　　　　秤锤树属　**安息香科**

　　本种与狭果秤锤树较相似,主要区别:果实呈细梭形,长1.5～3厘米,径2.5～4毫米。供观赏。产于浙江和安徽。国家二级保护植物。在贵池丘陵区山区溪边、林缘少见。

野茉莉 *Styrax japonicus*　　　　　　　　　　安息香属　**安息香科**

　　落叶灌木或小乔木。叶互生,椭圆形或卵状椭圆形,近全缘或上部疏生锯齿。总状花序顶生,有5～8花,花白色,下垂;花梗较花为长,无毛;花萼漏斗状,萼齿短,花冠裂片卵形、倒卵形或椭圆形;雄蕊10,花丝扁平,基部联合成短管。果实球形至卵圆形,顶端具短尖头,密被灰色星状毛;种子紫褐色。花期4～5月,果期8～9月。

　　木材供材用,种子含油,花美丽可供观赏,花、叶、果入药。分布于黄河流域以南各省区。贵池区山区林缘、沟谷偶见。

芬芳安息香 *Styrax odoratissimus*　　　　安息香属　**安息香科**

　　本种与野茉莉较相似,主要区别:叶柄长3～7毫米,花梗较花为短;果顶端具弯喙;种子密被褐色鳞片状毛和瘤状突起,稍具皱纹。花期4～5月,果期7～8月。

　　木材供材用,种子含油。分布于我国中东部及福建和贵州等省区。贵池区丘陵山谷、山坡疏林中偶见。

白花龙 *Styrax faberi*　　　　安息香属　**安息香科**

　　落叶小灌木。幼枝密被星状毛。叶互生,纸质,倒卵形、椭圆状菱形或椭圆形,具细锯齿,幼叶两面密被褐色或灰色星状柔毛至无毛,老叶两面无毛。总状花序长3～4厘米,有3～5花,下部常单花腋生;花白色,长1.2～2厘米;花梗长0.8～1.5厘米,花后常下弯;小苞片钻形。果倒卵形或近球形,长6～8毫米。花期4～6月,果期8～10月。

　　分布于两湖、江浙、江西、福建、台湾、两广、贵州、四川等省区。贵池区山坡灌丛中偶见。

中华猕猴桃 *Actinidia chinensis*

猕猴桃属 **猕猴桃科**

落叶藤本。幼枝被灰白色绒毛、褐色长硬毛或锈色硬刺毛,后脱落无毛;髓心白至淡褐色,片层状。叶纸质,营养枝之叶宽卵圆形或椭圆形;花枝之叶近圆形,具睫状细齿。雌雄异株;聚伞花序1~3花,萼片宽卵形或卵状长圆形,花瓣宽倒卵形,子房密被黄色绒毛或糙毛。果黄褐色,近球形,被灰白色绒毛,宿萼反折。花期4~5月,果熟期8~10月。

根药用,果为著名水果。分布于长江以南等省区。国家二级保护植物。贵池区山坡林缘和灌丛中较常见。

小叶猕猴桃 *Actinidia lanceolata*

猕猴桃属 **猕猴桃科**

本种与中华猕猴桃较相似,主要区别有:叶纸质,卵状椭圆形或椭圆状披针形,长4~7厘米,宽2~3厘米;聚伞花序二回分歧,密被锈色绒毛,每花序具5~7花;果绿色,卵形,长0.8~1厘米,无毛,具淡褐色斑点,宿萼反折。花期5月中至6月中,果期11月。

根药用。分布于华东、湖南、广东等省区。贵池区丘陵山区灌丛、林缘偶见。

马醉木 *Pieris japonica*

马醉木属　杜鹃花科

常绿灌木或小乔木。叶互生,聚生枝顶,革质,倒披针形、倒卵形或披针状长圆形,全缘或中部以上或顶部有齿,两面无毛。花序圆锥状或总状,腋生或顶生;小苞片钻形或窄三角形;萼片三角状卵形;花冠坛状,长约8毫米,裂片近圆形;花丝直伸,被疏柔毛;子房无毛。蒴果卵圆形或扁球形;种子纺锤形。花期3～5月,果期7～9月。

叶有毒,可作杀虫剂;花美丽,可供园林观赏。分布于浙江、福建、台湾等省。贵池区丘陵山区疏林中较常见。

云锦杜鹃 *Rhododendron fortunei*

杜鹃属　杜鹃花科

常绿灌木或小乔木。小枝粗,黄绿色,初具腺体。叶厚革质,长圆形或长圆状椭圆形,长8～17厘米,两面无毛,侧脉14～16对。总状伞形花序有6～12花;花序轴长3～5厘米,被腺体;花萼小,7浅裂,被腺体;花冠漏斗状钟形,长4～5厘米,粉红色,7裂;雄蕊14。蒴果长圆形,粗糙。花期4～5月,果期8～10月。

为优良观赏花灌木。分布于浙江、江西、湖南等省区。贵池区山区林下、林缘偶见。

杜鹃 *Rhododendron simsii*　映山红　　　　　杜鹃属　**杜鹃花科**

　　落叶灌木。高达2米,分枝多,枝条细而直,被亮棕色扁平糙伏毛。单叶互生,卵形、椭圆形或卵状椭圆形,具细齿,叶下密生棕色扁平糙伏毛。花2~6朵簇生于枝顶;花萼5深裂;花冠漏斗状,玫瑰、鲜红或深红色,5裂,裂片上部有深色斑点;雄蕊10,与花冠等长;子房10室。蒴果卵圆形,有宿萼。花期4~5月,果期9~10月。

　　全株药用,观赏价值高。分布于华东、华中、华南及西南省区。贵池区丘陵山区疏灌丛或松林下较常见,近年来因野外盗挖制作树桩盆景,野生资源下降明显。

满山红 *Rhododendron mariesii*　　　　　　　杜鹃属　**杜鹃花科**

　　本种与杜鹃较相似,主要区别:叶近革质,常3叶集生枝顶;花1~2朵顶生,淡玫瑰红色。花期5~6月,果期7~8月。

　　分布于长江流域中下游各省,南至福建、台湾。贵池区山区林缘、灌丛中较常见。

羊踯躅 *Rhododendron molle* 杜鹃属 **杜鹃花科**

　　本种与杜鹃较相似,主要区别:雄蕊5,花金黄色。花期4～5月,果期9～10月。

　　本种有剧毒,花果入药;花色艳丽,也可引种作观赏。分布于华东、华南、华中及西南等省区。省级保护植物。贵池区山区山坡、灌丛偶见。

马银花 *Rhododendron ovatum* 杜鹃属 **杜鹃花科**

　　常绿灌木。小枝被短柄腺体和短柔毛。叶革质,宽卵形或卵状椭圆形,无毛,叶柄具窄翅。花单生枝顶叶腋;花梗被短柔毛和短柄腺体;花萼5深裂,裂片边缘无毛;花冠辐状,淡紫、紫或粉红色,具粉红色斑点;雄蕊5,花丝下部被柔毛;子房卵圆形,密被刚毛,花柱无毛。蒴果长约8毫米,被刚毛,宿萼增大包果。花期4～5月,果期9～10月。

　　花大美丽,可供观赏。分布于华东、华中及华南等省区。贵池区丘陵山区林缘、林下可见生长。

江南越橘 *Vaccinium mandarinorum* 越橘属　**杜鹃花科**

常绿灌木或小乔木。幼枝通常无毛,有时被短柔毛,老枝无毛。叶片厚革质,卵形或长圆状披针形,边缘有细锯齿,两面无毛。总状花序腋生和生枝顶叶腋,有多数花;苞片未见,小苞片2,着生花梗中部或近基部,线状披针形或卵形;花冠白色,筒状或筒状坛形,口部稍缢缩或开放。浆果,熟时紫黑色。花期4~6月,果期6~10月。

果可药用,成熟果实也可生食。分布于长江流域各地,东至台湾,西达四川、云南、西藏等地。贵池区山坡灌丛及林下偶见生长。

杜仲 *Eucommia ulmoides* 杜仲属　**杜仲科**

落叶乔木。树皮灰褐色,粗糙,植株具丝状胶质。单叶互生,椭圆形、卵形或长圆形,薄革质,具锯齿。花单性,雌雄异株,无花被,先叶开放,或与新叶同出;雄花簇生,雄蕊5~10;雌花单生小枝下部,子房无毛,1室,先端2裂,柱头位于裂口内侧,先端反折。翅果扁平,长椭圆形,先端2裂,周围具薄翅。花期3~4月,果熟期10月。

可供用材及工业原料,树皮药用,种子含油。分布于西南、华中及华东等省区,现各地广泛栽培。省级保护植物。贵池区山区村庄附近常见栽培。

细叶水团花 *Adina rubella* 水杨梅

水团花属 | **茜草科**

落叶灌木。叶对生,近无柄,薄革质,卵状披针形或卵状椭圆形,两面无毛或被柔毛,托叶早落。头状花序顶生或兼有腋生;小苞片线形或线状棒形;萼筒疏被柔毛,萼裂片匙形或匙状棒形;冠筒长2~3毫米,裂片5,三角形,紫红色。果序径0.8~1.2厘米;蒴果长卵状楔形。花期7月,果期9~10月。

茎皮含纤维,根、叶入药,亦为优良的固堤植物。分布于我国中东部及南部省区。贵池区溪边、河边、沙地较常见。

浙皖虎刺 *Damnacanthus macrophyllus*

虎刺属 | **茜草科**

常绿小灌木。幼枝密被硬毛,节上托叶腋常生针刺,刺长0.4~2厘米。叶对生,革质,圆形或广卵形,常一对较大而近邻一对则较小。花1~2朵生于叶腋,有时在顶部叶腋6朵组成具短花序梗的聚伞花序;花萼钟状,裂片三角形或钻形,宿存;花冠白色,筒状漏斗形;子房4室。核果红色,近球形。花期5~8月,果期9~10月。

根、果药用,亦可作盆景供观赏。分布于我国长江流域以南和北回归线以北各省区。省级保护植物。贵池区丘陵山区林下、沟谷两旁疏林中偶见。

香果树 *Emmenopterys henryi*　　　　　　　　香果树属　**茜草科**

落叶大乔木。树皮灰褐色,鳞片状。单叶对生,革质,宽椭圆形、宽卵形或卵状椭圆形,托叶三角状卵形,早落。圆锥状聚伞花序顶生,花芳香;变态的叶状萼裂片白色、淡红色或淡黄色,匙状卵形或广椭圆形;花冠漏斗形,白或黄色。蒴果长圆状卵形或近纺锤形,有纵棱;种子小而有宽翅。花期6~8月,果期8~11月。

树皮含纤维,木材供材用,亦可作庭院绿化树种。分布于华东、华南、华中、西南等地区。国家二级保护植物。贵池区山谷林中、沟谷林缘偶见。

四叶葎 *Galium bungei*　　　　　　　　拉拉藤属　**茜草科**

多年生丛生直立草本。茎有4棱,边缘常有刺状硬毛。4叶轮生,纸质,卵状长圆形或卵状披针形。聚伞花序顶生和腋生,花序梗纤细,常3歧分枝,成圆锥状;花冠黄绿或白色,辐状,无毛,裂片卵形或长圆形。果爿近球状,径1~2毫米,常双生,有小疣点、小鳞片或短钩毛。花果期5~7月。

全草入药。分布于我国南北各地。贵池区山坡、草地、旷野常见。

拉拉藤 *Galium spurium* 猪殃殃 拉拉藤属 茜草科

一年生蔓生或攀援状草本。茎有4棱,叶背中脉及叶缘均有倒生细刺。叶纸质或近膜质,6~8片轮生,带状倒披针形或长圆状倒披针形,两面常有紧贴刺毛。聚伞花序腋生或顶生;花4数,花梗纤细;花萼被钩毛;花冠黄绿或白色,辐状,裂片长圆形。果干燥,有1或2个近球状分果,密被钩毛,果柄直。花期4~6月,果期5~6月。

全草药用。分布于东北、西北至长江流域各省区。贵池区路边、旷野草地或荒地常见。

栀子 *Gardenia jasminoides* 栀子属 茜草科

常绿灌木。叶对生或3枚轮生,革质,长圆状披针形、倒卵状长圆形、倒卵形或椭圆形,全缘;托叶膜质,基部合生成鞘。花芳香,单朵生于枝顶,萼筒宿存;花冠白或乳黄色,高脚碟状;雄蕊6,花丝极短。果卵形、近球形、椭圆形或长圆形,黄或橙红色,有翅状纵棱5~9,宿存萼裂片长达4厘米。花期6~7月,果期9~10月。

果实作黄色染料或入药;花大而美丽、芳香,供观赏。分布于西北、华东、华南、华中、西南等省区。贵池区山坡灌丛中偶见野生,亦常见庭院栽培。

金毛耳草 *Hedyotis chrysotricha*

耳草属　茜草科

多年生披散草本。植株被金黄色硬毛,茎匍匐,节上生根。叶对生,纸质,宽披针形、椭圆形或卵形上面疏被硬毛,下面被黄色绒毛;托叶短合生,具疏齿,被疏柔毛。聚伞花序腋生,1~3花;花4数,近无梗;萼筒近球形,萼裂片披针形;花冠白或紫色,漏斗状,花冠裂片长圆形,与冠筒等长或略短。蒴果球形,被疏硬毛,不裂。花期7月,果期8~9月。

全株药用。分布于长江流域以南各省区。贵池区丘陵山区林缘、路边较常见。

大叶白纸扇 *Mussaenda shikokiana*

玉叶金花属　茜草科

常绿攀援灌木。嫩枝密被短柔毛。单叶对生,薄纸质,卵圆形或椭圆状卵形,两面被疏柔毛。多歧聚伞花序顶生;萼筒长圆形,萼裂片5,花叶白色,卵状椭圆形,长2~4厘米,有纵脉5条;花冠金黄色,花冠筒长约1.2厘米,密被贴伏柔毛,内面上部密被黄色棒状毛,裂片5;花柱内藏。蒴果近球形。花期6~7月,果期7~10月。

枝叶药用,也可作庭院花卉。分布于长江以南各省区。贵池区阴湿山谷林下、林缘偶见。

薄叶新耳草 *Neanotis hirsuta*　　　薄叶假耳草　　　　　新耳草属　**茜草科**

　　披散状匍匐草本。茎柔弱,具纵棱。叶膜质,卵形或椭圆形,基部下延至叶柄,两面被毛或近无毛;托叶膜质,顶部分裂成刺毛状。花序腋生或顶生,有花1至数朵,常聚集成头状;萼檐裂片线状披针形,顶端外反;花白色或浅紫色,花冠漏斗形,裂片阔披针形;花柱略伸出,柱头2浅裂。蒴果扁球形,顶部平,宿存萼檐裂片长约1.2毫米。花果期8~10月。

　　产于广东、云南、江苏、浙江和江西等省区。贵池区山区林下、溪旁阴湿处偶见。

日本蛇根草 *Ophiorrhiza japonica*　　　　　　蛇根草属　**茜草科**

　　多年生直立草本。茎、叶干后红色。单叶对生,纸质或膜质,卵形或卵状椭圆形,两面无毛或上面有疏柔毛,托叶短小,早落。聚伞花序顶生,二歧分枝;小苞片被毛,线形;花5数,具短梗;萼筒宽陀螺状球形,萼裂片三角形,开展;花冠漏斗状,裂片开展,内面被微柔毛;长柱花的柱头和短柱花的花药均内藏。蒴果菱形或近僧帽状。花期4~5月,果期5~6月。

　　全草入药,亦可供观赏。分布于陕西、甘肃以及长江以南大部分地区。贵池区丘陵山区天然阔叶林下的沟谷边较常见。

鸡屎藤 *Paederia foetida*

藤状灌木。茎基部木质化,全株揉碎后有臭味。叶对生,膜质,卵形或披针形,全缘。圆锥花序腋生或顶生;小苞片微小,卵形或锥形,有小睫毛;花有小梗,生于柔弱的三歧常作蝎尾状的聚伞花序上;花萼钟形,萼檐裂片钝齿形;花冠紫蓝色,通常被绒毛,裂片短。果阔椭圆形,压扁,光亮,顶部冠以圆锥形的花盘和微小宿存的萼檐裂片。花期6～8月,果期8～10月。

全草药用。分布于长江流域以南各省区。贵池区公园、宅旁、沟边、林缘常见。

白马骨 *Serissa serissoides*

小灌木。枝粗壮,灰色,被短毛。叶通常丛生,薄纸质,倒卵形或倒披针形。花无梗,生于小枝顶部,有苞片;花冠白色,花冠筒漏斗状,与花萼近等长,顶端4～6裂。核果小,干燥。花期8～9月,果期9～10月。

全株药用,也作盆景栽培。分布于华东及湖北、台湾、广东、广西等省区。贵池区丘陵的杂木林中较常见。

鸡仔木 *Sinoadina racemosa*

鸡仔木属　茜草科

半常绿或落叶乔木。叶对生，薄革质，宽卵形、卵状长圆形或椭圆形，侧脉6～12对，叶柄长3～6厘米，托叶2裂，裂片近圆形，早落。头状花序球形，10余个成总状排列，顶生；花冠淡黄色，高脚碟状或窄漏斗状，长7毫米，密被苍白色微柔毛，裂片三角状。蒴果疏散，宿存萼裂片附着蒴果中轴。花期6～7月，果期9～10月。

根、叶、花、果入药，也可供材用。分布于华东、华中、西南等省区。省级保护植物。贵池区山区山林或沟谷边少见。

钩藤 *Uncaria rhynchophylla*

钩藤属　茜草科

常绿木质藤本。嫩枝四棱形，暗红褐色，光滑无毛。叶纸质，对生，椭圆形或椭圆状长圆形，两面均无毛；叶腋有2个对生的木质弯曲钩。头状花序单生叶腋；花近无梗；花萼管疏被毛，萼裂片近三角形；花冠黄色，裂片卵圆形，外面无毛或略被粉状短柔毛，边缘有时有纤毛；雄蕊5；花柱伸出冠喉外，柱头棒形。小蒴果被短柔毛，宿存萼裂片近三角形。花果期6～8月。

钩、小枝及根药用。分布于我国华南、西南及中东部省区。贵池区山谷溪边林缘偶见。

细茎双蝴蝶 *Tripterospermum filicaule*

双蝴蝶属 | **龙胆科**

多年生缠绕草本。全体无毛，茎基部匍匐。基生叶卵形，茎生叶卵形至披针形。单花腋生，或聚伞花序具2~3花；花萼钟形，萼筒具窄翅；花冠蓝、紫或粉红色，狭钟形。浆果长圆形，长2~4厘米；种子椭圆形或近卵圆形，三棱状，无翅。花果期8月至次年1月。

全草入药，也可供观赏。分布于西南、华中、华东及华南等省区。贵池区丘陵山区林下或林缘偶见。

蓬莱葛 *Gardneria multiflora*

蓬莱葛属 | **马钱科**

常绿藤本。枝条无毛，叶痕明显。单叶对生，纸质或薄革质，椭圆形，全缘，叶柄间托叶线明显。二至三歧聚伞花序腋生，花序梗基部具2枚三角形苞片；花5数；花萼裂片边缘具睫毛；花冠黄或黄白色，花冠筒短，肉质；雄蕊着生花冠筒内近基部，花丝短，花药离生，柱头2浅裂。浆果球形，径约7毫米，红色。花果期6~9月。

根或种子入药。分布于秦岭淮河以南、南岭以北等省区。贵池区丘陵山区林下或林缘偶见。

萝藦 *Cynanchum rostellatum*　　鹅绒藤属　夹竹桃科

　　多年生草质藤本。幼茎密被短柔毛，老渐脱落。单叶对生，膜质，卵状心形，叶柄长顶端具簇生腺体。聚伞花序具13~20花；小苞片膜质，披针形，长约3毫米；花萼裂片披针形，被微毛；花冠白色，有时具淡紫色斑纹，裂片披针形，内面被柔毛；柱头2裂。蓇葖果双生，纺锤形；种子顶端具白色绢质种毛。花期7~8月，果期9~11月。

　　根、茎、叶、果实均可入药，茎皮含纤维。分布于东北、华北、华东及甘肃、贵州、河南等省区。贵池区林边荒地、河边、路旁灌木丛中较常见。

络石 *Trachelospermum jasminoides*　　络石属　夹竹桃科

　　常绿木质藤本。茎和枝条攀援于树上或石上，无气生根。叶对生，革质，卵形、倒卵形或窄椭圆形，无毛或下面疏被短柔毛。聚伞花序圆锥状，顶生及腋生；花萼裂片窄长圆形，反曲，被短柔毛及缘毛；花冠白色，芳香，高脚碟状，裂片倒卵形，喉部无毛或在雄蕊着生处疏被柔毛；雄蕊内藏，子房无毛。蓇葖果线状披针形，双生，叉开。花期4~6月，果期8~10月。

　　根、茎、叶、果入药。我国绝大部省份均有分布。贵池区林下、沟谷溪边树上或石壁上常见。

厚壳树 *Ehretia acuminata*

厚壳树属　紫草科

落叶乔木。树皮暗灰色，不规则纵裂；小枝光滑，有显著皮孔。单叶互生，椭圆形或长圆状倒卵形，具不整齐细锯齿，齿端内弯。圆锥状聚伞花序顶生；花萼长约2毫米，裂片卵形；花冠钟形，白色，裂片长圆形，开展；雄蕊生于花冠筒中部，伸出；花柱长约2毫米，顶端分枝。核果球形，黄色。花期4~5月，果期6~7月。

可作行道树，供观赏；木材供建筑及家具用；树皮作染料；叶、心材、树枝入药。分布于华东、华中及西南等省区。贵池区丘陵山区杂木林中或林缘偶见。

梓木草 *Lithospermum zollingeri*

紫草属　紫草科

多年生匍匐草本。茎高达25厘米，被开展糙伏毛。基生叶倒披针形或匙形，两面被短糙伏毛，具短柄；茎生叶较小，近无柄。花蓝色，单生于新枝上部的叶腋内；花萼5裂近基部，裂片线状披针形；花冠蓝色，喉部具有5条短毛的皱褶；雄蕊5枚，生于花冠筒中部以下；子房4裂，柱头2浅裂。小坚果4枚，椭圆形，白色，光滑。花期4~5月，果期6~7月。

根、茎、果实入药。分布于我国南北各地。贵池区山坡、林下、路旁偶见。

浙赣车前紫草 *Sinojohnstonia chekiangensis* 车前紫草属 | 紫草科

多年生草本。茎数条,常斜升。基生叶窄卵形,两面密被短糙毛;茎生叶较小。聚伞花序疏散,密被短伏毛;花萼裂至基部,裂片线状披针形;花冠漏斗状,白或稍淡红色,无毛,冠筒较花萼长,冠檐较冠筒短2倍,裂片卵形,喉部附属物高约1毫米;雄蕊生于喉部附属物以下,稍伸出。小坚果4枚,碟形。花果期4～5月。

分布于浙江、江西、湖南、山西、陕西等省。贵池区天然林下、林缘偶见。

盾果草 *Thyrocarpus sampsonii* 盾果草属 | 紫草科

一年生草本。茎直立或斜升,被开展长硬毛及短链毛。基生叶丛生,匙形,两面被具基盘长硬毛及短糙毛;茎生叶较小,无柄。聚伞花序长7～20厘米;花多生于腋外;花萼裂片窄椭圆形;花冠淡蓝或白色,长于花萼,裂片长圆形,开展,喉部附属物线形。小坚果4枚,密生疣状突起。花期4～5月,果期6～7月。

全草入药。分布于长江流域各省区。贵池区山坡草丛或灌丛较常见。

附地菜 *Trigonotis peduncularis*   附地菜属   紫草科

　　二年生草本。茎直立或斜升,密被短糙伏毛。基生叶卵状椭圆形或匙形,两面被糙伏毛,具柄;茎生叶长圆形或椭圆形,具短柄或无柄。总状花序顶生;花萼裂至中下部,裂片卵形;花冠淡蓝或淡紫红色,冠筒极短,裂片倒卵形,开展,喉部附属物白或带黄色。小坚果4枚,斜三棱锥状四面体形。花果期5~6月。

　　全草入药。分布于我国南北各地。贵池区荒地、田边、林缘较常见。

欧旋花 *Calystegia sepium* subsp. *spectabilis*   打碗花属   旋花科

　　多年生草本。茎缠绕。叶形多变,三角状卵形至宽卵形,顶端渐尖,基部戟形,全缘或基部稍伸展为裂片。花单生于叶腋,苞片宽于萼片,均卵形,顶端渐尖或锐尖;花冠通常白色或有时淡红或紫色,漏斗状;柱头2裂,裂片扁平。蒴果卵形,为增大宿存的苞片和萼片所包被。花期5~8月,果期6~9月。

　　根入药。我国大部分地区均有。贵池区公园、荒地常见。

原野菟丝子 *Cuscuta campestris*

菟丝子属   **旋花科**

一年生寄生草本,无叶。茎丝状,平滑无毛,缠绕于寄主,表面密生小瘤状突起;吸器棒状。花序侧生,4~25花聚集成球状的团伞花序;花萼杯状;花冠钟状,白色,裂片5,有时向外反折。蒴果扁球形,基部包于宿存花冠内。种子褐色或红褐色,卵圆形。花果期较长,9月至次年1月可陆续开花结果。

生于荒地,寄生于苍耳等植物上。分布于内蒙古、福建及华东等省份。贵池区田边、耕地、路边、山坡及灌丛中偶见。

金灯藤 *Cuscuta japonica*

菟丝子属   **旋花科**

本种与原野菟丝子较相似,主要区别:植物体较为粗壮,淡黄绿色,具紫色或紫褐色瘤状斑点,常寄生在木本植物上;花柱1,雄蕊无或几无花丝,花序为穗状花序。花期8~9月,果期9~10月。

种子入药。分布于我国南北各省区。贵池区林缘、山坡、路旁较常见。

飞蛾藤 *Dinetus racemosus*
飞蛾藤属 **旋花科**

多年生缠绕草质藤本，全株被疏柔毛。单叶互生，宽卵形，两面被短柔毛或绒毛，基出脉7。花梗长3~7毫米；小苞片2，钻形；萼片线状披针形；花冠白色，冠筒带黄色，冠檐5裂至中部，裂片长圆形，开展；雄蕊内藏，花丝短于花药。蒴果卵圆形，宿萼匙形或倒披针形。花期8~9月，果期9~10月。

全草入药。分布于我国长江流域以及西南地区。贵池区路旁、沟边、林下较常见。

三裂叶薯 *Ipomoea triloba*
虎掌藤属 **旋花科**

一年生草本。茎缠绕或平卧，无毛或茎节疏被柔毛。叶宽卵形或卵圆形，全缘，具粗齿或3裂，无毛或疏被柔毛。伞形聚伞花序，具1至数花；苞片小；萼片长5~8毫米，长圆形，疏被柔毛，具缘毛；花冠淡红或淡紫色，漏斗状，无毛；雄蕊内藏；子房被毛。蒴果近球形，径5~6毫米，被细刚毛，2室，4瓣裂。花期7~9月。

原产于美洲热带地区，现我国南部已归化，成为常见杂草。贵池区废弃耕地、村宅旁较常见。

瘤梗番薯 *Ipomoea lacunosa*　　　　虎掌藤属　**旋花科**

　　一年生草本。茎缠绕,多分枝。叶互生,叶卵形至宽卵形,全缘或3裂,叶缘具1～3个拐角状齿。聚伞花序腋生,具花1～3朵,花梗具明显棱,具瘤状突起;花冠漏斗状,无毛,白色,有时淡红色或淡紫红色。蒴果近球形,4瓣裂。种子无毛。花期5～10月,果期8～10月。

　　原产于美洲,现已在我国中东部及华南等省份逸生。贵池区荒野旷地、村旁田边、山坡林缘较常见。

中华红丝线 *Lycianthes lysimachioides* **var.** *sinensis*　　　　红丝线属　**茄科**

　　多年生草本。茎纤细,基部匍匐,从节上生不定根。叶假对生,不等大,卵形至卵状披针形。花白色,花序仅1花,花梗长1～1.5厘米,在结果时下垂,长约2厘米;萼齿开展,钻形,长约5毫米。

　　分布于四川、湖北、湖南、江西、广东等省区。贵池区山区天然林下、沟边少见。

枸杞 *Lycium chinense*　　　　　　　　　　枸杞属　茄科

　　落叶灌木。光滑无毛,茎多分枝,枝条细弱,先端下垂。单叶互生,卵形、卵状菱形、长椭圆形或卵状披针形。花在长枝1～2枚腋生;花萼常3中裂或4～5齿裂,具缘毛;花冠漏斗状,淡紫色,5深裂,裂片卵形,具缘毛;雄蕊稍短于花冠,花丝近基部密被一圈绒毛并成椭圆状毛丛。浆果卵圆形,红色。花果期6～10月。

　　果实及根入药。分布于我国南北各省区。贵池区林缘、山坡、路旁、宅旁常见。

江南散血丹 *Physaliastrum heterophyllum*　　　　散血丹属　茄科

　　多年生草本。幼茎疏被细毛,茎节稍肿大。叶宽椭圆形、卵形或椭圆状披针形,全缘或稍波状,两面疏被细毛。花单生或双生叶腋;花萼短钟状,5中裂,裂片窄三角形,不等长,具缘毛,花后近球状,被刺毛;花冠宽钟状,白色,冠檐5浅裂,裂片扁三角形,具缘毛;雄蕊长为花冠之半;花丝疏被柔毛。浆果球形。花果期5～8月。

　　分布于我国中东部省区。贵池区山坡或山谷林下偶见。

苦蘵 *Physalis angulata*　　洋酸浆属　茄科

一年生草本。茎多分枝,纤细,具棱,节稍膨大。叶卵形或卵状椭圆形,全缘或具不等大牙齿,两面近无毛。花单生叶腋;花梗纤细,被短柔毛;花萼长4~5毫米,被短柔毛,裂片披针形,具缘毛;花冠淡黄色,喉部具紫色斑纹;花药蓝紫或黄色。浆果球形,包藏于宿萼内;宿萼卵球状,薄纸质。花果期5~10月。

全草入药。分布于华东、华中、华南及西南等省区。贵池区荒坡、荒地、路旁及山谷林缘较常见。

白英 *Solanum lyratum*　　千年不烂心　　茄属　茄科

草质藤本。多分枝,茎及小枝密被长柔毛。单叶互生,椭圆形或琴形,全缘或3~5深裂,两面被白色长柔毛。聚伞花序顶生或腋外生,疏花;花萼环状,萼齿宽卵形;花冠蓝紫或白色,裂片椭圆状披针形;花药长于花丝,花柱无毛。浆果球状,红黑色。花期6~8月,果期8~10月。

全草入药。分布于秦岭以南各省区。贵池区路旁、田边、宅旁较常见。

龙葵 *Solanum nigrum*　　　　茄属　**茄科**

一年生草本。植株粗壮,茎直立,多分枝,绿色或紫色。叶卵形,全缘或具4~5对不规则波状粗齿,两面无毛或疏被短柔毛。蝎尾状花序,腋外生,具3~6花;花萼浅杯状,萼齿近三角形,长1毫米;花冠白色,冠檐裂片卵圆形;花药顶孔向内;花柱中下部被白色绒毛。浆果球形,黑色。花期5~9月,果期7~10月。

全草药用。分布于全国各地。贵池区田边、荒地、村庄附近常见。

龙珠 *Tubocapsicum anomalum*　　　　龙珠属　**茄科**

多年生草本。植株无毛,茎二歧分枝开展。叶互生或在枝上端大小不等2叶双生,卵形、椭圆形或卵状披针形,全缘或浅波状。花单生或2~6簇生叶腋或枝腋;花萼短,皿状,果时稍增大,宿存;花冠黄色,宽钟状;雄蕊5,生于花冠中部,稍伸出。浆果直径8~12毫米,熟后红色。种子淡黄色。花果期8~10月。

分布于华东、华中、华南及西南等省区。贵池区林缘、路边偶见。

流苏树 *Chionanthus retusus*

流苏树属 **木樨科**

落叶灌木或乔木。单叶对生,革质或薄革质,长圆形、椭圆形或圆形,全缘或有小齿,叶缘具睫毛。聚伞状圆锥花序顶生;苞片线形,被柔毛;花单性或两性,雌雄异株;花萼长1~3毫米,4深裂;花冠白色,4深裂,裂片线状倒披针形,长1.5~2.5厘米,花冠筒长1.5~4毫米;雄蕊内藏或稍伸出。果椭圆形,被白粉,蓝黑色。花期4~5月,果期6~10月。

木材供材用,也作观赏树种。分布于华东、华中、广东、广西及云南等省区。贵池区公园、庭院偶见栽培。

金钟花 *Forsythia viridissima*

连翘属 **木樨科**

落叶灌木。枝开展或下垂,呈四棱形,具片状髓心。叶片长椭圆形至披针形,或倒卵状长椭圆形。花1~3朵着生于叶腋,先于叶开放;花萼裂片绿色,具睫毛;花冠深黄色,裂片狭长圆形至长圆形。果卵形或宽卵形,先端喙状渐尖,具皮孔。花期3~4月,果期8~11月。

栽培供观赏。全国大部省区均有栽培,尤以长江流域一带栽培较为普遍。贵池区公园、路旁常见栽植。

女贞 *Ligustrum lucidum*　冬青

女贞属　**木樨科**

常绿乔木。树皮灰褐色,平滑不开裂。单叶对生,卵形或椭圆形,全缘,两面无毛。圆锥花序顶生,塔形;花萼长1.5～2毫米,与花冠筒近等长;花白色,花冠筒较花萼长2倍;雄蕊长达花冠裂片顶部。核果长椭圆形,多少弯曲,成熟时蓝黑或红黑色,被白粉。花期6～7月,果期10～12月。

四旁绿化树种,木材供材用,种子入药。分布于秦岭、淮河流域以南各省区。贵池区常见路旁、庭院栽植。

小蜡 *Ligustrum sinense*

女贞属　**木樨科**

落叶灌木或小乔木。幼枝被黄色柔毛,老时近无毛。叶纸质或薄革质,卵形、长圆形或披针形,两面疏被柔毛或无毛,常沿中脉被柔毛。花序塔形,花序轴被较密黄色柔毛或近无毛;花萼长1～1.5毫米,无毛;花冠裂片长于花冠筒;雄蕊等于或长于花冠裂片。果近球形,黑色。花期6～7月,果期10～11月。

作绿化树种。产于华东、华中、华南及西南等省区。贵池区路旁、公园可见栽培。

木樨 *Osmanthus fragrans*　桂花　　　　木樨属　**木樨科**

　　常绿乔木或灌木,树皮灰褐色。单叶对生,革质,椭圆形、长椭圆形或椭圆状披针形,全缘或通常上半部具细锯齿,两面无毛。聚伞花序簇生于叶腋,每腋内有花多朵;花极芳香;花冠黄白色、淡黄色、黄色或橘红色;雄蕊着生于花冠管中部。果歪斜,椭圆形,呈紫黑色。花期9~10月,果期翌年3月。

　　花为名贵香料,并作食品香料;也是园林观赏花卉。原产于我国西南部,现各地广泛栽培。贵池区路旁、绿地、庭院常见栽植。

丹桂 *Osmanthus fragrans* var. *aurantiacus*　　　木樨属　**木樨科**

作为木樨的一变种,与原种主要区别:花为橙红色或橙黄色;香味适中。

分布与用途同原种。

大花套唇苣苔 *Damrongia clarkeana*　大花旋蒴苣苔　　　套唇苣苔属　苦苣苔科

多年生草本。叶基生，宽卵形，边缘具细圆齿，两面被灰白色短柔毛。聚伞花序伞状；花序梗长7～13厘米，苞片卵形或卵状披针形；花冠长2～2.2厘米，径1.2～1.8厘米，淡紫色，檐部稍二唇形。蒴果长圆形，长3.5～4.5厘米，外面被短柔毛，螺旋状卷曲。花期8月，果期9～10月。

全草药用。产于浙江、安徽、江西、湖南、湖北、陕西、四川及云南等省区。贵池区山坡岩石缝中较常见。

半蒴苣苔 *Hemiboea subcapitata*　降龙草　　　半蒴苣苔属　苦苣苔科

多年生草本。茎肉质，散生紫褐色斑点。叶对生，椭圆形至倒卵状披针形，全缘或中部以上具浅钝齿。聚伞花序腋生或假顶生，具3～10朵花；萼片5，长椭圆形；花冠白色，具紫斑，上唇2浅裂，下唇3浅裂。蒴果线状披针形，多少弯曲。花期9～10月，果期10～12月。

全草药用。分布于华东、华南、西南、西北等省区。贵池区丘陵山区沟谷、溪边阴湿的岩石及石缝中可见生长。

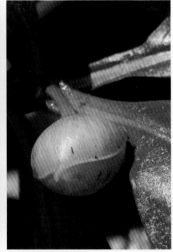

吊石苣苔 *Lysionotus pauciflorus* 　　　　吊石苣苔属 **苦苣苔科**

　　木质藤本。叶3枚轮生,有时对生或4枚轮生,革质,形状变化大,边缘在中部以上具齿或近全缘。聚伞花序腋生,有1~3花;花萼长3~4毫米,裂片窄三角形或线状三角形;花冠白色带淡紫色条纹或淡紫色,筒部细漏斗状;花盘杯状,有尖齿;雌蕊无毛。蒴果长7~11厘米;种子纺锤形。花期6~8月,果期8~11月。

　　全草入药。分布于西南、华南、华东、华中等省区。贵池区山谷林中、沟边石壁上或树上较常见。

浙皖佛肚苣苔 *Oreocharis chienii* 　浙皖粗筒苣苔 　　　马铃苣苔属 **苦苣苔科**

　　多年生草本。叶基生,椭圆状长圆形或窄椭圆形,边缘有锯齿,上面密被灰白色贴伏短柔毛,下面沿叶脉密被锈色绵毛,其余部分疏生灰白色贴伏短柔毛。聚伞花序1~3条,每花序具1~5花;花序梗疏生锈色绵毛;苞片窄倒卵形或线状披针形,近先端具2~3齿或近全缘;花冠红紫色,上唇2裂,下唇3裂。蒴果倒披针形,顶端具短尖头。花期9月,果期10月。

　　分布于安徽、浙江。贵池区山谷溪边、阴湿岩石上较常见。

池州报春苣苔 *Primulina chizhouensis* 报春苣苔属 **苦苣苔科**

多年生草本。圆柱状根状茎短,长仅5～7毫米。叶4～7枚,全部基生;叶片厚纸质,卵形到长圆形,两面密被长柔毛,侧脉5,不到达叶缘。聚伞花序,长1～3厘米,花序梗长1.3～5厘米;苞片2,对生,卵形;花冠紫色,长4～5厘米,从基部到外面的孔被短柔毛;蒴果线性,轻微弯曲,长约3厘米,幼时被短柔毛。花期5～6月,果期7～8月。

供观赏。安徽贵池特有种。省级保护植物。贵池区丘陵山区林缘路边阴湿处极少见。

车前 *Plantago asiatica* 车前属 **车前科**

二年生或多年生草本。叶基生呈莲座状,薄纸质或纸质,宽卵形或宽椭圆形,边缘波状、全缘或中部以下具齿。穗状花序3～10个,细圆柱状,下部常间断;花冠白色,花冠筒与萼片近等长;雄蕊与花柱明显外伸,花药白色。蒴果纺锤状卵形、卵球形或圆锥状卵形,长3～4.5毫米。花果期4～8月。

全草及种子药用。遍布全国。贵池区荒地、路旁、旷地、沟边常见。

直立婆婆纳 *Veronica arvensis*

婆婆纳属　车前科

一年生小草本。茎直立或上升,不分枝或铺散分枝,有两列白色长柔毛。叶常3~5对,下部的有短柄,中上部的无柄,卵形或卵圆形,边缘具圆或钝齿,两面被硬毛。总状花序长而多花,长达20厘米;花萼裂片线状椭圆形,前方2枚长于后方2枚;花冠蓝紫或蓝色,长约2毫米,裂片圆形或窄长圆形。花期4~5月,果期6~8月。

原产于欧洲,分布于华东和华中等省区。贵池区路边及荒野草地常见。

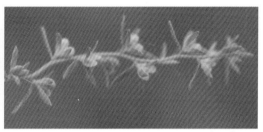

阿拉伯婆婆纳 *Veronica persica*

婆婆纳属　车前科

一年或二年草本,茎密生两列柔毛。叶对生,2~4对,卵形或圆形,边缘具钝齿,两面疏生柔毛。总状花序长;苞片互生,与叶同形近等大;花萼果期增大,裂片卵状披针形;花冠蓝、紫或蓝紫色,裂片卵形或圆形。蒴果肾形,2深裂,宿存花柱超出凹口。花期3~5月,果期4~7月。

原产于亚洲西部及欧洲,现国内分布于华东、华中及贵州、云南等省区。贵池区路边、绿地、田地、旷野常见。

婆婆纳 *Veronica polita*　　　　　婆婆纳属　车前科

　　本种与阿拉伯婆婆纳相似,主要区别:花梗长1厘米;花冠淡紫色;蒴果顶端微凹。花期3～4月,果期4～7月。

　　分布于华东、华中、西南、西北等省区。贵池区路边、荒地、耕地等处常见。

醉鱼草 *Buddleja lindleyana*　　　　　醉鱼草属　玄参科

　　落叶灌木。小枝有4棱略成翅状,嫩叶背面及花序被棕黄色星状毛。叶对生,膜质,卵形、椭圆形或长圆状披针形,全缘或具波状齿。穗状聚伞花序顶生,长4～40厘米;花紫色,芳香;花萼钟状,与花冠均被星状毛及小鳞片;花冠筒弯曲,裂片长约3.5毫米。蒴果长圆形或椭圆形,花萼宿存。花期6～8月,果期10月。

　　全株药用。分布于长江流域以南各省区。贵池区丘陵山区路旁、河边或林缘常见。

玄参 *Scrophularia ningpoensis*　　　　玄参属　**玄参科**

　　高大草本。支根数条,纺锤形或胡萝卜状膨大;茎四棱形,有浅槽。叶在茎下部多对生而具柄,上部的有时互生而柄极短;叶形多变,多为卵形,有时上部为卵状披针形或披针形,边缘具细锯齿。聚伞圆锥花序顶生和腋生,常2~4回复出;花萼裂片圆形,边缘稍膜质;花冠褐紫色,下唇裂片多少卵形;雄蕊短于下唇,花丝肥厚。蒴果卵圆形。花期6~10月,果期9~11月。

　　根供药用。分布于华东及华中地区。贵池区阴湿山坡、沟边及林下偶见。

母草 *Lindernia crustacea*　　　　母草属　**母草科**

　　一年生草本。常铺散成密丛,多分枝,微方形有深沟纹,无毛。叶对生,三角状卵形或宽卵形,边缘有浅钝锯齿。花单生叶腋或在茎枝之顶成极短的总状花序;花萼坛状,外面有稀疏粗毛;花冠紫色,管略长于萼,上唇直立,卵形,有时2浅裂,下唇3裂;雄蕊4,2强。蒴果椭圆形。花果期4~11月。

　　全草药用。分布于华东、华中、华南、西南等省区。贵池区田边、草地等潮湿处常见。

紫萼蝴蝶草 *Torenia violacea*　紫色翼萼　　　　　蝴蝶草属　**母草科**

　　草本。叶卵形或长卵形,边缘具稍带短尖的锯齿,两面疏被柔毛。伞形花序顶生,或单花腋生;花萼长圆状纺锤形,具5翅;花冠淡黄或白色,上唇多少直立,近圆形,下唇3裂片近相等,各有1枚蓝紫色斑块,中裂片中央有1黄色斑块。蒴果包于宿萼内。花果期7~10月。

　　供观赏。分布于长江流域以南各省区。贵池区山坡草地、林下、田边及路旁潮湿处常见。

白接骨 *Asystasia neesiana*　　　　　　　　　　　十万错属　**爵床科**

　　多年生草本。茎高达1米,略呈4棱形,具白色黏液。叶卵形至椭圆状矩圆形,纸质,边缘微波状至具浅齿。总状花序顶生,长6~12厘米;花单生或对生;花冠淡紫红色,漏斗状,外疏生腺毛,花冠筒细长,裂片5,略不等;雄蕊2强,着生于花冠喉部。蒴果,上部具4粒种子,下部实心细长似柄。花期8~10月,果期10~11月。

　　全草药用。分布于华东、华中、华南等省区。贵池区林下或溪边较常见。

爵床 *Justicia procumbens*

一年生细弱草本。茎基部匍匐,常有短硬毛。叶对生,全缘,椭圆形或椭圆状长圆形。穗状花序顶生或生上部叶腋;花萼裂片4;花冠粉红色,二唇形,下唇3浅裂;药室不等高,下方1室有距。蒴果上部具4粒种子,下部实心似柄状。花期8～11月,果期10～11月。

全草药用。产于秦岭以南各省区。贵池区旷野草丛、林下、路边常见。

九头狮子草 *Peristrophe japonica*

多年生草本。单叶对生,卵状长圆形。花序顶生或生于上部叶腋,由2～8聚伞花序组成;每个聚伞花序下托以2枚总苞片,一大一小,近无毛,羽脉明显,内有1至数花;花萼裂片5,钻形;花冠粉红或微紫色,二唇形,下唇3裂;雄蕊花丝伸出。花期8～9月。

全草入药。分布于华中、华东及贵州、四川等省区。贵池区山涧、溪边及林缘阴湿处较常见。

蓝花草 *Ruellia simplex*　　　　　　芦莉草属　**爵床科**

草本。茎下部叶有稍长柄,叶片线状披针形,全缘或边缘具疏锯齿。总状花序数个组成圆锥花序;花腋生,花径3~5厘米,花冠漏斗状,5裂,紫色、粉色或白色,具放射状条纹,细波浪状;一般清晨开放,午后凋谢。花期7~8月。

原产于墨西哥,国内引种作为夏季赏花草本栽植。贵池区公园、庭院偶见栽培。

密花孩儿草 *Rungia densiflora*　　　　　　孩儿草属　**爵床科**

草本。茎稍粗壮,被2列倒生柔毛;小枝被白色皱曲柔毛。叶纸质,椭圆状卵形、卵形、披针状卵形。穗状花序顶生和腋生,长达3厘米,密花,总梗短;苞片4列,全都能育,同形;小苞片2,倒卵形;花冠天蓝色,冠管长6~9毫米。蒴果长约6毫米。

全草可入药。分布于华东、华南等省份。贵池区路旁林下偶见。

少花马蓝 *Strobilanthes oliganthus*

马蓝属　爵床科

多年生草本。基部节膨大膝曲,分枝疏,有钝棱。单叶对生,宽卵形至椭圆形,边缘具疏钝锯齿。花无梗,数朵集成头形穗状花絮,生于枝顶或上部叶腋;苞片叶状,小苞片条状匙形,两者均被白色多细胞柔毛;花萼5裂,裂片条形;花冠淡紫色,漏斗状钟形,花冠筒稍弯曲,5裂,裂片几相等;雄蕊4,2长2短,花丝基部有膜相连。花果期7～10月。

可供观赏。分布于广东、福建、贵州、湖南、江西、浙江等省区。贵池区林下、溪沟边和阴湿草地少见。

凌霄 *Campsis grandiflora*

凌霄属　紫葳科

攀援藤本;茎木质,表皮脱落,枯褐色,以气生根攀附于它物之上。叶对生,为奇数羽状复叶;小叶7～9枚,卵形至卵状披针形,两面无毛,边缘有粗锯齿。顶生疏散的短圆锥花序。花萼钟状,分裂至中部;花冠内面鲜红色,外面橙黄色。蒴果顶端钝。花期5～8月。

可供观赏及药用。全国各地常见栽培。贵池区公园、庭院常见栽培。

梓 *Catalpa ovata*　梓树　　　　　　　　　　梓属　**紫葳科**

高大落叶乔木。树冠伞形,主干通直。叶对生,有时轮生,阔卵形,长宽近相等,顶端渐尖,基部心形,常3浅裂。顶生圆锥花序;花萼蕾时圆球形;花冠钟状,淡黄色,内具2黄色条纹及紫色斑点;能育雄蕊2,退化雄蕊3。蒴果线形,下垂。花期5~6月,果期9~11月。

可供材用,亦为四旁绿化树种。分布于长江流域及以北地区。贵池区公园、绿地、村庄较常见。

狭叶马鞭草 *Verbena brasiliensis*　　　　　　马鞭草属　**马鞭草科**

多年生草本。具根状茎,高1~2米。茎四棱,粗糙,被毛。叶对生,倒披针形至长椭圆形,边缘有大小不一的锯齿;叶柄不明显。穗状花序在枝顶呈三叉排列;花冠筒为花萼的1.5~2倍,花冠淡紫色;雌雄蕊均藏于花冠筒内。果穗在果期伸长,呈圆柱形,长1~5厘米;果实长椭圆形,褐色。花期6~9月,果期6~10月。

原产于南美洲,已入侵我国中东部地区。贵池区公园、村落边遇见。

马鞭草 *Verbena officinalis*

马鞭草属　马鞭草科

多年生草本。茎四棱,节及棱被硬毛。叶卵形、倒卵形或长圆状披针形,长2～8厘米,基生叶常具粗齿及缺刻,茎生叶多3深裂,裂片具不整齐锯齿,两面被硬毛。穗状花序顶生和腋生,细弱;花萼被硬毛;花冠淡紫或蓝色,被微毛,裂片5。果序穗状,小坚果长圆形。花期6～8月,果期7～10月。

全草供药用。产秦岭以南各省及新疆。贵池区路边、山坡、溪边或林缘较常见。

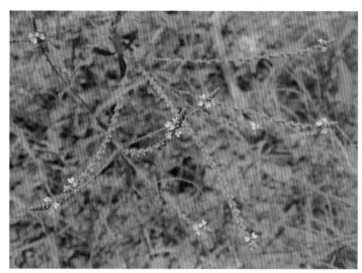

紫背金盘 *Ajuga nipponensis*

筋骨草属　唇形科

一或二年生草本。茎通常直立,四棱形。基生叶无或少数;茎生叶均具柄,叶片纸质,阔椭圆形或卵状椭圆形,两面被疏糙伏毛或疏柔毛。轮伞花序多花,生于茎中部以上,向上渐密集组成顶生穗状花序;花冠淡蓝色或蓝紫色,筒状。小坚果卵状三棱形。花期4～6月,果期5～7月。

全草入药。分布于我国东部、南部及西南等省区。贵池区田边、林下或林缘偶见。

白棠子树 *Callicarpa dichotoma*

紫珠属 **唇形科**

小灌木。多分枝,小枝细圆,幼枝被星状毛。叶倒卵形或卵状披针形,长3~6厘米,上部具粗齿,两面近无毛,下面密被黄腺点,侧脉5~6对。花序2~3歧分枝,径1~2.5厘米,花序梗细,长1~1.5厘米,疏被星状毛;花萼杯状,无毛,被腺点,4齿不明显或近平截;花冠紫色,无毛;雄蕊较花冠长2倍。果球形,径约2毫米,紫色。花期5~6月,果期7~11月。

全株药用。分布于华东、华南、华中等省区。贵池区低山丘陵灌丛中较常见。

老鸦糊 *Callicarpa giraldii*

紫珠属 **唇形科**

灌木。小枝圆,被星状毛。叶宽椭圆形或披针状长圆形,具锯齿,上面近无毛,下面疏被星状毛,密被黄腺点。花序4~5歧分枝,径2~3厘米;花萼钟状,被星状毛及黄腺点;花冠紫色,疏被星状毛及黄腺点;雄蕊伸出花冠。果球形,紫色,幼时被毛,后脱落。

全株入药。产于华东、华中、华南、西南及甘肃、陕西等省区。贵池区丘陵山区疏林和灌丛中偶见。

红紫珠 *Callicarpa rubella* 紫珠属 **唇形科**

　　灌木。小枝被黄褐色星状毛并杂有多细胞的腺毛。叶片倒卵形或倒卵状椭圆形,顶端尾尖或渐尖,基部心形,有时偏斜,边缘具细锯齿或不整齐粗齿,背面有黄色腺点。聚伞花序宽2～4厘米,被毛与小枝同;花序梗长1.5～3厘米,苞片细小;花萼被星状毛或腺毛,具黄色腺点;花冠紫红色、黄绿色或白色,外被细毛和黄色腺点;雄蕊长为花冠的2倍。果实紫红色。花期5～7月,果期7～11月。

　　根及嫩芽入药。分布于华东、华中、华南及西南等省区。贵池区山坡、林下、林缘灌丛较常见。

单花莸 *Caryopteris nepetifolia* 莸属 **唇形科**

　　多年生草本,有时蔓生。茎四棱,被下弯曲柔毛,基部木质。叶宽卵形或近圆形,具钝圆齿,两面被柔毛及腺点。单花腋生,花梗细,近花柄中部生2枚锥形苞片;花萼杯状,两面被柔毛及腺点;花冠淡蓝色,顶端5裂,2唇形,下唇中裂片较大,全缘,雄蕊4,与花柱同伸出花冠筒外。蒴果4瓣裂,淡黄色。花果期5～9月。

　　全草药用。分布于江苏、浙江、福建等省区。贵池区阴湿山坡、林缘、路旁或水沟边少见。

臭牡丹 *Clerodendrum bungei*

大青属　唇形科

灌木。小枝稍圆,皮孔显著。叶宽卵形或卵形,具锯齿,两面疏被柔毛,下面疏被腺点,基部脉腋具盾状腺体。伞房状聚伞花序密集成头状;苞片披针形;花萼被柔毛及腺体,裂片三角形;花冠淡红或紫红色,冠筒长2～3厘米,裂片倒卵形。核果近球形,蓝黑色。花果期3～11月。

根、茎、叶入药。分布于华北、西北、西南、华东、华中等省区。贵池区林缘、沟谷、路旁、灌丛湿润处较常见。

大青 *Clerodendrum cyrtophyllum*

大青属　唇形科

小乔木或灌木状。幼枝被柔毛。单叶对生,椭圆形或长圆状披针形,全缘或具圆齿。聚伞花序疏松成伞房状,苞片线形;花冠白色,疏被微柔毛及腺点,冠筒长约1厘米,裂片卵形。核果球形或倒卵圆形,蓝紫色,为红色宿萼所包。花果期6月至次年2月。

根、叶入药。分布于华东、中南、西南等省区。贵池区山坡、林缘、溪谷旁较常见。

风轮菜 *Clinopodium chinense*　风轮菜属　**唇形科**

多年生草本。茎基部匍匐,具细纵纹,密被短柔毛及腺微柔毛。叶卵形,具圆齿状锯齿。轮伞花序具多花,具明显总梗,花常偏向一侧;花萼窄管形,带紫红色,上唇3齿长三角形,稍反折,下唇2齿直伸,具芒尖;花冠紫红色。小坚果黄褐色。花期5~8月,果期8~10月。

全草药用。产于山东、华东、华中、华南及西南等省区。贵池区山坡、草丛、路边、林下常见。

邻近风轮菜 *Clinopodium confine*　风轮菜属　**唇形科**

本种与细风轮菜较相似,主要区别:轮伞花序腋生,不为假总状;萼筒近无毛,叶两面无毛。花期4~6月,果期7~8月。

用途同细风轮菜。分布于华东、华南、西南等省区。贵池区田边、路边、宅旁、山坡、林缘常见。

紫花香薷 *Elsholtzia argyi*　　　　　　香薷属　唇形科

　　一年生草本。茎直立,四棱形,具槽,槽内被疏生或密集的白色短柔毛。叶卵形至阔卵形,边缘在基部以上具圆齿,近基部全缘,叶柄具狭翅。穗状花序长2~7厘米,生于茎、枝顶端,偏向一侧;苞片圆形;花萼管状,萼齿5,钻形,近相等,先端具芒刺,边缘具长缘毛。花冠玫瑰红紫色,冠檐二唇形。花果期9~11月。

　　供观赏。产于华东、华中、华南及贵州等省区。贵池区山坡林下、林缘、路旁、溪边较常见。

活血丹 *Glechoma longituba*　　连钱草　　　　　活血丹属　唇形科

　　多年生草本。茎基部带淡紫红色,幼嫩部分疏被长柔毛。下部叶较小,心形或近肾形,上部叶心形,具粗圆齿或粗齿状圆齿,上面疏被糙伏毛或微柔毛,下面带淡紫色。轮伞花序具2~6花;花冠蓝或紫色,下唇具深色斑点,上唇2裂。小坚果顶端圆,基部稍三棱形。花期4~5月,果期5~6月。

　　全草入药。我国大部省份均有分布。贵池区林缘、疏林下、草地、溪边等阴湿处较常见。

宝盖草 *Lamium amplexicaule* 野芝麻属 唇形科

一年生或二年生草本。茎四棱形,具浅槽,几无毛,中空。叶片圆形或肾形,半抱茎,具深圆齿或近掌状分裂,两面疏被糙伏毛;上部叶无柄,下部叶具长柄。轮伞花序具6～10花;花冠紫红或粉红色,长约1.7厘米。花期3～5月,果期7～8月。

全草入药。分布于西北、西南、华中及华东等省区。贵池区田野、林缘、宅旁、路边常见。

野芝麻 *Lamium barbatum* 野芝麻属 唇形科

多年生草本。茎四棱形,具浅槽,中空,几无毛。茎下部的叶卵圆形或心脏形,茎上部的叶卵圆状披针形。轮伞花序4～14花,生于茎上部叶腋;花萼钟形,近无毛或疏被糙伏毛,萼齿披针状钻形;花冠白或淡黄色。花果期3～7月。

全草入药。产于东北、华北、华中、华东、西北及西南各省区。贵池区路边、溪旁、林缘较常见。

益母草 *Leonurus japonicus*

益母草属　唇形科

一年生或二年生草本。茎直立,钝四棱形,微具槽,有倒向糙伏毛。叶形变化大,茎下部叶卵形,掌状3裂,裂片上再分裂;茎中部叶菱形,较小,通常分裂成3个或偶有多个长圆状线形的裂片;花序最上部的苞叶近于无柄,线形或线状披针形。轮伞花序腋生,具8~15花,花冠粉红色至淡紫红色,花冠筒内有不明显毛环。花期6~9月,果期10月。

全草药用。分布于全国各地。贵池区山坡草地、荒地、路边常见。

假鬃尾草 *Leonurus chaituroides*

益母草属　唇形科

本种与益母草相似,主要区别:花长不及1厘米,花冠筒内无毛环,花冠紫色或白色。花期9月,果期9~10月。

分布于湖北。贵池区林缘、路边、荒野等处偶见。

硬毛地笋 *Lycopus lucidus var. hirtus* — 地笋属 · 唇形科

多年生草本。茎直立,常不分枝,节上常带紫红色,棱及节上被硬毛。叶披针形,边缘具锐齿,两面被硬毛,叶柄短或无。轮伞花序多花,近圆球形,花期直径达1厘米以上;花萼钟形;花冠白色,内面喉部具白色柔毛。花期7~10月,果期9~11月。

全草入药。遍布全国。贵池区沼泽地、水边等潮湿处偶见。

小野芝麻 *Matsumurella chinense* — 小野芝麻属 · 唇形科

一年生草本。茎密被褐黄色绒毛。叶卵形、卵状长圆形或宽披针形,具圆齿状锯齿,上面被平伏纤毛,下面被褐黄色绒毛。轮伞花序具2~4花,生上部叶腋,近无梗;花萼管状钟形,密被绒毛;花冠粉红色,外面被白色长柔毛。小坚果三棱状倒卵圆形。花期4~5月,果期6~8月。

分布于华中、华东及华南等省区。贵池区山坡、疏林下、林缘草地偶见。

薄荷 *Mentha canadensis*
薄荷属　唇形科

多年生芳香草本。茎多分枝,上部被微柔毛,下部沿棱被微柔毛,具根茎。叶卵状披针形或长圆形,基部以上疏生粗锯齿,两面被微柔毛。轮伞花序腋生,球形,径约1.8厘米;花冠淡紫或白色,长约4毫米,上裂片2裂,余3裂片近等大,长圆形,先端钝。小坚果黄褐色。花果期8~11月。

全草入药,亦可作蔬菜食用。广布全国。贵池可见栽植作蔬菜。

石荠苎 *Mosla scabra*
石荠苎属　唇形科

一年生草本。茎多分枝,分枝纤细,四棱形,具细条纹,密被短柔毛。单叶对生,叶卵形或卵状披针形,边缘近基部全缘,自基部以上为锯齿状,纸质。总状花序生于主茎及侧枝上;花萼钟形,外面被疏柔毛,二唇形;花冠粉红色,内面基部具毛环,冠檐二唇形;雄蕊4,后对能育。小坚果球形,具深雕纹。花果期5~11月。

全草入药。我国大部省份均有分布。贵池区山坡、路旁或灌丛中较常见。

小鱼仙草 *Mosla dianthera*　　　石荠苎属　唇形科

　　本种与石荠苎较相似,主要区别:茎及枝无毛或仅棱及节上被短毛;花萼上唇钝齿,花冠淡紫色;小坚果近球形,具疏网纹。花果期7～11月。

　　全草入药,功效同石荠苎。分布于华中、华东、华南及西南等省区。贵池区山坡、路旁或水边较常见。

浙荆芥 *Nepeta everardi*　　　荆芥属　唇形科

　　多年生直立草本。茎具细纵纹,被微柔毛。单叶对生,三角状心形,具牙齿状圆齿,叶柄具窄翅。聚伞花序7～9花,具短梗,组成紧密顶生圆锥花序;苞叶、苞片及小苞片均线形;花冠紫色,长达2厘米,被微柔毛,上唇先端2圆裂,下唇中裂片倒心形。花期5月,果期8月。

　　分布于浙江、安徽。贵池区低海拔低平地区灌丛中偶见。

紫苏 *Perilla frutescens*
紫苏属 ｜ 唇形科

　　一年生直立草本。茎绿或紫色,密被长柔毛。叶宽卵形或圆形,长7~13厘米,具粗锯齿,上面被柔毛,下面被平伏长柔毛。轮伞花序2花,组成顶生和腋生的长2~15厘米、偏向一侧的假总状花序;花冠白色至紫红色,长3~4毫米;雄蕊4枚,与花冠近等长。小坚果近球形。花期7~10月,果期8~11月。

　　茎、叶、果实入药;也可做香料。分布于全国各省区。贵池区田野、路边、草地及林缘较常见,亦可见栽培。

野生紫苏 *Perilla frutescens* var. *purpurascens*
紫苏属 ｜ 唇形科

　　这一变种与原变种区别:果萼小,长4~5.5毫米,下部被疏柔毛,具腺点;茎被短疏柔毛;叶较小,卵形,长4.5~7.5厘米,宽2.8~5厘米,两面被疏柔毛;小坚果较小,土黄色,直径1~1.5毫米;

　　用途同紫苏。产于华中、华东、华南及西南等省区。贵池区林缘、旷野、宅旁、路边较常见。

豆腐柴 *Premna microphylla*

豆腐柴属　唇形科

直立灌木。单叶对生,揉之有臭味,卵状披针形、椭圆形、卵形或倒卵形,基部渐窄下延至叶柄成翅,全缘或具不规则粗齿。聚伞花序组成塔形圆锥花序;花萼5浅裂,密被毛或近无毛;花冠淡黄色,长7~9毫米,被柔毛及腺点,内面被柔毛,喉部较密。果球形或倒圆卵形,紫色。花果期5~10月。

根、茎、叶入药;叶可制作豆腐。分布于华东、中南、华南以及四川、贵州等省区。贵池区山坡林下或林缘偶见。

夏枯草 *Prunella vulgaris*

夏枯草属　唇形科

多年生草本。茎高达30厘米,基部多分枝,紫红色,疏被糙伏毛或近无毛。叶卵状长圆形或卵形,具浅波状齿或近全缘。穗状花序;苞叶近卵形,苞片淡紫色,宽心形;花萼钟形;花冠紫、红紫或白色,上唇近圆形,稍盔状,下唇中裂片近心形,具流苏状小裂片。花期4~6月,果期7~10月。

全草药用。产于秦岭以南各省区。贵池区山坡草地、田野、路旁常见。

南丹参 *Salvia bowleyana*
鼠尾草属　唇形科

多年生草本。茎粗壮,高达1米。一回羽状复叶,长10～20厘米;小叶5(～7),具圆齿状锯齿或锯齿,两面无毛,仅脉稍被柔毛。轮伞花序具8至多花,组成长14～30厘米总状或总状圆锥花序;花萼筒形,上唇宽三角形,具靠合3短尖头,下唇三角形,具2浅齿;花冠紫或蓝紫色,被微柔毛,上唇稍镰形,下唇长圆形。小坚果褐色。花期4～7月,果期6～8月。

根药用。产于浙江、湖南、江西、福建、广东、广西等省。贵池区山坡林下、草灌丛中偶见。

荔枝草 *Salvia plebeia*
鼠尾草属　唇形科

一年生或二年生草本。茎粗壮,多分枝,被倒向灰白柔毛。叶椭圆状卵形或椭圆状披针形,具齿。轮伞花序具6花,组成长10～25厘米总状或圆锥花序,密被柔毛;苞片披针形;花萼钟形,被柔毛及稀疏黄褐色腺点,上唇具3个细尖齿,下唇具2三角形齿;花冠淡红、淡紫、紫、紫蓝或蓝色,稀白色,冠檐被微柔毛。花果期4～7月。

全草入药。我国大部省份均有分布。贵池区山坡、路旁、沟边、田野潮湿的土壤上较常见。

华鼠尾草 *Salvia chinensis*

鼠尾草属 **唇形科**

一年生草本。茎直立或基部平卧,被短柔毛或长柔毛。单叶卵形或卵状椭圆形,具圆齿或钝锯齿;茎下部具3小叶复叶。轮伞花序具6花,下部疏散,上部密集,组成长5～24厘米的总状或圆锥花序,被短柔毛;花萼钟形,紫色;花冠蓝紫或紫色,长约1厘米,伸出,被短柔毛,冠筒内具斜向柔毛环;雄蕊稍伸出,药隔伸直。花期7～9月,果期9～11月。

全草入药。分布于华中、华东及四川等省区。贵池区山坡、田野草丛中偶见。

韩信草 *Scutellaria indica*

黄芩属 **唇形科**

多年生草本。茎深紫色,被微柔毛,茎上部及沿棱毛密。叶心状卵形或椭圆形,具圆齿。总状花序,苞片卵形或椭圆形;花萼被长硬毛及微柔毛;花冠蓝紫色,冠筒基部膝曲,下唇中裂片圆卵形,具深紫色斑点,侧裂片卵形。小坚果暗褐色,卵球形,被瘤点,腹面近基部具挤状突起。花期4～5月,果期5～9月。

全草入药。产于华东、华中、华南及陕西等省区。贵池区山坡疏林下或林缘较常见。

蜗儿菜 *Stachys arrecta*　　　　　　水苏属　唇形科

多年生草本。具根茎及肉质宝塔形块根。茎多分枝,密被长柔毛。茎叶心形,具细圆齿或圆齿状锯齿,两面疏被柔毛,下面被腺点。轮伞花序2~6花,花梗长约1毫米;花冠粉红色,上部被微柔毛,冠筒长约8毫米,上唇长圆状卵形,下唇近圆形,3裂,中裂片稍大。小坚果褐色,卵球形。花期5~7月,果期6~9月。

肉质块根可食用。分布于江苏、浙江、湖南、河南、湖北、陕西、山西等省。贵池区山坡林下、路旁草丛偶见。

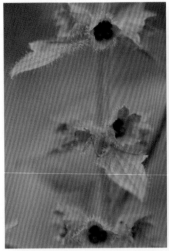

针筒菜 *Stachys oblongifolia*　　　　　水苏属　唇形科

多年生草本。茎直立,稍被微柔毛,棱及节被长柔毛。叶对生,长圆状披针形,具圆齿状锯齿,下面密被灰白色柔毛状绒毛。轮伞花序具6花,下部疏散,上部密集,组成长5~8厘米的穗状花序;小苞片线状刺形;花萼钟形,被腺长柔毛状绒毛;花冠粉红或粉红紫色,冠檐被柔毛,上唇长圆形,下唇3裂。花期5~7月,果期6~8月。

全草入药。分布于华东、华中、华南及云南等省区。贵池区林下、溪边、草丛的潮湿处偶见。

庐山香科科 *Teucrium pernyi*

香科科属　　唇形科

多年生草本。具匍匐茎,茎密被白色倒向短柔毛。单叶对生,卵状披针形,具粗锯齿,两面被微柔毛。轮伞花序具2~6花组成穗状花序;花萼钟形,疏被微柔毛;花冠白色或稍带红晕,长约1厘米,冠筒长约4.5毫米,中裂片椭圆状匙形,侧裂片斜三角状卵形;雄蕊较花冠筒长一倍以上。小坚果倒卵形,棕黑色。花期8~9月,果期9~10月。

全草药用。分布于华东、华中及华南等省区。贵池区山坡、林下、山谷、溪边草丛偶见。

血见愁 *Teucrium viscidum*

香科科属　　唇形科

多年生草本。茎下部无毛或近无毛,上部被腺毛及柔毛。叶卵形或卵状长圆形,具重圆齿,两面近无毛或疏被柔毛。轮伞花序具2花,密集成穗状花序,苞片披针形;花萼钟形,上唇3齿卵状三角形,下唇2齿三角形;花冠白、淡红或淡紫色,中裂片圆形,侧裂片卵状三角形。小坚果扁球形,黄褐色。花期7~9月,果期8~10月。

全草药用。产于华中、华东、华南、西南及西藏等省区。贵池区丘陵山区林下润湿处偶见。

牡荆 *Vitex negundo* var. *cannabifolia* 牡荆属 **唇形科**

落叶灌木或小乔木。小枝四棱形。叶对生,掌状复叶,小叶5;小叶片披针形或椭圆状披针形,边缘有粗锯齿,表面绿色,背面淡绿色,通常被柔毛。圆锥花序顶生,花冠淡紫色,顶端5裂,2唇形;雄蕊伸出花冠筒外。果实近球形,黑色。花期6~7月,果期8~11月。

茎皮可供纤维;茎叶、种子、根入药;花、枝叶可提取芳香油。分布于华东、华中、华南及西南等省区。贵池区丘陵山区路边灌丛较常见。

早落通泉草 *Mazus caducifer* 通泉草属 **通泉草科**

多年生草本。茎粗壮,全株被白色长柔毛。基生叶多数,倒卵状匙形,莲座状,常早枯萎;茎生叶卵状匙形,纸质,基部渐狭成带翅的柄,边缘具粗而不整齐的锯齿,有时浅裂。总状花序顶生,长达35厘米;花梗较花萼长;花萼漏斗状,果期长达1.3厘米;花冠淡蓝紫色,较萼长2倍,上唇裂片尖,下唇中裂片突出,较侧裂片小。蒴果球形。花期4~7月,果期6~10月。

分布于浙江、江西。贵池区路旁、林下较常见。

弹刀子菜 *Mazus stachydifolius*　　通泉草属　通泉草科

　　本种与早落通泉草较相似,主要区别:茎生叶无柄,花梗比萼短或近等长。花期4～6月,果期7～9月。

　　分布于东北、华北、华南及四川、陕西等省区。贵池区较湿润的路旁、草坡及林缘偶见。

毛泡桐 *Paulownia tomentosa*　　泡桐属　泡桐科

　　落叶乔木。树皮褐灰色,小枝有明显皮孔,幼时常具黏质短腺毛。叶心形,全缘或波状浅裂,上面毛稀疏,下面毛密或较疏,有时具黏质腺毛。聚伞花序;花萼外被绒毛;花冠紫色,长5～7.5厘米,外面有腺毛,内面几无毛,檐部二唇形。蒴果卵圆形,幼时密生黏质腺毛,宿萼不反卷。花期4～5月,果期8～9月。

　　供材用。分布于我国东部、中部以及西南等省区。贵池区路旁、公园、低矮丘陵、房前屋后常见。

野菰 *Aeginetia indica*

野菰属 **列当科**

一年生寄生草本。茎单一或从基部分枝,下部黄褐色或紫红色。少出鳞片状叶,疏生于茎的基部。花常单生茎端,稍俯垂;花萼佛焰苞状,一侧斜裂;花冠筒状钟形,带黏液,常与花萼同色,不明显二唇形;雄蕊4,内藏。花期9~10月。

全草药用。分布于华中、华东、华南及西南等省区。贵池区山区林下草地或林缘偶见,常寄生于禾草类植物的根上。

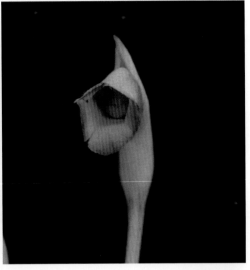

白毛鹿茸草 *Monochasma savatieri* 沙氏鹿茸草

鹿茸草属 **列当科**

多年生草本。常有残留的隔年枯茎,全体因密被棉毛而呈灰白色。茎多数,丛生。叶交互对生,长圆状披针形至线状披针形。总状花序顶生;花少数,单生于叶腋;叶状小苞片二枚,生于萼管基部;花冠淡紫色或几白色,长约为萼的两倍。蒴果长圆形。花期3~4月,果期5~7月。

观赏。产浙江、福建、江西等省。贵池区阳坡或马尾松林下偶见。

松蒿 *Phtheirospermum japonicum*　　　松蒿属　列当科

一年生草本。全体有腺毛;茎分枝,直立或弯曲而后上升。叶长三角状卵形,近基部的羽状全裂,向上则为羽状深裂;小裂片多少歪斜,边缘具重锯齿或深裂。花萼长0.4~1厘米,萼齿5;花冠紫红或淡紫红色,长0.8~2.5厘米,外面被柔毛,上唇裂片三角状卵形,下唇裂片先端圆钝;花丝基部疏被长柔毛。花果期6~10月。

分布于东北、华北、华中、华东、华南及西南等省区。贵池区丘陵山区林缘、路旁偶见。

天目地黄 *Rehmannia chingii*　　　地黄属　列当科

多年生草本。植体被多细胞长柔毛。基生叶多少莲座状排列,叶片椭圆形,纸质,两面疏被白色柔毛,边缘具不规则圆齿或粗锯齿。花单生,连同花梗总长超过苞片;花冠紫红色,外面被多细胞长柔毛,上唇裂片长卵形,下唇裂片长椭圆形。蒴果卵形,具宿存的花萼及花柱。花期4~5月,果期5~7月。

根茎入药,花大美丽,亦可栽植观赏。分布于安徽、浙江。贵池区山坡、路旁草丛中较常见。

阴行草 *Siphonostegia chinensis*

阴行草属　列当科

一年生草本。叶对生,无柄或有短柄;叶厚纸质,一回羽状全裂,裂片约3对,线形。花对生于茎枝上部;苞片叶状;花梗短,有2小苞片;花萼主脉10条粗,凸起,脉间凹入成沟,萼齿5;花冠上唇红紫色,下唇黄色,上唇背部被长纤毛,下唇褶襞瓣状;雄蕊2强,花丝基部被毛。蒴果被包于宿存的萼内。花果期7～10月。

全草药用。分布于我国南北各省区。贵池区山坡、林缘、灌丛及路旁偶见。

青荚叶 *Helwingia japonica*　叶上珠

青荚叶属　青荚叶科

落叶灌木,高达2米,枝上叶痕显著。叶纸质,卵形或宽卵形,边缘具刺状细锯齿;托叶长4～6毫米,线状分裂。雌雄异株,花小,淡绿色;雄花序4～12朵,雌花1～3朵簇生,均着生于叶面中脉中部或近基部。花萼小;花瓣长1～2毫米。浆果成熟时黑色,具3～5种子。花期4～5月,果期7～9月。

果实与叶供药用。分布于华中、华东、华南及云南、贵州等省区。省级保护植物。贵池区丘陵山区沟边、林缘偶见。

冬青 *Ilex chinensis* 　　　　　　　　　　　　　冬青属 **冬青科**

　　常绿乔木。幼枝被微柔毛。叶片薄革质至革质,椭圆形或披针形,具圆齿,侧脉6~9对。复聚伞花序单生叶腋;花序梗长0.7~1.4厘米,二级轴长2~5毫米;花梗长2毫米,无毛;花淡紫或紫红色,4~5基数;花萼裂片宽三角形;花瓣卵形;雄蕊短于花瓣;退化子房圆锥状。果长球形,熟时红色。花期5~6月,果期10~11月。

　　庭园观赏树种,亦可供材用,树皮、种子、叶片入药。分布于华东、华中、华南等省区。贵池区山坡杂木林中偶见。

枸骨 *Ilex cornuta* 　　　　　　　　　　　　　冬青属 **冬青科**

　　常绿灌木或小乔木。叶二型,四角状长圆形,先端宽三角形、有硬刺齿,或长圆形、卵形及倒卵状长圆形,全缘,长4~9厘米,先端具尖硬刺,反曲,基部圆或平截,具1~3对刺齿,无毛,侧脉5~6对。花序簇生叶腋,花4基数,淡黄绿色。果球形,熟时红色,宿存柱头盘状。花期4~5月,果期10~12月。

　　栽植供观赏,叶、果入药。分布于华中、华东、华南等省区。贵池区山坡灌丛、路边、村舍旁常见栽培。

大叶冬青 *Ilex latifolia*　苦丁茶

冬青属　**冬青科**

常绿乔木。高达20米,全株无毛。单叶互生,长圆形或卵状长圆形,疏生锯齿,厚革质,光亮。花序簇生叶腋,圆锥状;花4基数,浅黄绿色;雄花序每分枝具3~9花,花瓣卵状长圆形,雄蕊与花瓣等长,退化子房近球形;雌花序每分枝具1~3花,退化雄蕊长为花瓣1/3,柱头盘状。果球形,成熟时红色。花期4~5月,果熟期9~10月。

　　嫩叶可制茶,称"苦丁茶"。分布于华东、华中及福建等省区。省级保护植物。贵池区丘陵山区天然林中偶见,亦可见农户栽植。

大果冬青 *Ilex macrocarpa*

冬青属　**冬青科**

　　落叶乔木。树皮灰褐色,有长枝和短枝。叶膜质或纸质,具浅锯齿,在长枝上互生,短枝簇生。雄花单花或为具2~5花的聚伞花序,单生或簇生叶腋;花5~6基数,白色;雄蕊与花瓣近等长;退化子房垫状。雌花单生叶腋或鳞片腋内;花7~9基数;退化雄蕊长为花瓣2/3。果球形,熟时黑色。花期5月,果熟期10月。

　　供观赏。分布于华中、华东及西南等省区。贵池区丘陵山区天然林中偶见。

铁冬青 *Ilex rotunda* 冬青属 冬青科

　　常绿小乔木。树皮灰色至灰黑色,小枝红褐色,无毛。叶薄革质或纸质,卵形、椭圆形或长椭圆形,全缘。聚伞花序或伞形状花序具4～6花单生于叶腋;雄花4基数,雌花5～7基数,均白色,总花梗与花梗均无毛。核果近球形,直径5毫米,初时黄色,成熟时红色,宿存柱头盘状,5～7裂。花期5～6月,果熟期9～10月。

　　叶和树皮入药,亦可供观赏。主要分布于我国长江以南各省区。贵池区丘陵山区天然林中偶见。

羊乳 *Codonopsis lanceolata* 党参属 桔梗科

　　多年生攀援草质缠绕藤本。茎无毛,有多数短分枝,带紫色。茎生叶互生,细小;枝生叶常3～4枚簇生于短枝顶端呈假轮生状,常全缘或稍有疏生的微波状齿。花单生于分枝顶端,花萼筒贴生于子房基部,无毛;花冠宽钟状,外面乳白色,内深紫色,有网状脉纹;花盘肉质,黄绿色;柱头3裂。蒴果有宿萼,种子有翅。花果期7～9月。

　　根供药用。分布于我国东北、华北、华东和中南各省区。贵池区丘陵山区灌木林下及沟边阔叶林缘偶见。

半边莲 *Lobelia chinensis*　　　　　　　半边莲属　**桔梗科**

多年生矮小草本。有白色乳汁，茎平卧，无毛。叶长圆状披针形或线性，边缘有波状小齿或近全缘。花常1朵，生于上部叶腋，花柄长于叶；萼筒长管形，基部狭窄成柄；花冠白色或紫红色，裂至基部，喉部以下生白色柔毛，裂片全部平展于下方，呈一个平面。蒴果倒锥状，种子椭圆状近肉色。花果期5～10月。

全草入药。分布于长江中下游及其以南各省区。贵池区田边、沟边及潮湿草地上较常见。

袋果草 *Peracarpa carnosa*　　　　　　　袋果草属　**桔梗科**

多年生纤细草本。根状茎细长，末端有块根。叶互生，多集中于茎上部，膜质或薄纸质，边缘波状，但弯缺处有短刺。花单朵腋生，花梗细长而常伸直；花冠漏斗状钟形，白或紫蓝色，5裂至中部或过半；雄蕊与花冠分离，花丝有缘毛，基部扩大成窄三角形；花柱上部有细毛，柱头3裂。果为干果，倒卵状。花期4～5月，果期4～11月。

全草入药。分布于我国中东部及四川、贵州、云南等省区。贵池区林下阴湿处、溪谷沟边偶见。

桔梗 *Platycodon grandiflorus* 　　　　桔梗属　**桔梗科**

多年生草本。有白色乳汁,根胡萝卜状。叶轮生、部分轮生至全部互生,卵形、卵状椭圆形或披针形,边缘具细锯齿,无柄或有极短的柄。花单朵顶生,或数朵集成假总状花序,或有花序分枝而集成圆锥花序;花冠漏斗状钟形,长1.5~4厘米,蓝或紫色,5裂;雄蕊5,离生;无花盘;子房半下位,5室,柱头5裂。蒴果球状、球状倒圆锥形或倒卵圆形,长1~2.5厘米。花期8~9月。

根入药,花供观赏。分布于南北各省区。贵池区山坡草地、灌丛中偶见,也可见栽植。

金银莲花 *Nymphoides indica* 　　　　荇菜属　**睡菜科**

多年生水生草本。茎圆柱形,不分枝,单叶顶生。叶互生,漂浮,近革质,宽卵圆形或近圆形,长3~8厘米,全缘,下面密被腺体,基部心形,具不明显掌状脉。花多数,5数;花冠白色,基部黄色,长0.7~1.2厘米,径6~8毫米,裂至近基部,冠筒短,具5束长柔毛;花丝短,扁平。蒴果椭圆形,不裂。花果期8~10月。

可供观赏,也作绿肥和猪饲料。分布于南北各省区。省级保护植物。贵池区平天湖可见生长。

荇菜 *Nymphoides peltata*　荇菜属　睡菜科

本种与金银莲花较相似,主要区别有:茎有分枝;上部叶对生,下部叶互生;花冠大型,金黄色,具膜质透明的边缘。花期7~9月,果期10月。

全草药用。分布于南北各省区。贵池区池塘、不甚流动的河流中较为常见。

下田菊 *Adenostemma lavenia*　下田菊属　菊科

一年生草本。茎单生,坚硬,上部叉状分枝,被白色柔毛,下部或中部以下无毛。全株叶稀疏,基部叶较小,花期凋落,中部叶较大。头状花序在枝端排列成伞房花序或伞房状圆锥花序,花序梗被灰白或锈色柔毛;总苞半球形;花冠下部被黏质腺毛。瘦果倒披针形,熟时黑褐色;冠毛4,棒状,顶端有棕黄色黏质腺体。花果期7~10月。

全草入药。分布于长江流域以南各省区。贵池区丘陵山区林下或林缘沟边较常见。

藿香蓟 *Ageratum conyzoides*

藿香蓟属 菊科

一年生草本。高50～100厘米，茎粗壮，被白色尘状短柔毛或上部被稠密开展的长绒毛。叶对生，有时上部互生。头状花序4～18个在茎顶排成伞房状花序；总苞片2层，长圆形或披针状长圆形，边缘栉齿状、燧状或缘毛状撕裂；花冠长1.5～2.5毫米，淡紫色。瘦果黑褐色，5棱，有白色稀疏细柔毛；冠毛膜片5或6个。花果期全年。

入侵杂草，原产中南美洲。我国华东、华南、西南有分布。贵池区林缘、路旁、村宅边、草地、田边常见。

豚草 *Ambrosia artemisiifolia*

豚草属 菊科

一年生草本。茎直立，有棱，被疏生密糙毛。下部叶对生，二次羽状分裂，裂片长圆形至倒披针形，全缘，背面被密短糙毛；上部叶互生，无柄，羽状分裂。雄头状花序半球形或卵形，在枝端密集成总状花序。雌头状花序无花序梗，在雄头花序下面或在下部叶腋单生，或2～3个密集成团伞状，有1个无被能育的雌花。瘦果倒卵形，无毛，藏于坚硬的总苞中。花果期7～10月。

原产于北美洲，在我国长江流域各地已归化，成为路旁常见杂草。贵池区宅旁、路边、耕地常见。

香青 *Anaphalis sinica*　　　　　香青属　菊科

多年生草本。茎直立,不分枝,被白或灰白色棉毛。莲座状叶被密棉毛;茎中部叶长圆形、倒披针长圆形或线形;上部叶披针状线形或线形;叶上面被蛛丝状棉毛,下面被白或黄白色厚棉毛。头状花序密集成复伞房状或多次复伞房状;总苞钟状或近倒圆锥状,总苞片白或浅红色,被蛛丝状毛,乳白或污白色。花果期8~11月。

茎叶入药。分布于我国北部、中部、东部及南部等省区。贵池区山坡草丛、路旁和林缘较常见。

奇蒿 *Artemisia anomala*　　　　　蒿属　菊科

多年生草本。茎单生,被疏白色棉毛。单叶,互生,卵状披针形,边缘具细锯齿,叶背具灰白色棉毛;上部叶渐小,近无柄。头状花序长圆形或卵圆形,排成密穗状花序,在茎上端组成窄或稍开展的圆锥花序;总苞片背面淡黄色,无毛;雌花4~6,两性花6~8。瘦果倒卵圆形或长圆状倒卵圆形。花果期7~10月。

全草入药。分布于我国中东部及广东、四川、贵州等省区。贵池区林缘、路旁、沟边、河岸、灌丛及荒坡等地常见。

艾 *Artemisia argyi*　艾蒿　　　　　　　　蒿属　**菊科**

多年生草本或稍亚灌木状,植株有浓香。茎、枝被灰色蛛丝状柔毛。叶上面被灰白色柔毛,下面密被白色蛛丝状绒毛;茎下部叶羽状深裂,中部一(二)回羽状深裂或半裂,上部叶与苞片叶羽状半裂、浅裂、3深裂或不裂。头状花序椭圆形,排成穗状花序或复穗状花序;总苞片背面密被灰白色蛛丝状绵毛,边缘膜质;雌花6～10,两性花8～12,檐部紫色。瘦果长卵圆形或长圆形。花果期7～10月。

全草药用。广布于我国东北、华北、华东、华中、西南及华南各省区。贵池区路旁、田野较常见,亦可常见栽培。

白苞蒿 *Artemisia lactiflora*　　　　　　　　蒿属　**菊科**

多年生草本。茎、枝初微被稀疏、白色蛛丝状柔毛。基生叶花期枯萎,茎生叶一回羽状分裂,裂片常2对。头状花序长圆形,数枚或10余枚排成密穗状花序,在分枝排成复穗状花序,在茎上端组成圆锥花序;总苞片无毛;花黄色,雌花3～6,两性花4～10。瘦果倒卵圆形或倒卵状长圆形。花果期8～11月。

全草药用。分布于我国秦岭以南地区。贵池区山坡、路旁较常见。

猪毛蒿 *Artemisia scoparia* 蒿属 **菊科**

多年生草本,有浓香。茎直立,常红褐色,中部以上分枝,茎、枝幼被灰白或灰黄色绢质柔毛。叶片一至三回羽状全裂,裂片丝状,常有细绢毛;基生叶有柄,茎生叶近无柄。头状花序多数,排成狭圆锥花序;总苞椭圆形,顶端较钝;缘花5~7枚,雌性,结实,盘花4枚,不育。瘦果椭圆形。花果期7~10月。

全草入药。遍布全国。贵池区路旁、山坡、田边较常见。

蒌蒿 *Artemisia selengensis* 芦蒿 蒿属 **菊科**

多年生草本,具清香气味。茎少数或单一,无毛,上部分枝。叶卵形,一回羽状深裂,裂片条状披针形;叶上面无毛或近无毛,下面密被灰白色蛛丝状平贴绵毛。头状花序排成狭圆锥花序;总苞钟状,长约3毫米,背面初疏被灰白色蛛丝状绵毛;雌花8~12,两性花10~15。瘦果卵圆形。花果期8~11月。

全草入药,幼茎作蔬菜食用。我国绝大部省份均有分布。贵池区江边湿地、阴湿路边、湖泊沿岸等处常见。

马兰 *Aster indicus* 马兰头 紫菀属 菊科

多年生草本。基部叶在花期枯萎;茎部叶倒披针形或倒卵状矩圆形,上部叶小,全缘。头状花序单生于枝端并排列成疏伞房状。总苞半球形,总苞片2~3层,覆瓦状排列;舌状花1层,15~20枚,舌片浅紫色。瘦果倒卵状矩圆形,极扁。花果期6~10月。

全草药用,幼叶可食。我国大部省份均有分布。贵池区田边、路边、沟边常见。

钻叶紫菀 *Symphyotrichum subulatum* 联毛紫菀属 菊科

一年生草本。茎直立,光滑,上部多分枝。叶互生,基部叶线状披针形,全缘,或边缘疏具腺齿,花期枯萎;中部叶条状披针形,全缘;上部叶渐小渐狭,线形或钻形。头状花序直径约5毫米,多数,排成伞房状;总苞钟状,总苞片3层;缘花舌状,粉红色;盘花管状,黄色,顶端带紫红色。瘦果倒卵形。花果期8~11月。

全草入药。现江苏、浙江、江西、云南、贵州等省均有逸生。贵池区路旁、旷野常见。

三脉紫菀 *Aster ageratoides*　　　　紫菀属　**菊科**

多年生草本。茎高达1米,被柔毛或粗毛。叶纸质,离基3出脉;下部叶宽卵圆形,中部叶窄披针形或长圆状披针形,上部叶有浅齿或全缘。头状花序径1.5～2厘米,排成伞房或圆锥伞房状;总苞倒锥状或半球状,总苞片3层,覆瓦状排列;舌状花舌片紫、浅红或白色;管状花黄色。瘦果倒卵状长圆形,灰褐色。花果期7～11月。

观赏和药用。广泛分布于东北、华北、华东、西南等省区。贵池区林下、林缘、灌丛及山谷湿地常见。

大狼耙草 *Bidens frondosa*　　　　鬼针草属　**菊科**

一年生草本。茎直立,有分枝,细弱,常带紫色。叶对生,一回羽状复叶,小叶3～5枚,披针形,边缘有粗锯齿。头状花序单生茎端和枝端,外层苞片通常8枚,披针形或匙状倒披针形,内层苞片长圆形,具淡黄色边缘;无舌状花或极不明显,筒状花两性,5裂。瘦果扁平,狭楔形,顶端芒刺2枚,有倒刺毛。花果期7～10月。

全草入药。原产于北美,我国东部地区习见。贵池区田野、路边湿润处常见。

鬼针草 *Bidens pilosa*　　　　　　　　鬼针草属　**菊科**

一年生草本。茎直立，无毛或上部被极疏柔毛，四棱形。单叶，或羽状分裂、或三出复叶；小叶边缘有不规则锯齿或分裂。头状花序径8～9毫米，花序梗长1～6厘米；总苞基部被柔毛，外层总苞片7～8，线状匙形，背面无毛或边缘有疏柔毛；无舌状花，盘花筒状。瘦果熟时黑色，线形，具棱，上部具稀疏瘤突及刚毛，顶端芒刺3～4，具倒刺毛。花果期8～11月。

全草入药。分布于华东、华中、华南、西南各省区。贵池区村旁、路边及荒地中常见。

天名精 *Carpesium abrotanoides*　　　　　　天名精属　**菊科**

多年生粗壮草本。茎直立，基部红紫色，光滑。叶宽椭圆形至椭圆状披针形，茎上部叶较密且狭。头状花序多数，近无梗，生茎端及沿茎、枝生于叶腋，呈穗状排列，常偏向于一侧着生；茎端及枝端花序具卵圆形或披针形苞叶，总苞钟状球形，3层，向内渐长；雌花窄筒状，两性花筒状；小花全部为管状花，黄色。瘦果圆柱形。花果期7～10月。

全草药用。产于华东至西南及河北、陕西等省区。贵池区村旁、路边荒地、溪边及林缘常见。

金挖耳 *Carpesium divaricatum*　　　　　　　　天名精属　菊科

本种与天名精较相似,主要区别:头状花序生于分枝的顶端,具梗。

全草药用。分布于东北、华北、华中、华东、华南、西南等省区。贵池区路边荒地及山坡、沟边等处较常见。

石胡荽 *Centipeda minima*　　鹅不食草　　　　　　　　石胡荽属　菊科

一年生细弱小草本。茎多分枝,匍匐状,微被蛛丝状毛或无毛。单叶互生,先端钝,基部楔形,边缘有少数锯齿。头状花序小,直径约3毫米,扁球形,花序梗无或极短;总苞半球形,总苞片2层;边花雌性,多层,花冠细管状,淡绿黄色;盘花两性,花冠管状,淡紫红色,下部有明显的窄管。瘦果椭圆形,无冠毛。花果期6~10月。

全草入药。分布于东北、华北、华中、华东、华南、西南等省区。贵池区路旁、荒野阴湿地较常见。

野菊 *Chrysanthemum indicum* 菊属 菊科

多年生草本。茎枝疏被毛。中部茎生叶卵形、长卵形或椭圆状卵形,羽状半裂或浅裂,有浅锯齿,两面淡绿色,或干后两面橄榄色,疏生柔毛。头状花序径1.5~2.5厘米,排成疏散伞房圆锥花序或伞房状花序;总苞片约5层,边缘白或褐色宽膜质,先端钝或圆;舌状花黄色,舌片长1~1.3厘米,先端全缘或2~3齿。花果期8~11月。

叶、花及全草入药。分布于东北、华北、华东、华中、华南及西南等省区。贵池区路旁、山坡、旷野常见。

蓟 *Cirsium japonicum* 蓟属 菊科

多年生草本。茎被长毛,茎端头状花序下部灰白色,被绒毛及长毛。基生叶卵形、长倒卵形、椭圆形或长椭圆形,长8~20厘米,羽状深裂或几全裂,基部渐窄成翼柄,柄翼边缘有针刺及刺齿,侧裂片6~12对;基部向上的茎生叶渐小,与基生叶同形并等样分裂,两面绿色,基部半抱茎。头状花序直立,顶生;总苞钟状,径3厘米;小花红或紫色。瘦果扁,冠毛浅褐色。花果期5~7月。

根、叶入药。分布于华东、华南、华中、西南等地区。贵池区荒地、路旁、林缘常见。

秋英 *Cosmos bipinnatus*　格桑花、波斯菊、大波斯菊　　秋英属　**菊科**

　　一年生或多年生草本。茎无毛或稍被柔毛。叶二回羽状深裂，裂片稀疏，线形或丝状线形，全缘。头状花序单生，径3～6厘米，花序梗长6～18厘米；总苞片外层披针形或线状披针形，近革质，淡绿色，具深紫色条纹，长1～1.5厘米，内层椭圆状卵形，膜质；舌状花紫红、粉红或白色，舌片椭圆状倒卵形，长2～3厘米；管状花黄色。花果期7～10月。

　　原产于墨西哥，现我国南北各省区均有引种栽植供观赏。贵池区公园、绿地、路边、庭院常见栽培。

黄秋英 *Cosmos sulphureus*　硫磺菊　　秋英属　**菊科**

　　一年生草本。多分枝，叶为对生的二回羽状复叶，深裂，裂片呈披针形，有短尖，叶缘粗糙。花为舌状花，有单瓣和重瓣两种，直径3～5厘米，颜色多为黄、金黄、橙色、红色。瘦果总长1.8～2.5厘米，棕褐色，坚硬，粗糙有毛，顶端有细长喙。春播花期6～8月，夏播花期9～10月。

　　可供观赏。原产于墨西哥至巴西，在国内各地庭园中常见栽培。贵池区公园、绿地、路边、庭院常见栽培。

野茼蒿 *Crassocephalum crepidioides*　　革命草　　　　　野茼蒿属　**菊科**

一年生直立草本。高0.2～1.2米，无毛。叶膜质，椭圆形或长圆状椭圆形，边缘有不规则锯齿或重锯齿。头状花序在茎端排成伞房状，径约3厘米；总苞钟状，总苞片1层，线状披针形，先端有簇状毛；小花全部管状，两性，花冠红褐或橙红色。瘦果窄圆柱形，红色，白色冠毛多数。花果期9～11月。

茎叶可作蔬菜。分布于华中、华东、华南及西南等省区。贵池区山坡、沟边、路旁常见。

尖裂假还阳参 *Crepidiastrum sonchifolium*　　　　　　假还阳参属　**菊科**

多年生草本。基生叶花期枯萎脱落；中下部茎叶长椭圆状卵形、长卵形或披针形，基部扩大圆耳状抱茎；上部茎叶卵状心形，向顶端长渐尖，基部心形扩大抱茎。头状花序排成伞房或伞房圆锥花序，总苞圆柱形，舌状小花黄色。瘦果黑色，纺锤形，喙细丝状，冠毛白色。花果期3～5月。

全草入药。分布东北、华北、华中、华东及西南等省区。贵池区山坡、路旁、林缘、河滩较常见。

鳢肠 *Eclipta prostrata*

鳢肠属　菊科

一年生草本。茎基部分枝,被贴生糙毛。叶长圆状披针形或披针形,边缘有细锯齿或波状,两面密被糙毛。头状花序径6~8毫米;总苞球状钟形,总苞片绿色,5~6个排成2层,长圆形或长圆状披针形;外围雌花2层,舌状,舌片先端2浅裂或全缘;中央两性花多数,花冠管状,白色。瘦果暗褐色。花果期6~10月。

全草入药。广布全国。贵池区河边、田边或路旁常见。

一点红 *Emilia sonchifolia*

一点红属　菊科

一年生草本。茎直立或斜升,高达40厘米以下,常基部分枝。下部叶密集,大头羽状分裂,下面常变紫色,两面被卷毛;中部叶疏生,较小,无柄,基部箭状抱茎,全缘或有细齿;上部叶少数,线形。头状花序长8毫米,长达1.4厘米,花前下垂,花后直立,常2~5排成疏伞房状;总苞圆柱形,总苞片8~9,长圆状线形或线形,黄绿色,约与小花等长;小花粉红或紫色。瘦果圆柱形,冠毛多。花果期7~10月。

茎叶入药。分布于我国华中、华南、华东及西南等省区。贵池区山坡、草地、路旁常见。

一年蓬 *Erigeron annuus* 飞蓬属 **菊科**

　　一年生或二年生草本。茎下部被长硬毛,上部被上弯短硬毛。基部叶长圆形或宽卵形,具粗齿;下部茎生叶与基部叶同形;中部和上部叶长圆状披针形或披针形,有齿或近全缘。头状花序数个或多数,排成疏圆锥花序;外围雌花舌状,2层,白色或淡天蓝色;中央两性花管状,黄色。瘦果披针形。花果期5~10月。

　　全草入药。原产北美洲,在我国已归化。贵池区路旁、旷野、林缘常见。

小蓬草 *Erigeron canadensis*　　小飞蓬 飞蓬属 **菊科**

　　一年生草本。茎直立,圆柱状,有条纹,被疏长硬毛。叶密集,基部叶花期常枯萎,下部叶倒披针形,边缘具疏锯齿或全缘;中部和上部叶较小,线状披针形或线形。头状花序多数,径3~4毫米,排列成顶生多分枝的大圆锥花序;总苞近圆柱状,总苞片2~3层,淡绿色;雌花多数,舌状,白色,舌片小,线形,顶端具2个钝小齿;两性花淡黄色。瘦果线状披针形。

　　全草入药。原产于北美洲,现在各地广泛分布。贵池区旷野、荒地、田边和路旁常见。

佩兰 *Eupatorium fortunei*　　　　　　　泽兰属　|　菊科

多年生草本。根茎横走,淡红褐色。单叶对生,叶形多样。基部叶花期枯萎,中部叶较大,叶缘具粗锯齿,两面无毛、无腺点。头状花序在茎顶和枝端排列成复伞房花序;总苞钟形,总苞片3~4层,紫红色,边缘膜质,外面无毛或腺点;头状花序有5枚管状花,花冠白色或略呈淡红色。瘦果黑褐色,具5棱,长椭圆形,无毛及腺点,冠毛白色。花果期8~11月。

全草入药。分布于华中、华南及西南地区。贵池区丘陵山区林缘偶见。

粗毛牛膝菊 *Galinsoga quadriradiata*　　　　牛膝菊属　|　菊科

一年生草本。茎纤细,节处易生根,全体被开展白色长毛及少量腺毛。单叶,对生,边缘有粗锐锯齿,常具睫毛,叶两面被伏毛,粗糙,基出3脉。头状花序直径约0.5厘米,具异性小花;舌状花1层,4~5枚,白色;管状花淡黄色。瘦果倒锥形,具棱角。花果期6~9月。

全株入药。原产于美国,在华东地区已归化。贵池区路旁、荒地常见。

菊芋 *Helianthus tuberosus*　　向日葵属　菊科

多年生草本。茎高达3米，有分枝，被白色糙毛或刚毛。叶对生，卵圆形或卵状椭圆形，有粗锯齿，离基3出脉，上面被白色粗毛，下面被柔毛，叶脉有硬毛，有长柄。头状花序单生枝端，有1～2线状披针形苞片，径2～5厘米；总苞片多层，披针形，背面被伏毛；舌状花12～20，舌片黄色，长椭圆形；管状花花冠黄色，长6毫米。瘦果小，楔形，上端有2～4有毛的锥状扁芒。花果期8～10月。

块根食用，茎叶药用。原产北美洲，我国各地有栽培兼有逸生。贵池区丘陵山区村宅旁偶见栽培或逸为野生。

泥胡菜 *Hemisteptia lyrata*　　泥胡菜属　菊科

一年生草本。茎单生，疏被蛛丝毛，具纵条纹。叶互生，基生叶莲座状，大头羽状深裂或几全裂；中部叶无柄，羽状分裂；上部叶狭小，近全缘或浅裂。头状花序在茎枝顶端排成伞房花序；总苞宽钟状或半球形，总苞片多层，覆瓦状排列，背面近先端有紫红色鸡冠状附片；小花两性，管状，花冠红或紫色；花药基部附属物尾状。瘦果楔形或扁斜楔形；冠毛2层，外层刚毛羽毛状，内层刚毛鳞片状。花果期4～7月。

全草或根入药。遍布全国。贵池区路边、荒地、田野等处常杂草。

旋覆花 *Inula japonica*

旋覆花属 **菊科**

多年生草本。茎被长伏毛,或下部脱毛。中部叶长圆形、长圆状披针形或披针形,基部常有圆形半抱茎小耳,无柄;上部叶线状披针形。头状花序径3~4厘米,排成疏散伞房花序,花序梗细长;舌状花黄色,较总苞长2~2.5倍,舌片线形,长1~1.3厘米;管状花花冠长约5毫米,冠毛白色,有20余微糙毛,与管状花近等长。瘦果圆柱形,有10条浅沟,被疏毛。花果期7~11月。

花入药。分布于我国北部、东北部、中部、东部等省区。贵池区山坡路旁、草地、河岸和田埂上偶见。

翅果菊 *Lactuca indica*

莴苣属 **菊科**

一年生或二年生草本。茎生叶线形,无柄,两面无毛,中部茎生叶边缘常全缘或基部或中部以下有小尖头或疏生细齿或尖齿,中下部茎生叶边缘有三角形锯齿或偏斜卵状大齿。头状花序果期卵圆形,排成圆锥状;总苞长1.5厘米,总苞片4层,边缘染紫红色,外层卵形或长卵形,中内层长披针形或线形披针形;舌状小花25,黄色。瘦果椭圆形,黑色,边缘有宽翅,每面有1条细脉纹,顶端具喙。花果期8~11月。

全草入药。分布于华东、华南、华中、西南、西北等省区。贵池区山谷、林缘、灌丛、水沟、田间较常见。

鼠曲草 *Pseudognaphalium affine* 　　　　　鼠曲草属　菊科

　　二年生草本。茎直立或基部有匍匐或斜上分枝,被白色厚棉毛。叶互生,全缘,两面被白色棉毛。头状花序多数,在枝顶密集成伞房状,花黄色。瘦果倒卵形,冠毛粗糙,污白色。花果期3~8月。

　　全草入药。各地广布。贵池区草地、农田、路边习见。

千里光 *Senecio scandens* 　　　　　千里光属　菊科

　　多年生攀援草本。根状茎常木质化,茎曲折而多分枝。叶卵状披针形或长三角形,边缘常具齿,稀全缘,有时具细裂或羽状浅裂;上部叶变小,披针形或线状披针形。头状花序有舌状花,排成复聚伞圆锥花序;总苞圆柱状钟形;舌状花8~10,舌片黄色,长圆形;管状花多数,花冠黄色。瘦果圆柱形,被柔毛;冠毛白色。花果期8~11月。

　　全草入药。分布于我国西北、西南、中部及东南部省区。贵池区山区灌丛、溪边较为常见。

豨莶 *Sigesbeckia orientalis*   豨莶属   菊科

　　一年生草本。茎上部分枝常呈复2歧状,分枝被灰白色柔毛。茎中部叶三角状卵圆形或卵状披针形,边缘有不规则浅裂或粗齿,两面被毛,基脉3出;上部叶卵状长圆形,边缘浅波状或全缘,近无柄。头状花序多数聚生枝端,排成具叶圆锥花序,花序梗密被柔毛;总苞宽钟状,总苞片2层,叶质,背面被紫褐色腺毛。瘦果倒卵圆形,有4棱,顶端有灰褐色环状突起。花果期6～10月。

　　全草药用。分布于华东、华中、华南、西南以及西北地区。贵池区山野、荒地、路旁、林缘常见。

蒲儿根 *Sinosenecio oldhamianus*   蒲儿根属   菊科

　　多年生或二年生草本。茎直立,下部被白色柔毛。基部叶在花期凋落,具长叶柄;下部茎叶具柄,叶片卵状圆形或近圆形,边缘具浅至深重齿或重锯齿;最上部叶卵形或卵状披针形。头状花序多数排列成顶生复伞房状花序;总苞宽钟状,苞片紫色,草质;舌状花约13,黄色,长圆形;管状花多数,花冠黄色。瘦果圆柱形,冠毛白色。花果期5～7月。

　　全草入药。产于秦岭以南。贵池区山区林缘、溪边、草坡、路边常见。

加拿大一枝黄花 *Solidago canadensis*

一枝黄花属　　**菊科**

多年生草本。有长根状茎,茎直立,基部光滑,上部被短柔毛及糙毛。叶披针形或线状披针形,长5～12厘米。头状花序很小,长4～6毫米,在花序分枝上单面着生,多数弯曲的花序分枝与单面着生的头状花序形成开展的圆锥状花序;总苞片线状披针形,缘花和管状花黄色。瘦果有细毛。花果期5～9月。

原产北美洲,原引种至国内栽培供观赏,现普遍逸生,为重点关注的入侵植物。贵池区公园绿地、荒地、耕地、宅旁、路边常见。

兔儿伞 *Syneilesis aconitifolia*

兔儿伞属　　**菊科**

多年生草本。茎紫褐色,无毛,不分枝。叶通常2,下部叶盾状圆形,宽20～30厘米,掌状深裂,叶柄基部抱茎;中部叶径12～24厘米,裂片4～5;余叶苞片状,披针形。头状花序在茎端密集成复伞房状;总苞筒状;总苞片1层,5枚,长圆形,边缘膜质;小花8～10,花冠淡粉白色。瘦果圆柱形,无毛,具肋;冠毛污白至红色。花果期6～10月。

根入药。分布于东北、华北、华中和华东等省区。贵池区丘陵山区的山坡荒地、林缘或路旁较常见。

蒲公英 *Taraxacum mongolicum*

蒲公英属　菊科

多年生草本。具白色乳汁；根粗直。叶莲座状簇生，倒披针形或长椭圆状，大头羽裂或羽状深裂。花葶1至数个，高10～25厘米；总苞钟状，总苞片2～3层，外层卵状披针形或披针形，上部紫红色；内层线状披针形，先端紫红色，背面具小角状突起；舌状花黄色。瘦果倒卵状披针形，暗褐色，上部具小刺，下部具成行小瘤，喙长0.6～1厘米，纤细；冠毛白色。花期4～9月，果期5～10月。

全草药用。分布于我国南北各地。贵池区绿地、路旁、田野、河滩常见。

北美苍耳 *Xanthium chinens*

苍耳属　菊科

一年生草本。茎直立，坚硬，散生紫色纵条纹或斑点，被短糙伏毛。叶互生，具长柄；叶片宽卵状三角形或近圆形，边缘有不规则的齿或粗锯齿，具三基出脉。圆锥花序腋生或假顶生。雄花序黄白色；雌花序生于雄花序之下，通常数量较多。刺果纺锤形，顶端具2个锥状的喙，喙直立或内弯。瘦果2个，倒卵球形。花期7～8月，果期8～9月。

原产于墨西哥、美国和加拿大，现我国大部省区有分布，常见外来入侵种。贵池区村旁、旷野、河岸荒地常见。

红果黄鹌菜 *Youngia erythrocarpa*

黄鹌菜属　菊科

一年生草本。茎单生,直立,多分枝,无毛。基生叶倒披针形,大头羽状全裂,边缘有锯齿;茎生叶多数,与基生叶同形并等样分裂,基部有短柄;接花序分枝处的叶不裂,长椭圆形,向两端收窄,基部无柄或有短柄;全部叶两面被稀疏的皱波状多细胞节毛或脱毛。头状花序多数或极多数,在茎枝顶端排成伞房圆锥花序;总苞片4层,外层及最外层极小,卵形或宽卵形。舌状小花黄色,花冠管外面有白色短柔毛。瘦果红色,纺锤形。花果期4～8月。

分布于华东、陕西、四川、贵州等省区。贵池区山坡草丛、沟地及平原荒地偶见。

接骨草 *Sambucus javanica*

接骨木属　五福花科

多年生高大草本。茎髓部白色,枝圆柱形,有棱。奇数羽状复叶,小叶3～9,对生,稀近互生,椭圆状披针形,近基部或中部以下边缘常有1或数枚腺齿。杯形不孕性花宿存,可孕性花小;萼筒杯状,萼齿三角形;花冠白色,基部联合;花药黄或紫色;雄蕊1。果卵形,红色至黑色,具宿萼。花期7～8月,果期9～10月。

全草入药。分布于华东、华南、华中、西南、西北等省区。贵池区山坡、林下、沟边较常见。

荚蒾 *Viburnum dilatatum*　　荚蒾属　**五福花科**

　　落叶灌木。幼枝连同叶柄和花序均密被开展的小刚毛状簇状糙毛,二年生小枝渐变无毛,灰褐色。叶纸质,宽倒卵形、倒卵形或宽卵形,有牙齿状锯齿,上面被叉状或单伏毛,下面被带黄色叉状或簇状毛;叶柄无托叶。复伞形花序顶生,萼和花冠外面均有簇状糙毛;花序第一级辐射枝常5条;花冠白色,辐状,径约5毫米,裂片圆卵形;雄蕊高出花冠,花药乳白色。果熟时红色,椭圆状卵圆形。花期5~6月,果期9~10月。

　　根、茎、叶及果供药用。分布于陕西、河南、河北以及长江流域以南等省区。贵池区山坡或山谷疏林下、林缘较为常见。

桦叶荚蒾 *Viburnum betulifolium*　　荚蒾属　**五福花科**

　　本种与荚蒾较相似,主要区别:叶柄1~6厘米,具托叶,宿存;花序第一级辐射枝常7条。花期5~6月,果期7~9月。

　　分布于陕甘南部及西南华东等省。贵池区山坡灌丛或山谷疏林偶见生长。

宜昌荚蒾 *Viburnum erosum* 荚蒾属 **五福花科**

本种与荚蒾相似,主要区别:叶柄3~5厘米,有托叶,宿存;花序第一级辐射枝常5条。花期4~5月,果期7~10月。

根、叶入药。分布于秦岭以南各省。贵池区山坡林下、灌丛较常见。

日本珊瑚树 *Viburnum awabuki* 荚蒾属 **五福花科**

常绿灌木或小乔木。单叶对生,革质,倒卵状矩圆形至矩圆形,边缘常有较规则的波状浅钝锯齿。圆锥花序通常生于具两对叶的幼枝顶;花冠白色,芳香,花冠筒长3.5~4毫米,裂片长2~3毫米;雄蕊5,花丝短,花柱柱头常高出萼齿。果核通常倒卵圆形至倒卵状椭圆形,先红后黑。花期4~6月,果期8~9月。

庭院栽培供观赏。长江中下游等省区常见栽培。贵池区公园、路边常见栽植。

茶荚蒾 *Viburnum setigerum*　　　　荚蒾属　**五福花科**

落叶灌木。幼枝无毛,冬芽具芽鳞。叶纸质,卵状长圆形或卵状披针,干后黑色、黑褐或灰黑色。复伞形式聚伞花序,有极小红褐色腺点,径2.5～5厘米,常弯垂;第1级辐射枝通常5;花生于第3级辐射枝,芳香;花冠白色,辐状。果熟时红色,卵圆形,核扁。花期4～5月,果期9～10月。

根及果实药用。分布于华东、华中、华南及西南等省区。贵池区山坡丛林或灌丛中偶见。

合轴荚蒾 *Viburnum sympodiale*　　　　荚蒾属　**五福花科**

落叶灌木或小乔木。叶纸质,卵形至椭圆状卵形或圆状卵形,上面无毛或幼时脉上被簇状毛。聚伞花序直径5～9厘米,无总花梗,第一级辐射枝常5条;花冠白色或带微红;不孕花直径2.5～3厘米。果实红色,后变紫黑色,卵圆形。花期4～5月,果熟期8～9月。

可供观赏。我国大部省区均有分布。贵池区林下、林缘偶见。

壮大荚蒾 *Viburnum glomeratum* subsp. *magnificum* 荚蒾属 **五福花科**

落叶灌木。幼枝密被星状毛,老枝灰褐色,冬芽裸露。叶卵状椭圆形或长卵形,边缘具浅齿,下面密被星状毛,叶柄长2～3厘米。复聚伞花序顶生,总花梗和花梗密被星状毛,第一级辐射枝7条;萼筒长约4毫米,萼齿长0.5毫米;花冠直径约7毫米,裂片近圆形,长约2毫米;雄蕊高出花冠筒。核果矩圆形,先红后黑。花期4～5月,果期6～7月。

分布于我国中东部省区。贵池区山谷林下偶见。

蝴蝶戏珠花 *Viburnum plicatum* f. *tomentosum* 荚蒾属 **五福花科**

落叶灌木或小乔木。幼枝被星状毛,冬芽具芽鳞。叶宽卵形或矩圆状卵形,有时椭圆状倒卵形,下面常带绿白色。花序直径4～10厘米;外围有4～6朵白色大型的不孕花,具长花梗,花冠直径达4厘米,不整齐4～5裂;中央可孕花直径约3毫米,萼筒长约15毫米,花冠辐状,黄白色,雄蕊高出花冠,花药近圆形。核果椭圆形,核扁,腹面具1条宽沟。花期5～6月,果期7～9月。

绿化树种。国内各地有栽培。贵池区公园、庭院偶见栽培。

猬实 *Kolkwitzia amabilis* 蝟实　　猬实属 **忍冬科**

落叶多分枝灌木。冬芽具数对被柔毛鳞片；幼枝红褐色，被柔毛及糙毛；老枝无毛，茎皮剥落。叶对生，椭圆形或卵状椭圆形，全缘，稀有浅齿，脉和叶缘密被直柔毛和睫毛。2花聚伞花序组成伞房状，顶生或腋生于具叶侧枝之顶；苞片2，披针形；萼筒密被刚毛，上部缢缩成颈，5裂；花冠淡红色，钟状，5裂，2裂片稍宽短，内有黄色斑纹；雄蕊4。花期5～6月，果期7～9月。

可作园林观赏树种。分布于山西、陕西、甘肃、河南、湖北等省区。省级保护植物。贵池区山区山坡、沟谷边少见。

忍冬 *Lonicera japonica* 金银花　　忍冬属 **忍冬科**

半常绿攀援藤本。幼枝暗红褐色，密被硬直糙毛、腺毛和柔毛。单叶对生，纸质，卵形或长圆状卵形，小枝上部叶两面均密被糙毛，下部叶常无毛；叶柄长4～8毫米，密被柔毛。花成对，总花梗出自上部叶腋；花冠白色，后黄色，长3～4.5厘米，唇形，冠筒稍长于唇瓣；雄蕊和花柱高出花冠。浆果球形，黑色，光滑。花期5～6月，果期10～11月。

花、茎入药，也作绿篱、花架，供观赏。全国大部省份均有分布。贵池区山坡灌丛、疏林、宅旁常见。

金银忍冬 *Lonicera maackii* 金银木 忍冬属 **忍冬科**

　　落叶灌木。幼枝、叶两面脉、叶柄、苞片、小苞片及萼檐外面均被柔毛和微腺毛;小枝中空。单叶对生,纸质,卵状椭圆形或卵状披针形;叶柄长2～5毫米。花芳香,生于幼枝叶腋;总花梗长1～2毫米,短于叶柄;苞片线形,有时线状倒披针形而呈叶状;花冠先白后黄色,长1～2厘米,唇形。浆果球形,红色或暗红色。花期4～5月,果期8～10月。

　　常作庭院栽培观赏植物。分布于东北、华北、华东、华中及西南等省区。贵池区林缘路边偶见,庭院也常见栽培。

下江忍冬 *Lonicera modesta* 忍冬属 **忍冬科**

　　本种与金银忍冬较相似,主要区别:小枝髓部白色而充实;花冠白色,基部微红,后黄色;相邻两果几全部合生,熟时橘红或红色。花期5月,果期9～10月。

　　分布于浙江、江西、湖南、湖北等省区。贵池区丘陵山区林下或林缘偶见。

墓头回 *Patrinia heterophylla* 异叶败酱   败酱属   **忍冬科**

多年生草本。基生叶丛生,具圆齿状或糙齿状缺刻,不裂或羽状分裂至全裂;茎生叶对生,下部叶2~5对羽状全裂,中部叶常具1~2对侧裂片,上部叶较窄,近无柄。伞房状聚伞花序被短糙毛或微糙毛;总花梗下总苞片常具1~2对线形裂片;花黄色,钟形;雄蕊4,伸出。瘦果长圆形或倒卵圆形,翅状果苞干膜质。花期7~9月,果期8~10月。

根状茎及根药用。分布于我国中东部及四川等省区。贵池区山坡草丛、阔叶林下、路旁较常见。

攀倒甑 *Patrinia villosa* 白花败酱   败酱属   **忍冬科**

本种与墓头回较相似,主要区别:花序梗被较长的粗毛;茎生叶常不分裂或有时具1~3对侧生裂片;花冠白色。花期8~10月,果期9~11月。

全草药用。分布于华北、华东、中南及西南等省区。贵池区山坡草丛、路边、田埂较常见。

柔垂缬草 *Valeriana flaccidissima*　缬草属　忍冬科

多年生细柔草本。茎密被细纵棱，枝端柔垂，匍枝细长，每节有1对具柄心形或卵形小叶。基生叶与匍枝叶同形，有时3裂，具波状圆齿或全缘；茎生叶卵形，羽状全裂，裂片3～7，顶裂片卵形或披针形，侧裂片与顶裂片同形渐小。花序顶生或上部腋生，伞房状聚伞花序分枝细长；苞片和小苞片线形或线状披针形；花冠淡红色，长2.5～3.5毫米，裂片较冠筒短，长圆形或卵状长圆形。瘦果线状卵圆形。花期4～6月，果期5～8月。

分布于湖北、四川、云南、台湾等省区。贵池区林缘、草地、路旁少见。

半边月 *Weigela japonica var. sinica*　水马桑　锦带花属　忍冬科

落叶灌木。单叶对生，长卵形或卵状椭圆形，具锯齿，上面疏生短柔毛，下面密生柔毛。聚伞花序1～3花生于短枝叶腋或顶端；花冠白或淡红色，花后渐红色，漏斗状钟形，长2.5～3.5厘米，冠筒基部窄筒形，中部以上骤扩大，裂片开展；花丝白色，花药黄褐色；柱头盘形，伸出花冠外。蒴果顶端有短柄状喙，疏生柔毛。花期5～6月，果期6～8月。

为优良的观赏植物和蜜源植物。分布于华东、华中、华南及西南等省区。贵池区山坡林下、山顶灌丛和沟边偶见。

海金子 *Pittosporum illicioides* 崖花海桐 海桐属 海桐科

　　常绿灌木。叶3~8片簇生枝顶,呈假轮生状,薄革质,倒卵形或倒披针形。伞形花序顶生,有2~10花,黄白色;苞片细小,早落;花梗长1.5~3.5厘米,下弯;萼片卵形;子房被糠秕或有微毛,子房柄短。蒴果近圆形,略呈三角形,3瓣裂,果瓣薄木质;种子暗红色。花期3~5月,果期7~9月。

　　可作绿化观赏植物,种子含油。分布于华东、华中及西南等省区。贵池区山谷溪旁、林缘较常见。

海桐 *Pittosporum tobira* 海桐属 海桐科

　　常绿灌木或小乔木。叶聚生枝顶,革质,初两面被柔毛,后脱落无毛,倒卵形,全缘;叶柄长达2厘米。伞形或伞房花序顶生;花白色,有香气,后黄色;花瓣倒披针形,离生;雄蕊2型;子房长卵形,被毛。蒴果球形,有棱或三角状,径1.2厘米,3瓣裂;种子多数,红色。花期3~5月,果期5~10月。

　　绿化树种。长江以南省区均有分布。贵池区绿地、路旁常见栽培。

棘茎楤木 *Aralia echinocaulis* 楤木属 五加科

落叶小乔木。小枝密被黄褐色细刺,刺长0.7～1.4厘米。二回羽状复叶,羽片具5～9小叶,薄纸质,疏生细齿;叶柄长达40厘米,无刺或疏生刺。圆锥花序大,长30～50厘米,顶生;伞形花序直径约1.5厘米,有花12～20朵,花白色;花瓣5,卵状三角形;雄蕊5。果实球形,有5棱。花期6～8月,果期9～10月。

供药用。分布于华东、华中、华南及西南等省区。贵池区林下、山谷、灌丛中较常见。

楤木 *Aralia elata* 楤木属 五加科

本种与棘茎楤木较相似,主要区别:顶生伞形花序较小,直径1～1.5厘米,花梗较短,长2～6毫米;小叶片上面粗糙,疏被糙毛,下面被浅黄色或灰色短柔毛,脉上更密。花期7～9月,果期9～12月。

根皮药用,种子含油。分布于东北、华中、华东及西南等省区。贵池区丘陵山区灌丛、林缘路边较常见。

树参 *Dendropanax dentiger*　　　　　　　　　树参属　**五加科**

　　乔木或灌木。小枝有不规则皱纹,一年生的棕紫色,无毛。叶片厚纸质或革质,叶形变异很大;全缘叶椭圆形至线状披针形,基部钝形或楔形;分裂叶倒三角形,掌状2～3深裂或浅裂,稀5裂。伞形花序顶生,单生或聚生成复伞形花序;总花梗粗壮,花瓣5,三角形或卵状三角形;雄蕊5,花柱5,基部合生,顶端离生。果实长圆状球形,稀近球形,花柱宿存。花期8～10月,果期10～12月。

　　根及树皮药用。广布于华东中南部、华中南部、华南北部至西南东部及中南半岛。贵池区常绿阔叶林、灌丛中偶见。

细柱五加 *Eleutherococcus nodiflorus*　　五加　　　　　　五加属　**五加科**

　　灌木。小枝细长下垂,节上疏被扁钩刺。叶有小叶5,在长枝上互生,在短枝上簇生;小叶片膜质至纸质,倒卵形至倒披针形,两面无毛或沿脉疏生刚毛,边缘有细钝齿;叶柄无毛,常有细刺。伞形花序腋生或顶生在短枝上,花多数;花黄绿色,萼边缘近全缘或有5小齿,花瓣长圆状卵形,雄蕊5。果扁球形,径约6毫米,熟时紫黑色。花期4～7月,果期8～10月。

　　根皮入药。我国大部省份均有分布。贵池区山区灌丛、林缘、山坡路旁偶见。

常春藤 *Hedera nepalensis var. sinensis* 常春藤属 五加科

　　常绿攀援灌木。茎灰棕色或黑棕色,有气生根。叶片革质,在不育枝上通常为三角状卵形至箭形,边缘全缘或3裂;花枝上的叶片通常为椭圆状卵形,略歪斜而带菱形。伞形花序单个顶生或数个总状排列或伞房状排列成圆锥花序;花淡黄白色或淡绿白色,芳香,花瓣三角状卵形,雄蕊5。果实球形,红色或黄色,花柱宿存。花期9~10月,果期翌年3~5月。

　　全株供药用,叶供观赏用,含鞣酸。分布于西北、华东、华南及西藏等省区。贵池区林缘、林下路旁、岩石和房屋墙壁上较常见,庭院中也常见栽培。

红马蹄草 *Hydrocotyle nepalensis* 天胡荽属 五加科

　　多年生草本。茎匍匐,有斜上分枝,节上生根。叶圆形或肾形,5~7浅裂,裂片有钝锯齿;掌状叶脉7~9,疏生短硬毛;叶柄长4-27厘米。伞形花序数个簇生于茎短叶腋;小伞形花序有花20~60朵,常密集成球形的头状花序;花瓣卵形,白或绿白色,有时具紫红色斑点。果实近球形,基部心形,两侧压扁,熟后黄褐或紫黑色。花期5~7月,果期8~11月。

　　全草入药。分布于华中、西南、华东、华南等省区。贵池区山坡、路旁、水沟和溪边草丛较常见。

天胡荽 *Hydrocotyle sibthorpioides* 天胡荽属 五加科

多年生草本。茎细长,匍匐,平铺地上成片,节生根。叶膜质至草质,圆形或肾状圆形,不裂或5~7浅裂,裂片宽倒卵形,有钝齿,上面无毛,下面脉上有毛。伞形花序与叶对生,单生于节上;小伞形花序有花5~18朵,花无梗或梗极短;花瓣绿白色,卵形。果近心形,中棱隆起,幼时草黄色,熟后有紫色斑点。花期4~5月,果期5~9月。

全草入药。分布于华东、华中、华南、西南等省区。贵池区湿润草地、沟塘边、林下常见。

刺楸 *Kalopanax septemlobus* 刺楸属 五加科

落叶乔木。树皮灰黑色,纵裂,树干及枝上具鼓钉状扁刺。单叶,在长枝上互生,在短枝上簇生,近圆形,(3)5~7掌状浅裂,裂片具细齿。花梗长约5毫米,疏被柔毛,无关节;花白或淡黄色;萼筒具5齿;花瓣5,镊合状排列;雄蕊5,花丝较花瓣长约2倍;子房2室,花柱2,连成柱状,顶端离生。果近球形,蓝黑色,宿存花柱顶端2裂。花期7~8月,果期9~12月。

可供材用,嫩叶可食,根皮入药。我国大部省份均有分布。省级保护植物。贵池区山区林下偶见。

紫花前胡 *Angelica decursiva* 当归属 伞形科

多年生草本。根具香味,茎常带紫色,无毛。叶3裂或一至二回羽裂,中间羽片和侧生羽片基部均下延成窄翅状羽轴;叶柄长13～36厘米,具膨大成卵圆形的紫色叶鞘抱茎;茎上部叶鞘囊状,紫色。复伞形花序梗长3～8厘米;伞辐10～22;花瓣椭圆形,深紫色,渐尖内弯;花药暗紫色。果长圆形,无毛,背棱线形,尖锐,侧棱为较厚窄翅。花期8～9月,果期9～11月。

根入药,果可提取芳香油。南北各省区均有分布。贵池区山坡草地可见。

蛇床 *Cnidium monnieri* 蛇床属 伞形科

一年生草本。茎单生,多分枝。下部叶具短柄,叶鞘宽短,边缘膜质,上部叶柄鞘状;叶卵形或三角状卵形,二至三回羽裂,裂片线形或线状披针形。复伞形花序径2～3厘米,总苞片6～10,线形,边缘具细睫毛;伞辐8～20,长0.5～2厘米,小总苞片多数,线形;伞形花序有15～20花;花瓣白色,花柱基垫状,花柱稍弯曲。花期5～6月,果期6月。

果实入药。分布几遍全国。贵池区田边、路旁、草地及河边湿地较常见。

鸭儿芹 *Cryptotaenia japonica*　　　　鸭儿芹属　伞形科

　　多年生草本。茎直立,有分枝。基生叶或较下部的茎生叶具柄,3小叶,顶生小叶菱状倒卵形,有不规则锐齿或2~3浅裂。花序圆锥状,花序梗不等长,总苞片和小总苞片1~3,线形,早落;伞形花序有花2~4;花梗极不等长;花瓣倒卵形,顶端有内折小舌片。果线状长圆形,合生面稍缢缩,胚乳腹面近平直。花期4~5月,果期6~10月。

　　全草药用。产于华北、华中、华东、华南至西南等省区。贵池区林下阴湿处较常见。

细叶旱芹 *Cyclospermum leptophyllum*　　　　细叶旱芹属　伞形科

　　一年生草本。高达45厘米,茎多分枝,无毛。基生叶长圆形或长圆状卵形,三至四回羽状多裂,裂片线形,叶柄长2~5厘米;上部茎生叶三出二至三回羽裂,裂片长1~1.5厘米。复伞形花序无梗,稀有短梗,无总苞片和小总苞片;伞辐2~5,长1~2厘米,无毛;伞形花序有花5~23。果圆心形或圆卵形,长、宽为1.5~2毫米,果棱钝;心皮柄顶端2浅裂。花期4~5月,果期5~6月。

　　全草入药。原产于南美洲,我国华东、华南等省区有引种,多逸为野生。贵池区草地及水沟边偶见。

野胡萝卜 *Daucus carota*

胡萝卜属 **伞形科**

二年生草本。茎单生,有倒糙硬毛。基生叶长圆形,二至三回羽状全裂,小裂片线形或披针形;茎生叶近无柄,小裂片细小。复伞形花序,叶状总苞片多数,羽裂;伞辐多数,小总苞片线形;花白色,花瓣倒卵形,先端具狭而内折的小舌片。双悬果长圆形,分果主棱5条,具刚毛,次棱4条,有翅,翅上具一行钩状刺。花期5~7月,果期7~9月。

果实药用。分布于西南、华中及华东等省区。贵池区田边、路旁、荒地草丛中常见。

水芹 *Oenanthe javanica* 野芹菜、水芹菜

水芹属 **伞形科**

多年生草本。茎直立或基部匍匐,下部节生根。基生叶柄基部具鞘,叶三角形,一至二回羽裂,小裂片卵形或菱状披针形,有不整齐锯齿。复伞形花序顶生,花序梗长2~16厘米,无总苞片;伞辐6~16,小总苞片2~8,线形;伞形花序有10~25花;萼齿长约0.6毫米;花瓣白色,有1长而内折的小舌片。果近四角状椭圆形或筒状长圆形,侧棱较背棱和中棱隆起。花期6~7月,果期8月。

茎叶做蔬菜食用。产于我国各地。贵池区浅水低洼地或池沼、水沟旁常见。

前胡 *Peucedanum praeruptorum*　白花前胡　　　　前胡属　**伞形科**

多年生草本。茎圆柱形,茎髓部充实。基生叶柄长5～15厘米,叶宽卵形,二至三回分裂,小裂片菱状倒卵形,具粗齿或浅裂;茎上部叶无柄,叶鞘较宽,叶3裂。复伞形花序多数,径3.5～9厘米;花序梗顶端多短毛,总苞片无或少数;伞辐6～15,小总苞片8～12,披针形,有糙毛;伞形花序有15～20花;萼齿不显著,花瓣白色。果卵圆形,褐色,有疏毛;背棱线形稍突起,侧棱翅状稍厚。花期8～9月,果期10～11月。

根供药用。分布于华东、华中等省区。贵池区山坡林缘、路旁偶见。

变豆菜 *Sanicula chinensis*　　　　变豆菜属　**伞形科**

多年生草本。茎粗壮,无毛,有纵沟纹。基生叶近圆肾形或圆心形,常3裂,中裂片倒卵形,侧裂片深裂,稀不裂,裂片有不规则锯齿,叶柄长7～30厘米;茎生叶有柄或近无柄。伞形花序二至三回叉式分枝,总苞片叶状,常3深裂;伞形花序有花6～10,雄花3～7,两性花3～4;萼齿果熟时喙状,花瓣白或绿白色,先端内凹。果圆卵形,有钩状基部膨大的皮刺。花果期4～11月。

全草入药。分布于东北、华东、华中、西北和西南各省区。贵池区山坡路旁、杂木林下、溪边较常见。

小窃衣 *Torilis japonica* 破子草   窃衣属   **伞形科**

　　一年生或多年生草本。茎单生,有纵纹及粗毛。叶长卵形,一至二回羽状分裂,两面疏生紧贴粗毛。复伞形花序,花序梗长3~25厘米,有倒生粗毛;总苞片3~6,常线形;伞辐4~12,长1~3厘米;小总苞片5~8,线形或钻形;伞形花序有花4~12;萼齿三角状披针形;花瓣被平伏细毛,先端有内折小舌片。果实卵状长圆形。花期5~7月,果期4~8月。

　　果和根供药用,果含精油。我国大部省份均有分布。贵池区杂木林下、林缘、路旁常见。

附　录

贵池区国家级重点保护野生植物名录（24种，均为二级）

物种名	学名	页码
长柄石杉	*Huperzia javanica*	18
粗梗水蕨	*Ceratopteris chingii*	25
榧	*Torreya grandis*	45
金钱松	*Pseudolarix amabilis*	46
马蹄香	*Saruma henryi*	53
厚朴	*Houpoea officinalis*	53
天竺桂	*Cinnamomum japonicum*	58
华重楼	*Paris polyphylla* var. *chinensis*	73
荞麦叶大百合	*Cardiocrinum cathayanum*	77
白及	*Bletilla striata*	79
春兰	*Cymbidium goeringii*	81
蕙兰	*Cymbidium faberi*	81
八角莲	*Dysosma versipellis*	142
莲	*Nelumbo nucifera*	153
连香树	*Cercidiphyllum japonicum*	157
野大豆	*Glycine soja*	173
红豆树	*Ormosia hosiei*	181
大叶榉树	*Zelkova schneideriana*	221
尖叶栎	*Quercus oxyphylla*	241
金荞麦	*Fagopyrum dibotrys*	309
狭果秤锤树	*Sinojackia rehderiana*	353
细果秤锤树	*Sinojackia microcarpa*	354
中华猕猴桃	*Actinidia chinensis*	356
香果树	*Emmenopterys henryi*	362

贵池区省级重点保护野生植物名录（27种）

物种名	学名	页码
三尖杉	*Cephalotaxus fortunei*	43
粗榧	*Cephalotaxus sinensis*	44
天目木姜子	*Litsea auriculata*	62
药百合	*Lilium speciosum* var. *gloriosoides*	78
虾脊兰	*Calanthe discolor*	80
粉防己	*Stephania tetrandra*	141
三枝九叶草	*Epimedium sagittatum*	143
江南牡丹草	*Gymnospermium kiangnanense*	143
湖北紫荆	*Cercis glabra*	171
青檀	*Pteroceltis tatarinowii*	224
青钱柳	*Cyclocarya paliurus*	244
华榛	*Corylus chinensis*	249
蜡枝槭（安徽槭）	*Acer ceriferum*	288
瘿椒树（银鹊树）	*Tapiscia sinensis*	296
南京椴	*Tilia miqueliana*	300
红淡比	*Cleyera japonica*	338
老鸦柿	*Diospyros rhombifolia*	340
羊踯躅	*Rhododendron molle*	359
杜仲	*Eucommia ulmoides*	360
鸡仔木	*Sinoadina racemosa*	367
浙皖虎刺	*Damnacanthus macrophyllus*	361
池州报春苣苔	*Primulina chizhouensis*	384
青荚叶	*Helwingia japonica*	414
大叶冬青	*Ilex latifolia*	416
金银莲花	*Nymphoides indica*	419
猬实	*Kolkwitzia amabilis*	446
刺楸	*Kalopanax septemlobus*	454

索　引